Berechnungsverfahren zur Bestimmung der kritischen Drehzahlen von geraden Wellen

Von

J. J. Holba

Mit 117 Abbildungen im Text

Wien
Verlag von Julius Springer
1936

Softcover reprint of the hardcover 1st edition 1936

ISBN-13: 978-3-7091-9748-6 e-ISBN-13: 978-3-7091-9995-4
DOI: 10.1007/978-3-7091-9995-4

Vorwort.

Im Gesamtaufbau einer Maschine muß neben der Einhaltung der Gewährleistungen die volle Betriebssicherheit gefordert werden. Aus diesem Grunde ist bereits bei der Konstruktion auf jene Umstände volles Augenmerk zu richten, die aus rein physikalischen Ursachen zu Störungen Anlaß geben können. Zu diesen gehört unter anderem die Kenntnis der kritischen Drehzahl des Läufers. Aber nicht nur aus dem eben erwähnten Grunde ist diese Kenntnis wichtig, sondern auch aus wirtschaftlichen Erwägungen heraus. Trotz ihrer Wichtigkeit für die technische Praxis fehlte aber bisher eine zusammenfassende Darstellung der Berechnungsverfahren zur Bestimmung der kritischen Drehzahlen von geraden Wellen für die verschiedensten Lagerungs- und Belastungsfälle. Im nachfolgenden wird daher versucht, die in der Literatur stark verstreut vorliegenden Ergebnisse dieses Zweiges der dynamischen Mechanik zusammenfassend zu beschreiben, wobei in erster Linie auf die Erfordernisse des Konstrukteurs Bedacht genommen werden soll. Durch das Ausscheiden der kritischen Torsionsdrehzahlen ist damit der Inhalt und der Bereich dieser Arbeit umrissen.

Die Anordnung des Stoffes geht von der üblichen Aufgabenstellung der Mechanik aus, für idealisierte Belastungszustände innerhalb der Gültigkeit des HOOKEschen Gesetzes die allgemein gültigen Beziehungen abzuleiten, die gleichzeitig einen guten Einblick in das Wesen des Vorganges gewähren. Dabei sind die verschiedenen Einflüsse, die auf die kritische Drehzahl einwirken, grundsätzlich am gleichen Lagerungsfall untersucht. Dadurch ist die Möglichkeit gegeben, diese Einflüsse in ihrer Größenordnung vergleichsweise gesetzmäßig zu erfassen und jene auszuscheiden, die bei der praktischen Auswertung ohne Belang sind. Daran anschließend werden graphische und analytische Methoden zur Bestimmung der kritischen Drehschnelle für beliebige Lagerungs- und Belastungsfälle angeführt. Diese sollen dem Konstrukteur die für den betreffenden Lagerungsfall noch ausreichenden Methoden der analytischen oder graphischen Ermittlung angeben. Im besonderen wurde darauf hingearbeitet, die Genauigkeits- und Gebrauchsgrenzen der einzelnen Verfahren aufzuzeigen.

Aus der großen Zahl der Behandlungsmethoden wurden bei der Ermittlung der kritischen Drehzahlen mehrfach belasteter Wellen zur Stützung der Näherungsverfahren fast durchwegs die Einflußzahlen herangezogen. Die Übersichtlichkeit und gute Einordnung bei ihrer Anwendung hat bereits R. GRAMMEL gezeigt. Dadurch ist allen Verfahren eine gemeinsame Basis gegeben, die ihre Anwendung erleichtert. In weiterer Folge sind Einzelgebiete behandelt, die mit dem Hauptproblem innig zusammenhängen und deren Kenntnis zur Klarstellung der Verhältnisse unerläßliche Bedingung ist.

Die den einzelnen Verfahren beigegebenen Beispiele erheben keinen Anspruch, praktisch vorkommende Fälle mit aller Schärfe wiederzugeben. Der Hauptwert wurde vielmehr darauf gelegt, einen leicht übersehbaren Rechnungsgang zu erhalten. Für praktisch vorliegende Aufgaben wird es von der gewünschten Genauigkeit abhängen, welche Vereinfachungen im Ansatz noch zulässig sind.

Abweichend von der üblichen Bezeichnungsweise wurde bei mehrfach belasteten Wellen statt dem Worte Durchbiegung der Ausdruck Auslenkung gebraucht. Dies schien notwendig, um Verwechslungen zu vermeiden, da für die technisch vorliegenden Läufer die statische Durchbiegungslinie und die statische Auslenkungslinie infolge der teilweise verschieden einzuführenden Kraftrichtungen nicht mehr ähnlich sind. Zur leichteren Übersicht bei der Anwendung sind nur die Endgleichungen mit Ziffern versehen, während die Ansatzgleichungen und Entwicklungen nach dem Alphabet bezeichnet sind.

Im letzten Abschnitt ist das benutzte Schrifttum angeführt. Die gleichartige Darstellung machte vielfach eine Änderung der Behandlungsmethoden bzw. der Zahlenausdrücke in den Gleichungen gegenüber der Originalabhandlung notwendig. Die aus den einzelnen Arbeiten verwendeten Abbildungen sind im Schrifttum angeführt. Von den Firmen AEG-Berlin und C. Schenk-Darmstadt wurden in dankenswerter Weise Abbildungen zur Verfügung gestellt.

Damit ist in großen Zügen angedeutet, welche Einflüsse und Erwägungen an der Abfassung dieser Arbeit teilnahmen. Trotz der Vielfältigkeit, die die Aufgaben der Praxis kennzeichnen, hoffe ich, alle Grundlagen bereitgestellt zu haben, um in jedem einzelnen Fall einen Ansatz und eine ausreichende Lösung zu ermöglichen.

Abschließend ist es mir eine angenehme Pflicht, Herrn Prof. Dr.-Ing. Dr. R. Grammel an dieser Stelle für wertvolle Anregungen zu danken. Meiner Frau danke ich für die treue Mitarbeit. Dem Verlag danke ich für die Sorgfalt der Ausführung und für das Eingehen auf meine Wünsche.

Stockerau, im Mai 1936.

J. J. Holba.

Inhaltsverzeichnis.

Allgemeine Bezeichnungen.

Maßsystem: cm, kg, sek.

α_{ik}	= Einflußzahl (Durchbiegung unter einer Einheitskraft)	cm
a	= Lastabstand vom Auflager	cm
b_i	= angenommene Auslenkung der Welle	cm
c	= Kraglänge	cm
d	= Wellendurchmesser	cm
f_0	= gleichwertige Auslenkung der Welle	cm
f_s u. f_{ik}	= statische Auslenkung	cm
h	= Scheibenhöhe	cm
l	= Auflagerentfernung (Ausladung)	cm
R	= äußerer Scheibenhalbmesser	cm
y u. y_{ik}	= dynamische Wellenauslenkung	cm
J	= $d^4 \pi/64$ äquatoriales Wellenquerschnitts-Trägheitsmoment	cm^4
D	= Druckkraft	kg
F	= Fliehkraft	kg
G	= Gewicht einer Radscheibe oder des betrachteten Trommelteilstückes	kg
H_1	= Horizontalzug im Kräfteplan	kg
Q	= Querkraft	kg
Z	= Zugkraft	kg
ω	= Betriebsdrehschnelle	sek^{-1}
ω_0	= Hilfsdrehschnelle	sek^{-1}
ω_{kr}	= kritische Drehschnelle für eine Welle mit Einzelmasse	sek^{-1}
ω_{kr}	= $\omega_{kr\,I}$ = kritische Drehschnelle erster Ordnung für beliebig belastete Wellen	sek^{-1}
$\omega_{kr\,II}$	= kritische Drehschnelle zweiter Ordnung	sek^{-1}
ω_{gl}	= kritische Drehschnelle bei der Präzession im Gleichlauf	sek^{-1}
n	= Betriebsdrehzahl (= $30\,\omega/\pi$)	U/min
n_{kr}	= kritische Drehzahl (= $30\,\omega_{kr}/\pi$)	U/min
K_{gl}	= Kreiselmoment bei der Präzession im Gleichlauf	cmkg
M	= Biegungsmoment	cmkg
M_0	= Hilfsmoment bei der Drehschnelle ω_0	cmkg
M_d	= Drehmoment	cmkg
H_2	= Horizontalzug im Momentenflächen-Belastungsplan	cm^2kg
A	= axiales Massenträgheitsmoment der Scheibe, bezogen auf ihre Drehachse	$cmkgsek^2$
B	= äquatoriales Massenträgheitsmoment der Scheibe, bezogen auf ihren Durchmesser	$cmkgsek^2$
E	= Elastizitätsziffer	$kgcm^{-2}$
m	= G/g Masse einer Radscheibe oder eines Trommelteilstückes	$kgsek^2cm^{-1}$
γ	= spez. Gewicht	$kgcm^{-3}$
g	= 981 cm sek^{-2} Schwerebeschleunigung	$cmsek^{-2}$
q	= A/B Verhältniswert der Massenträgheitsmomente	
tg	= Tangens der Kreisfunktionen	
$\mathfrak{Tg}$	= Tangens der Hyperbelfunktionen	

Einleitung.

Wird die Drehzahl einer mit Scheiben belasteten Welle gesteigert, so gerät sie bei bestimmten Drehzahlen in heftiges Schleudern, das ein starkes Verbiegen oder den Bruch der Welle zur Folge haben kann, wenn die Scheibenschwerpunkte nicht genau in der Wellenachse liegen. Auch bei sorgfältigster Herstellung und darauffolgendem Massenausgleich ist eine kleine Exzentrizität der Schwerpunkte nicht zu vermeiden; daher wird mit dem Auftreten von gefährlichen Auslenkungen im kritischen Zustande zu rechnen sein. Das Verhalten der Welle ist nur in den sogenannten kritischen Drehzahlen unstabil, während genügend unterhalb und oberhalb ein ruhiger, stabiler Lauf möglich ist.

Die Erkenntnis und Nutzanwendung dieses Vorganges verdankt man dem schwedischen Ingenieur DE LAVAL. Durch die daran anschließenden theoretischen und experimentellen Untersuchungen von A. FÖPPL, A. STODOLA, S. DUNKERLEY u. a. wurden die dynamischen Vorgänge geklärt und die Grundlagen für die Ermittlung der kritischen Drehzahlen geschaffen. Die kritischen Drehzahlen lassen sich danach berechnen als jene Drehzahlen, für die die Wellenauslenkung ∞ wird, wenn die Massenschwerpunkte nicht genau in der Wellenachse liegen oder als jene Drehzahlen, in denen auch ein dauernder Umlauf ohne Eigenstörung in oder in einem frei bestimmten Abstand um die raumfeste Ruhelage der Wellenachse möglich ist, wenn die Massenschwerpunkte genau in die Wellenachse fallen.

Die Berechnungsverfahren der kritischen Drehzahlen gruppieren sich nun in solche, bei welchen zur Auffindung der Eigenwerte (ω_{kr}) der Betrag der Auslenkung unter der Last genügt, und in solche, welche zur Bestimmung der Eigenwerte noch die Kenntnis der Eigenfunktion (fliehkraftelastische Linie) verlangen. Zu den ersten gehören die Systeme nach den Abschnitten I und II, während die anderen die praktisch wichtigen Systeme beliebiger Belastung, beliebiger Lagerung und beliebiger Querschnittsabmessungen umfassen. Durch diese Aufgabenstellung, gefordert aus der Nichtübereinstimmung der gewichtselastischen Linie mit der fliehkraftelastischen Linie, werden die anfangs nur näherungsweise erhaltenen Lösungen der zweiten Gruppe einer Überprüfung zugänglich und können durch sinngemäße Verwendung des Ergebnisses den Eigenwerten praktisch genau angenähert werden.

Mit dem Vermeiden dieser kritischen Drehzahlen ist es aber allein nicht getan; zur Erzielung eines ruhigen Laufes müssen auch die Schwerpunkte des Läufers in geeigneter Weise in die Wellenachse gelegt werden.

I. Kritische Drehzahl von glatten, masselosen Wellen mit Einzelmasse.

1. Lotrecht gelagerte Welle ohne Kreiselwirkung.

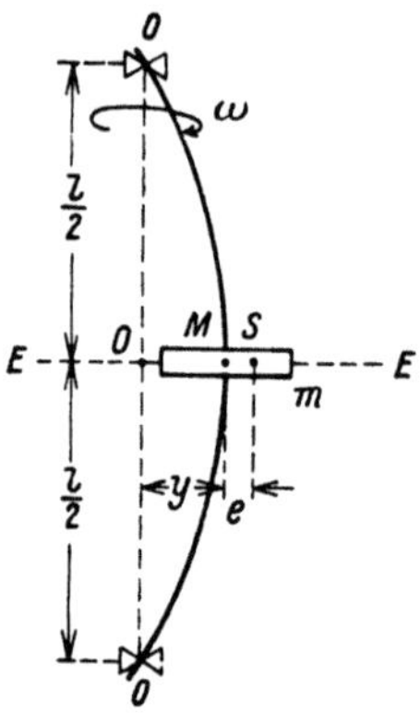

Abb. 1. Lotrechte, kugelig gelagerte, masselose Welle mit einer Einzelmasse, unterkritisch laufend.

O Durchstoßpunkt der Lagerverbindungsgeraden durch die Scheibenebene *EE*, *M* Mittelpunkt der Scheibe (Wellendurchstoßpunkt), *S* Schwerpunkt der Scheibe.

Bezeichnungen:

e =	Schwerpunktsexzentrizität	cm
k =	Trägheitshalbmesser der Scheibe	cm
r =	Radius der Fliehkraft	cm
P =	elastische Wellenkraft	kg
α =	elastische Wellenkraft für $y = 1$	kg/cm
t =	Zeit	sek

Aufgabenstellung. Auf einer lotrechten, an beiden Enden in starren Lagerständern kugelig gelagerten und masselos angenommenen Welle sei eine symmetrische schmale Scheibe von der Masse m nach Abb. 1 genau senkrecht aufgekeilt. Der Schwerpunkt S der Scheibe soll vom Wellenmittel M um den Betrag „e" entfernt liegen (Abb. 2a). Bei der Drehung der Welle tritt an der in der Ebene EE bewegten Scheibe infolge der Schwerpunktsexzentrizität eine Fliehkraft

$$F = m r \omega^2 \tag{a}$$

auf, welcher die der Durchbiegung y proportionale Biegungssteifigkeit

$$P = \alpha y \tag{b}$$

der ausgebogenen Welle das Gleichgewicht zu halten sucht.[1] Wird von der inneren Reibung und von Oberflächenwiderständen durch das umgebende Mittel abgesehen, so ist ein stationärer Umlauf nur möglich, wenn beide Kräfte gleich groß sind und die Punkte $O\,M\,S$ in einer Geraden liegen. Dies schließt zwei mögliche Fälle ein.

Der Schwerpunkt S liegt außerhalb von $\overline{OM}$ und bewegt sich auf einem Kreise mit dem Radius $r = y + e$ um die ursprüngliche Ruhelage OO der Welle (Abb. 2b). Dann gilt

$$m\,(y + e)\,\omega^2 = \alpha y \tag{c}$$

[1] Unter Voraussetzung kleiner Durchbiegungen, für die in der Gleichung der elastischen Linie $y''/(1 + y'^2)^{3/2} = -M/EJ$ das y'^2 gegen Eins vernachlässigt werden kann, wodurch sich die reduzierte Gleichung $y'' = -M/EJ$ ergibt, die in der Festigkeitslehre durchwegs angewendet wird. Z. B. Hütte, Bd. I, 26. Aufl., S. 599.

und

$$y = \frac{e}{\frac{\alpha}{m\,\omega^2} - 1}. \tag{1}$$

Ist $\alpha = m\omega^2$, so wird dieser Ausdruck für $y = \infty$. Dies entspricht der kritischen Drehschnelle

$$\omega^2 = \omega_{kr}{}^2 = \frac{\alpha}{m}. \tag{2}$$

Die kritische Drehzahl der Welle ist

$$n_{kr} = \frac{30}{\pi}\,\omega_{kr}. \tag{3}$$

Die geradlinige Aufeinanderfolge der Punkte $O\,M\,S$ bestimmt den sogenannten unterkritischen Bereich.

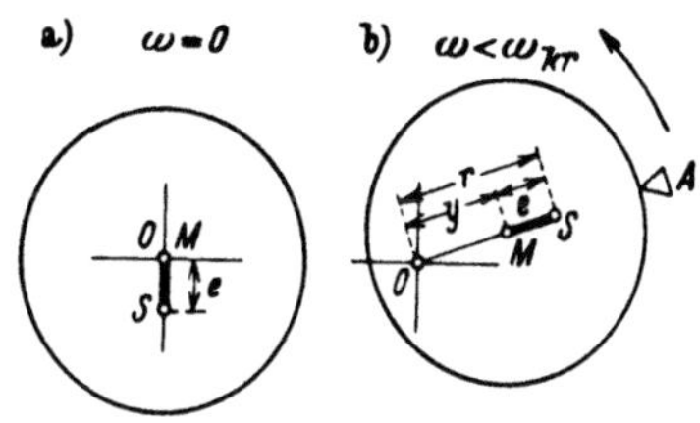

$r = 0$ Welle in Ruhe.

$r = y + e$ Unterkritischer relativer Dauerzustand.

Abb. 2*a* und *b*. Relative Schwerpunktslage für $\omega < \omega_{kr}$ bei Vernachlässigung der inneren und äußeren Reibung.

O Durchstoßpunkt der Lagerverbindungsgeraden durch die Scheibenebene *EE* (Bildebene).

Der dynamische Charakter der Glg. (2) geht aus dem Umstande hervor, daß sie neben der statischen Größe α (Elastizitätscharakteristik des Systems im betrachteten Punkt) die Masse m der Einzellast enthält. Unter Elastizitätscharakteristik soll dabei die elastische Kraft verstanden werden, die die Welle ausübt, wenn sie im betrachteten Punkt um die Einheit ausgelenkt wird. Sie enthält in dieser allgemeinen Fassung keine Vorschrift über die Art der Lagerung oder sonstiger äußerer Bedingungen; die Masse m ist stets unabhängig davon. Die Glg. (2) gilt daher ohne Einschränkung zur Ermittlung der kritischen Drehschnelle von beliebig gelagerten, masselosen Wellen mit einer Einzelmasse.

Untersucht man nun, welche äußere Bedingungen neben der Lagerung auf α einwirken, so ergeben sich zwei Gruppen.

Zur ersten Gruppe gehören jene einfachen Systeme, deren Elastizitätscharakteristik durch die Abmessungen der Welle, durch ihre Lagerung, durch den Lastangriffspunkt und durch den verwendeten Werkstoff bestimmt ist. Ein Beispiel dazu ist das System nach Abb. 1. Hierfür ist

$$\alpha = \frac{P}{y} = \frac{48\,EJ}{l^3}, \tag{d}$$

und nach (2)

$$\omega_{kr}{}^2 = \frac{48\,EJ}{m\,l^3}. \tag{2a}$$

Überlagert man in diesen Fällen der Fliehkraft eine weitere Kraft (z. B. Riemenzug, Zahndruck) mit einer dieser gleichartigen Wirkung, so kann dadurch α und damit ω_{kr} nicht gegenüber dem ursprünglichen Werte geändert werden.

Die zweite Gruppe umfaßt solche Systeme, bei welchen die Elastizitätscharakteristik außer durch die vier gegebenen Bedingungen noch durch zusätzlich wirkende Kräfte oder Momente von anderem Wirkungssinn als dem der Fliehkraft bestimmt wird. Zu diesen Bestimmungsstücken gehört die Mitberücksichtigung der Querkraft auf die Durchbiegung, das Vorhandensein eines Kreiselmomentes, einer Längskraft, eines Drehmomentes oder einer Lagerelastizität. Sie haben eine steilere oder flachere Elastizitätscharakteristik und daher auch eine andere kritische Geschwindigkeit zur Folge als jene Systeme, bei welchen die vier genannten Bestimmungsstücke die Systemelastizität eindeutig festlegen. Im ersten Abschnitt sind diese Fälle behandelt und mit den einfachen Systemen verglichen.

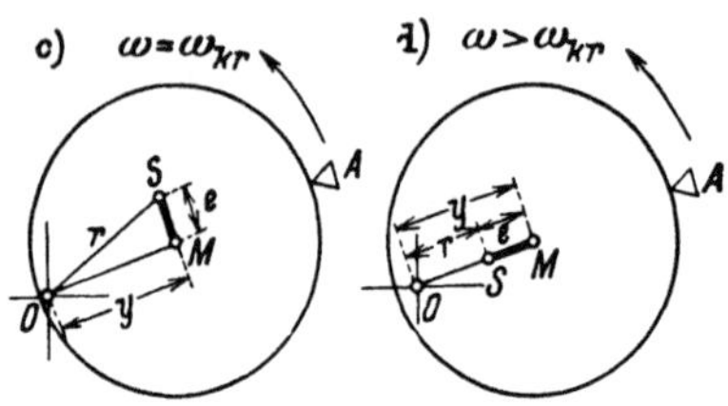

$r^2 = y^2 + e^2$ Kritischer Momentanzustand. $r = y - e$ Überkritischer relativer Dauerzustand.

Abb. 2*c* und *d*. Relative Schwerpunktslage für $\omega \gtreqless \omega_{kr}$ bei Vernachlässigung der inneren und äußeren Reibung.

In der kritischen Drehzahl ist die Bewegung nicht stabil. Die Schwerpunktsexzentrizität $\overline{MS} = e$ steht senkrecht auf $\overline{OM} = y$, der Schwerpunkt eilt der größten Wellenauslenkung um $\pi/2$ voraus (Abb. 2c).

Die Höhe der kritischen Drehschnelle ist nach (2) unabhängig von der Größe der Schwerpunktsexzentrizität. Diese hat zur Folge, daß für $\omega = \omega_{kr}$ bei $e > 0$ die Bewegung unstabil ist, weil y ständig wächst, während mit $e = 0$ nach Glg. (1) die Auslenkung y unbestimmt wird, die Bewegung bei jeder Auslenkung im indifferenten Gleichgewicht erfolgt. Die kritische Drehzahl kann daher auch als jene Drehzahl definiert werden, in der ein Umlauf dauernd ohne Eigenstörung möglich ist, wenn die Scheibenschwerpunkte genau in der Wellenachse liegen. Von dieser Definition wird bei den später angegebenen allgemeinen Verfahrensarten zur Ermittlung der kritischen Drehschnelle beliebig belasteter Wellen Gebrauch gemacht.

E. Schwerin hat die Stabilität umlaufender, radial und axial belasteter Wellen unter Anwendung der ungekürzten Gleichung der elastischen Linie untersucht und gefunden, daß die Schwerpunktsexzentrizität die Höhe der kritischen Drehschnelle beeinflußt. Nach dieser Quelle ist der Lagerungsfall nach Abb. 1 ohne Längskraft ein Sonderfall der gleichzeitig radial und axial belasteten Welle und die kritische Drehschnelle, mit e abnehmend, näherungsweise durch

$$\omega_{kr}^2 \approx \frac{48\,EJ}{m\,l^3}\left(1 - 8{,}666\,\frac{e}{l}\right) \tag{2b}$$

gegeben. Geht e zur Grenze Null, so geht (2b), wie erforderlich, in (2a) über. Indes ist e für tatsächlich vorkommende Fälle zufolge des geforderten ruhigen Laufes eine so kleine Zahl (Größenordnung von 10^{-3} cm) im Vergleich zur Lagerentfernung l (Größenordnung von 10^2 cm), daß ihr Einfluß auf die Höhe der kritischen Drehschnelle praktisch bedeutungslos ist.

Nimmt in

$$y = \frac{e}{\dfrac{\alpha}{m\,\omega^2} - 1} \tag{1}$$

$\alpha/m\omega^2$ noch weiter ab, was durch weiteres Wachsen von ω erreicht wird, so wird $\alpha/m\omega^2 < 1$ und y negativ. Beim Überschreiten der kritischen Drehschnelle wandert der Schwerpunkt S in die Verbindungsgerade $\overline{OM}$ (Abb. 2d). Das negative Vorzeichen für y bringt den Phasenunterschied um den Bogen π zwischen den Richtungen von y und e zum Ausdruck.

Die geradlinige Aufeinanderfolge der Punkte OSM kennzeichnet den sogenannten überkritischen Bereich.

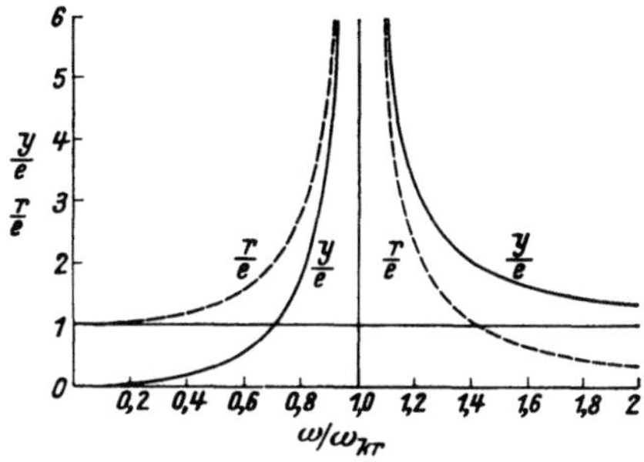

Abb. 3. Verhältniswerte y/e und r/e in Abhängigkeit von ω/ω_{kr} nach den Glgn. (4) und (5).

y nimmt mit steigender Drehschnelle ab. Für $\omega = \infty$ wird $y = -e$, d. h. die Scheibe rotiert um ihren Schwerpunkt, während die um e ausgebogene Welle einen Kreis um S mit dem Halbmesser e beschreibt.

Markiert man die Auslenkungen der Welle bei den betrachteten Zuständen, so liegen die Marken bei der ruhenden Welle

in der Richtung (Abb. 2b, c, d)	$\overline{MS}$	$\perp \overline{MS}$	$\overline{SM}$
wenn die Markierung bei ω vorgenommen wurde.	$< \omega_{kr}$	$= \omega_{kr}$	$> \omega_{kr}$

Dies ist beim Massenausgleich für das Anbringen der Auswuchtmasse zu berücksichtigen. Da praktisch nur der Betrag der Auslenkung interessiert, so soll vor die linke Seite von (1) im überkritischen Bereich das negative Vorzeichen gesetzt werden, wodurch sich y als positiv errechnet. Wird außerdem nach Glg. (2) für $\alpha/m = \omega_{kr}^2$ geschrieben, so ergibt sich

$$y = \pm \frac{e}{\left(\dfrac{\omega_{kr}}{\omega}\right)^2 - 1}, \tag{4}$$

und der Radius der Fliehkraft, wenn ω nicht in unmittelbarer Nähe von ω_{kr} liegt,

$$r = \pm \frac{e}{1 - \left(\dfrac{\omega}{\omega_{kr}}\right)^2}. \tag{5}$$

$+$ gilt für unterkritischen, $-$ für überkritischen Lauf. Diese beiden Beziehungen sind in der Abb. 3 graphisch dargestellt. Nach (4) und (5) ist

$$y/e = 1 \text{ für } \omega/\omega_{kr} = 0{,}707 \text{ oder } +\infty,$$
$$r/e = 1 \text{ für } \omega/\omega_{kr} = 0 \quad \text{ oder } 1{,}414.$$

Die beim Umlauf in den exzentrisch liegenden Schwerpunkten entstehenden Fliehkräfte sind also die Ursache, daß die Welle Auslenkungen um ihre Ruhelage erfährt. Sie ergeben eine mit der Periode eines Umlaufes nach Größe und Richtung veränderliche Lagerbelastung und daher Veranlassung zu Schwingungen der Maschine und des Fundamentes. Da die Fliehkräfte proportional der Schwerpunktsentfernung r von der ursprünglichen Ruhelage O sind (Abb. 3), so werden bei gleichem absoluten Abstand von ω_{kr} oberhalb der kritischen Geschwindigkeit die Fliehkräfte und mit ihr die Unruhen der Maschine kleiner sein als bei unterkritischem Lauf, was auch aus Beobachtungen hervorgeht.

Nachweis der Punktlagen OMS.

Im folgenden soll mittels der Differentialgleichungen der Scheibenbewegung untersucht werden, ob die angegebene Lage der Punkte OMS im unter- und überkritischen Bereich unter den gemachten Voraussetzungen bezüglich der Reibungsfreiheit dauernd möglich ist.

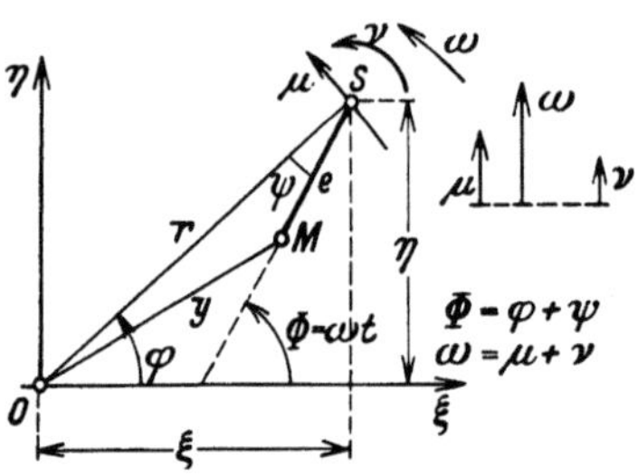

Abb. 4. Bewegungszustand des Scheibenschwerpunktes S.

Es sei der allgemeine Fall angenommen, daß die Punkte OMS nicht in einer Geraden liegen. Die augenblickliche Lage des Schwerpunktes ist in einer senkrecht zur Lagerverbindungsgeraden OO liegenden Ebene durch die Koordinaten ξ und η nach Abb. 4 festgelegt. Die Schwerpunktskoordinaten in bezug auf den Scheibendurchstoßpunkt M in der ξ- und η-Richtung sind $e\cos\Phi$ und $e\sin\Phi$. In dem dargestellten Bewegungszustand bewegt sich der Schwerpunkt S um O mit der Präzessionsdrehschnelle $\mu = d\varphi/dt$, während die Scheibe gleichzeitig um S mit der Eigendrehschnelle $\nu = d\psi/dt$ umläuft. Die resultierende Drehschnelle (Betriebsdrehschnelle) ω ist dann bei einer Scheibenlage gemäß Abb. 1 (parallele Drehschnellenvektoren) und der angegebenen Winkelbeziehung der Abb. 4

$$\omega = \mu + \nu = d\Phi/dt. \tag{e}$$

Während des Umlaufes greifen im Schwerpunkt die Massenkraft und die elastische Wellenkraft an. Im zugrundegelegten Koordinatensystem bestehen daher für das Gleichgewicht die Beziehungen:

$$\begin{aligned} m\frac{d^2\xi}{dt^2} + \alpha(\xi - e\cos\Phi) &= 0,\\ m\frac{d^2\eta}{dt^2} + \alpha(\eta - e\sin\Phi) &= 0. \end{aligned} \tag{f}$$

Dazu kommt noch die Bewegungsgleichung für die Drehung der Scheibe. Das von der Welle auf die Scheibe übertragene Drehmoment um den Pol O hat die Größe

$$M_D = m\,k^2\frac{d^2\Phi}{dt^2} + m\left(\xi\frac{d^2\eta}{dt^2} - \eta\frac{d^2\xi}{dt^2}\right). \tag{g}$$

Darin ist k der Trägheitsradius der Scheibe, bezogen auf die durch S gehende Hauptachse. In (g) ist der erste Summand das Moment infolge der Scheibenbewegung um den Schwerpunkt, der zweite Summand das Moment der im Schwerpunkt vereinigt gedachten Masse um O.

Ist das Beschleunigungsmoment $M_D = 0$, was z. B. im stationären Zustand der Kraftübertragung zutrifft, so ist $\omega = \text{konst.}$; damit wird aus (g) und (f)

$$\eta/\xi = \operatorname{tg}\Phi,\quad \nu = 0,\quad \omega = d\Phi/dt = \mu = \text{konstant},$$

und als partikulare Lösungen der Glgn. (f) und (g) erhält man zwei Lagen für den Schwerpunkt S:

$\psi = 0$, $\Phi = \varphi$ und die Schwerpunktskoordinaten ($\omega < \omega_{kr}$),

$$\xi = r \cos \varphi, \quad \eta = r \sin \varphi; \tag{h}$$

$\psi = \pi$, $\Phi = \varphi + \pi$ und die Schwerpunktskoordinaten ($\omega > \omega_{kr}$),

$$\begin{aligned} \xi &= r \cos (\varphi + \pi) = - r \cos \varphi, \\ \eta &= r \sin (\varphi + \pi) = - r \sin \varphi. \end{aligned} \tag{i}$$

Setzt man (h) und (i), bzw. ihre Ableitungen in die Glg. (f) ein, so erhält man mit $\alpha/m = \omega_{kr}^2$ für $\omega \lesseqgtr \omega_{kr}$ die Glg. (5)

$$r = \pm \frac{e}{1 - \left(\frac{\omega}{\omega_{kr}}\right)^2}. \tag{5}$$

Damit ist bewiesen, daß sich der Schwerpunkt für $\omega \lesseqgtr \omega_{kr}$ auf einem Kreise bewegt, dessen Halbmesser bei gegebener Exzentrizität e nur von dem Verhältnis ω/ω_{kr} abhängt; die geradlinige Stellung der Punkte OMS nach Abb. 2b und 2d ist sonach als stabile Lage möglich.

A. Föppl hat die allgemeine Lösung der Glg. (f) angegeben. Nach dieser ist außer der schon erhaltenen Kreisbewegung noch eine von der Schwerpunktsexzentrizität unabhängige elliptische Bewegung des Schwerpunktes möglich, die aber auch ohne Dämpfung keine unendlichen Werte annehmen kann und praktisch durch die vorhandenen Bewegungswiderstände vernichtet wird.

Bestimmung der Lage von y zu e und der Schwerpunktsbahn in der kritischen Drehzahl.

Mit Hilfe der Glgn. (f) und (g) läßt sich nach H. Lorenz die Bahn des Schwerpunktes bestimmen, wenn die Welle, in einer Führung auf die kritische Drehschnelle gebracht, plötzlich freigegeben wird und mit ω_{kr} = konstant weiterläuft.

Multipliziert man die erste Gleichung von (f) mit η, die zweite mit ξ und subtrahiert sie voneinander, so erhält man mit $\alpha/m = \omega_{kr}^2$

$$\eta \frac{d^2\xi}{dt^2} - \xi \frac{d^2\eta}{dt^2} = \omega_{kr}^2\, e\, (\eta \cos \Phi - \xi \sin \Phi). \tag{k}$$

Die Lage des Schwerpunktes S ist vom Ursprung O durch $r^2 = \xi^2 + \eta^2$ und von der ξ-Achse durch den Winkel φ festgelegt. Die linke Seite von (k) wird dann mit

$$d^2\xi/dt^2 = dv_\xi/dt \quad \text{und} \quad d^2\eta/dt^2 = dv_\eta/dt,$$

$$\eta \frac{d^2\xi}{dt^2} - \xi \frac{d^2\eta}{dt^2} = \frac{d}{dt} (\eta\, v_\xi - \xi\, v_\eta) = - \frac{d}{dt} \left(r^2 \frac{d\varphi}{dt} \right). \tag{l}$$

Die Beziehung (l) stellt das Differential der statischen Momente der Geschwindigkeitskomponenten, bzw. des resultierenden Geschwindigkeitsmomentes $r^2 d\varphi/dt \equiv r^2 \mu$ bezogen auf den Ursprung O, vor. Die Glg. (l) kann daher mit (k) auch

$$- \frac{d}{dt} (r^2 \mu) = e\, \omega_{kr}^2\, (\eta \cos \Phi - \xi \sin \Phi) \tag{m}$$

geschrieben werden. Setzt man nun in (g) den Ausdruck (k) ein, so wird

$$M_D = m\, k^2 \frac{d^2\Phi}{dt^2} - m\, e\, \omega_{kr}^2\, (\eta \cos \Phi - \xi \sin \Phi).$$

Mit (m) und $d\Phi/dt = \omega$ nach (e) wird

$$M_D = m\,k^2 \frac{d\omega}{dt} + m \frac{d}{dt}(r^2 \mu)$$

und mit $d\Phi = \omega dt$ multipliziert, erhält man

$$M_D\, d\Phi = m k^2 \omega\, d\omega + m \omega\, d(r^2 \mu).$$

Die Bewegung soll für $\omega =$ konstant betrachtet werden. Dann ist $d\omega = 0$ und das Integral $\int M_D\, d\Phi$, gerechnet von $\Phi = 0$ bis $\Phi = \Phi$, bzw. $r = e$ bis $r = r$ (also vom Beginn des Freigebens der Welle bis zu beliebigen ganzen Umdrehungen),

$$A = \int_0^{\Phi} M_D\, d\Phi = m\,\omega \int_e^r d(r^2 \mu) \tag{n}$$

stellt die gesamte Arbeit des Momentes vor. Sie dient zur Änderung der kinetischen Energie der Schwerpunktsbewegung (die am Anfange der Betrachtung — Umlauf in der Führung bei ω_{kr} mit $e =$ konstant — die Radialgeschwindigkeit Null hat), mit dem Anteil

$$A_1 = \frac{m}{2}(v^2 - v_0^2) = \frac{m}{2}(r^2 \mu^2 - e^2 \omega^2) + \frac{m}{2}\left(\frac{dr}{dt}\right)^2$$

und zur Erzeugung der Auslenkung y durch die Formänderungsarbeit

$$A_2 = \int_0^y \alpha\, y\, dy = \alpha \frac{y^2}{2} = \frac{m\, \omega_{kr}^2\, y^2}{2}.$$

Daher ist

$$A = A_1 + A_2$$

oder

$$A = m\,\omega \int_e^r d(r^2 \mu) = \frac{m}{2}\left[r^2 \mu^2 - e^2 \omega^2 + \left(\frac{dr}{dt}\right)^2 + y^2 \omega_{kr}^2\right]. \tag{o}$$

Darin kann das Quadrat der Radialgeschwindigkeit $(dr/dt)^2$ des Schwerpunktes wegen seiner Kleinheit gegen die übrigen Glieder vernachlässigt werden. Ist $\mu = \omega$, so wird (o)

$$2\omega \int_e^r d(r^2 \omega) = 2\omega^2 (r^2 - e^2) = r^2 \omega^2 - e^2 \omega^2 + y^2 \omega_{kr}^2$$

oder

$$(r^2 - e^2)\,\omega^2 = y^2 \omega_{kr}^2. \tag{p}$$

Die äußere Arbeitszufuhr ist das Integral von (o)

$$A = m\omega^2 \int_e^r d(r^2) = m\omega^2 (r^2 - e^2). \tag{q}$$

Daraus erhält man für $\omega =$ konstant das Moment aus

$$M_D = \frac{dA}{d\Phi} = \frac{dA}{dt}\,\frac{dt}{d\Phi} = \frac{1}{\omega}\,\frac{dA}{dt}$$

mit (p) zu

$$M_D = 2\,m\,\omega\, r \frac{dr}{dt} = 2\,m \frac{\omega_{kr}^2}{\omega}\, y \frac{dy}{dt}, \tag{r}$$

das zu gleichen Teilen zur Vermehrung der kinetischen Energie, bzw. zur Steigerung der Formänderung dient.

Im besonderen wird für die hier vorgesehene Betrachtung mit $\omega = \omega_{kr}$ aus (p)

$$r^2 = y^2 + e^2, \tag{6}$$

d. h., $\overline{MS}$ steht in der kritischen Drehschnelle senkrecht auf $\overline{OM}$.

Das Moment M_D in der kritischen Drehschnelle kann jetzt infolge der Beziehung (6) aus der elastischen Wellenkraft αy zu

$$M_D = \alpha y e = m \omega_{kr}^2 y e \tag{s}$$

berechnet werden. Durch Gleichsetzen von (s) mit (r) unter Berücksichtigung von $\omega = \omega_{kr}$ wird

$$\frac{dy}{dt} = \frac{\omega_{kr}\, e}{2}$$

und die Auslenkung y der Welle in der Zeit t nach dem Freigeben der Führungen

$$y = \int_0^y dy = \frac{e\,\omega_{kr}}{2} \int_0^t dt = \frac{e\,\omega_{kr}\, t}{2}. \tag{t}$$

Der Scheibenmittelpunkt bewegt sich daher auf einer archimedischen Spirale, während die Schwerpunktsbahn der Polarengleichung

$$r^2 = e^2\left(1 + \frac{\omega_{kr}^2 t^2}{4}\right) \tag{u}$$

folgt (Abb. 5). Nach jedem Umlauf ($\omega_{kr} T = 2\pi$) wächst y um πe. Die Auslenkung der Welle wird nach einigen Umläufen bereits einen solchen Betrag annehmen, daß ein Verbiegen oder ein Bruch der Welle eintreten müßte.

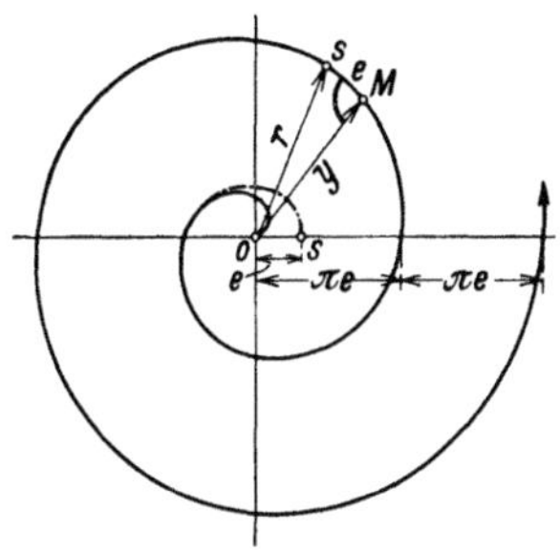

Abb. 5. Bahn des Wellendurchstoßpunktes M (——) und des Schwerpunktes S (-----) in der kritischen Drehzahl. Der Schwerpunkt wandert für $\omega t > \pi$ praktisch genau auf der Bahnlinie des Scheibenmittelpunktes, um den Betrag „e" diesem voreilend.

Anlaufsverhältnisse. Läuft eine Welle durch ein gleichförmig anwachsendes äußeres Drehmoment hoch, so entsteht eine Drehzahlsteigerung und infolge der Schwerpunktsexzentrizität eine Auslenkung. Die zugeführte Energie ist als kinetische Energie in der umlaufenden Masse und als potentielle Energie in der elastisch ausgelenkten Welle vorhanden. Der Energieanteil für die erstere wirkt steigernd, für die letztere hemmend auf die Beschleunigung des Systems.

Nähert sich die Drehschnelle der kritischen Drehschnelle, so nimmt die Auslenkung y, also auch der dazu benötigte Energieanteil des Drehmomentes unverhältnismäßig stark zu. Infolgedessen nimmt die Beschleunigung der Welle, die für $n \ll n_{kr}$ nahezu gleichförmig anwuchs, bei der Annäherung an die kritische Drehschnelle ab. In der kritischen Drehzahl erfolgt keine Steigerung der Winkelgeschwindigkeit, weil die ganze zugeführte Energie zur Erzeugung der ∞ großen Auslenkung aufgebracht wird. Aus diesem Zustande kann die Welle nur durch ein großes, momentan wirkendes Beschleunigungsmoment herausgerissen werden.

Bei Wellen, die überkritisch laufen, wird man daher die Wellenausschläge durch enge Führungen begrenzen, wodurch die Aufnahmsfähigkeit für die potentielle Energie in geeigneter Weise festliegt und einen erschütterungsfreien Durchlauf durch den kritischen Bereich ermöglicht. Dieser wird um so sanfter erfolgen, je kleiner der von der Welle ausgeübte Widerstand ist, je enger der Wellenausschlag durch Führungen begrenzt wird und je größer das Beschleunigungsmoment ist, das zum Anlauf zur Verfügung steht.

In dem Maße, als die Wellenauslenkung bei weiterer Steigerung von n über n_{kr} hinaus abnimmt, kommt zum zugeführten Drehmoment das zusätzliche Beschleunigungsmoment des freiwerdenden potentiellen Energieanteiles und bewirkt dadurch eine anfänglich stärkere Beschleunigung, als dem zugeleiteten Anlaufmoment entspricht.

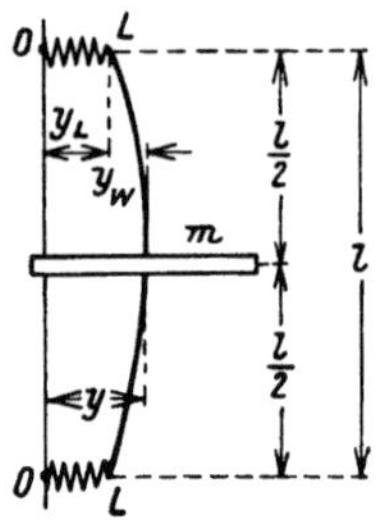

Abb. 6. Lagerung einer Welle in elastisch nachgiebigen, masselosen Lagerständern.

Stabilität bei überkritischem Lauf. Durch die Überlagerung einer kleinen Störung über die Bewegung oberhalb der kritischen Geschwindigkeit hat A. STODOLA nachgewiesen, daß bei gleichbleibendem Schwung der stabile Zustand (bei der die überlagerte Störung abklingt) erst für $\omega_{kr} + \Delta$ vorhanden ist. Für kleine Werte von Δ gilt angenähert

$$\Delta \approx \frac{\omega_{kr}}{2} \left(\frac{2\,e}{k}\right)^{2/3}. \tag{v}$$

Aus (v) ist ersichtlich, daß der unstabile Bereich mit der Schwerpunktsexzentrizität wächst, jedoch mit dem Trägheitsradius k der Scheibe abnimmt. Da k gegen e bedeutend überwiegt, so wird der unstabile Bereich oberhalb von ω_{kr} kleiner sein als die Differenz $\omega - \omega_{kr}$, welche praktisch aus Gründen ruhigen Laufes nicht unterschritten werden soll (Abb. 3).

Elastisch nachgiebige Lagerung. Entgegen der im vorigen Beispiel vorausgesetzten Starrheit der Lagerung ist praktisch stets eine gewisse Elastizität in den Lagerkörpern vorhanden. Um diesen Einfluß auf die kritische Drehzahl zu untersuchen, soll eine masselose Welle betrachtet werden, die nach Abb. 6 symmetrisch zu den Lagern durch eine Einzelmasse belastet ist und deren Lager in Ebenen senkrecht zur Lagerverbindungsgeraden nach allen Richtungen gleich elastisch sind. In der Abb. 6 ist dies durch Federn angedeutet, welche die Wellenenden in der Ruhelage in die ursprünglichen Ruhepunkte OO zurückbringen.

Die beim Umlauf durch die exzentrische Masse m entstehende Fliehkraft F erzeugt eine gesamte zusätzliche Auslenkung des dargestellten Systems entsprechend Glg. (b) zu

$$y = \frac{F}{\alpha_E}, \tag{w}$$

die jetzt auch die Elastizität der Lagerung enthält. Sie kann daher

$$y = y_W + y_L \equiv \frac{F}{\alpha_W} + \frac{F}{2\,\alpha_L} \tag{x}$$

geschrieben werden, wenn α_W und α_L Kräfte darstellen, welche die Welle, bzw. der Lagerkörper der Auslenkung um die Einheit entgegensetzen. Nach dem Gleichsetzen von (w) und (x) folgt die Gesamtkraft, welche das System bei der Einheitsauslenkung hervorbringt, zu

$$\alpha_E = \frac{1}{\frac{1}{\alpha_W} + \frac{1}{2\alpha_L}} = \frac{2\alpha_L \alpha_W}{2\alpha_L + \alpha_W}. \tag{y}$$

Die hier interessierenden Grenzwerte von α_E sind gegeben mit $\alpha_L = 0$, wodurch $\alpha_E = 0$ und nach Glg. (2) auch $\omega_{kr} = 0$ wird und mit $\alpha_L = \infty$ bei starrer Lagerung, bei der $\alpha_E = \alpha_W \equiv \alpha$ wird, wie gefordert werden muß. Praktische Ausführungen von Wellenlagerungen können daher nur näher der letzteren Grenze liegen. Allgemein ist also $\alpha_E \leq \alpha$ und

$$\omega_E^2 \equiv \frac{\alpha_E}{m} \leq \omega_{kr}^2 \equiv \frac{\alpha}{m}. \tag{z}$$

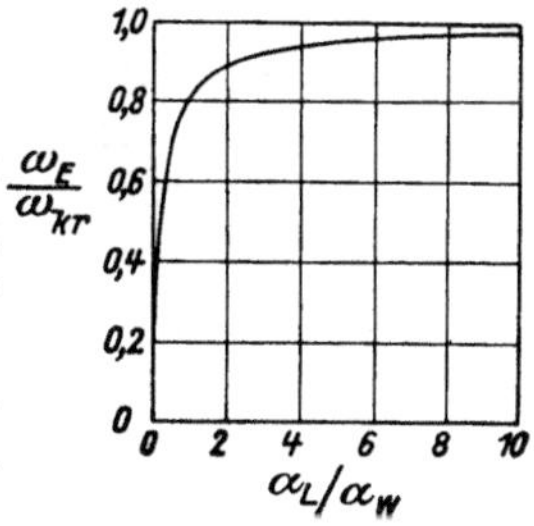

Abb. 7. Verhältniswerte ω_E/ω_{kr}, aufgetragen über α_L/α_W.

Durch die Verkleinerung der Gesamtelastizität infolge der zusätzlichen Elastizität der Lagerung wird nach (z) auch eine kleinere kritische Drehschnelle erhalten.

Der Einfluß der Lagerelastizität auf die kritische Drehschnelle ist in der Abb. 7 als Verhältniswert „ω_E = kritische Drehschnelle bei elastischer Lagerung zu ω_{kr} = kritische Drehschnelle bei starrer Lagerung" über α_L/α_W aufgetragen.[1] Bei praktischen Ausführungen sind die Elastizitäten in den einzelnen Lagerkörpern nach Größe und Richtung verschieden. Dazu kommt noch die mitschwingende Masse der Lagerkörper, die, ähnlich wie im Anhang bei den Fundamentschwingungen behandelt, Anlaß zu besonderen kritischen Störungen geben kann. Deshalb ist bei der Konstruktion auch für möglichste Starrheit der Lagerung Sorge zu tragen. Die elastische Lagerung der Welle kommt bei den dynamischen Auswuchtmaschinen zur Anwendung, weil es dadurch möglich ist, die Unwuchtlage und -größe in der Eigenschwingungszahl des Systems „Welle — Lagerung" infolge der dabei entstehenden großen Ausschläge einwandfrei festzustellen (Abschnitt XI).

2. Lotrecht gelagerte Welle mit Kreiselwirkung.

Bezeichnungen:

α_0	= Auslenkung unter einer Einheitskraft	cm/kg
β_0	= Auslenkung unter einem Einheitsmoment	cm/cmkg
	oder Neigung unter einer Einheitskraft	1/kg
γ_0	= Neigung der elastischen Linie unter einem Einheitsmoment	1/cmkg

[1] Das gekoppelte System nach Abb. 6 kann auch auf ein einfaches System mit starrer Lagerung (Abb. 1) zurückgeführt werden, dessen Lagerentfernung l' der Bedingung $l' = l\,(\alpha/\alpha_E)^{1/3}$ genügt.

e	= Gesamtschwerpunktsexzentrizität der Scheibe	cm
s	= Einzelschwerpunktsabstand der Scheibenhälften vom Wellendurchstoßpunkt	cm
Z_F	= Fliehkraft einer Scheibenhälfte	kg
K	= Kreiselmoment	cmkg
$\mathfrak{D}$	= Schwungvektor (Drallvektor)	cmkgsek
D	= Betrag des Schwungvektors	cmkgsek
μ	= Präzessionsdrehschnelle	1/sek
ν	= Eigendrehschnelle	1/sek
δ	= Winkel im Bogenmaß, den die Tangente an die elastische Linie (Figurenachse) im Scheibenbefestigungspunkt mit der Lagerverbindungsgeraden OO (Präzessionsachse) einschließt	
ϑ	= Winkel im Bogenmaß zwischen der Präzessionsachse OO und dem resultierenden Schwungvektor $\mathfrak{D}$	
φ	= a/l = Verhältniswert	

Das Kreiselmoment. Nach den gemachten Voraussetzungen lag in dem bisher betrachteten Lagerungsfall der Abb. 1 die Scheibenbewegung in der Scheibenebene EE; durch die Fliehkraft und die Wellenelastizität war das Gleichgewicht, also auch die Durchbiegung bestimmt.

Sitzt die starre Scheibe jedoch außerhalb der Lagerentfernungshalbierenden (Abb. 12) oder ist sie fliegend angeordnet (Abb. 30 u. 31), so verläßt die Scheibe beim Umlauf die Ebene EE, die Tangente an die elastische Linie im Scheibendurchstoßpunkt M beschreibt dann einen Kegel mit dem Erzeugungswinkel δ zur Lagerverbindungsgeraden OO.

Diese Bewegung der Scheibe ist in der Kreiseltheorie eine erzwungene reguläre Präzessionsbewegung, zu welcher das Moment bestimmt werden muß, das die Bewegung in dem erzwungenen Sinne aufrecht erhält. Das hierzu erforderliche Kreiselmoment $\mathfrak{K}$ folgt allgemein aus dem Flächensatz

$$\frac{d\mathfrak{D}}{dt} = \mathfrak{K}; \tag{a}$$

es stellt die Änderungsgeschwindigkeit des Schwungvektors $\mathfrak{D}$ vor.

Die Beziehung (a) läßt sich aus der dynamischen Grundgleichung des starren Körpers ableiten. Diese lautet in der Vektorform

$$\mathfrak{P} = \Sigma\, m \frac{d\mathfrak{v}}{dt}.$$

Bildet man das äußere Produkt der Kraft $\mathfrak{P}$ mit dem von einem gegebenen Pol gezogenen Radiusvektor $\mathfrak{r}$, so erhält man das statische Moment dieser Kraft

$$\mathfrak{M} = \mathfrak{P}\,\mathfrak{r} = \Sigma\, m\, \mathfrak{r} \frac{d\mathfrak{v}}{dt}.$$

Der Vektor $\mathfrak{M}$ steht senkrecht auf der durch $\mathfrak{P}$ und $\mathfrak{r}$ gebildeten Fläche. Nach einem Satze der Vektorrechnung ist das äußere Produkt zweier gleichgerichteter Vektoren gleich Null. Ohne an dem Werte der für $\mathfrak{M}$ erhaltenen Beziehung etwas zu ändern, kann daher der Summand

$$m\, \mathfrak{v} \frac{d\mathfrak{r}}{dt} \equiv m\, \mathfrak{v}\, \mathfrak{v} = 0$$

darin eingeführt werden, wodurch sich die rechte Seite der Beziehung von $\mathfrak{M}$ zu einem vollständigen Differential

$$m\,\mathfrak{r}\frac{d\mathfrak{v}}{dt}+m\,\mathfrak{v}\frac{d\mathfrak{r}}{dt}=\frac{d}{dt}[m\,\mathfrak{v}\,\mathfrak{r}]$$

ergänzt. Daher ist

$$\Sigma\,m\,\mathfrak{r}\frac{d\mathfrak{v}}{dt}\equiv\frac{d}{dt}[\Sigma\,m\,\mathfrak{v}\,\mathfrak{r}]$$

und für $\mathfrak{M}$ kann

$$\mathfrak{M}=\frac{d}{dt}[\Sigma\,m\,\mathfrak{v}\,\mathfrak{r}]$$

geschrieben werden. Ist insbesondere $\mathfrak{v}=\mathfrak{r}\omega$, so wird das Moment

$$\mathfrak{M}=\frac{d}{dt}[\Sigma\,m\,\mathfrak{r}^2\omega]=\frac{d\mathfrak{D}}{dt},$$

also gleich der Änderungsgeschwindigkeit des Schwungvektors $\mathfrak{D}$.[1] Als Schwung $|\mathfrak{D}|$ eines Körpers bezüglich einer Achse ist das Produkt aus dem Massenträgheitsmoment $\Sigma m r^2$ mit der Drehschnelle ω zu verstehen. Er ist zugleich derjenige Drehstoß, welcher einen starren Körper momentan aus dem Ruhezustand auf den stationären Bewegungszustand bringt.

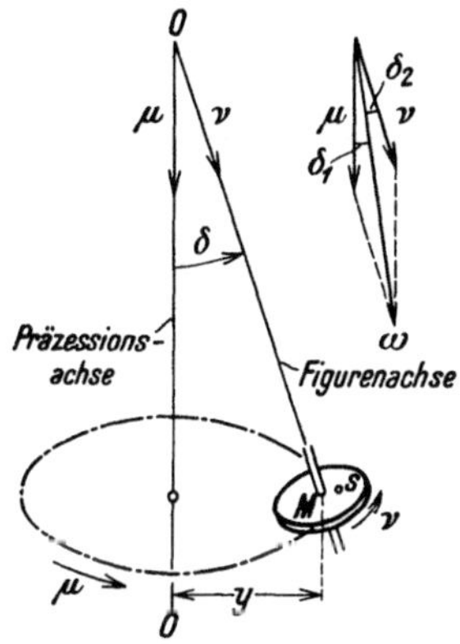

Abb. 8. Kreiselwirkung bei der Präzession im Gleichlauf.

Zu den erwähnten, die Durchbiegung bestimmenden Kräften kommt noch das Kreiselmoment, mit welchem die Scheibe bei der Drehung auf die Welle wirkt. Die elastische Linie und die Scheibe führen um die ursprüngliche Achse OO (Präzessionsachse) eine gleichförmige Präzessionsbewegung mit der Präzessionsdrehschnelle $\boldsymbol{\mu}$ aus, während die Scheibe gleichzeitig um die Tangente an die elastische Linie (Figurenachse) mit der Eigendrehschnelle $\boldsymbol{\nu}$ umläuft (Abb. 8). Die gleichzeitige Drehung der Scheibe um ihre Figurenachse und um die Präzessionsachse läßt sich durch eine resultierende Drehung ersetzen, für welche in der Vektorform die Beziehung

$$\boldsymbol{\omega}=\boldsymbol{\mu}+\boldsymbol{\nu}$$

besteht. Bei den hier vorkommenden geringen Richtungsunterschieden von $\boldsymbol{\mu}$ und $\boldsymbol{\nu}$ kann $\cos\delta_1$ und $\cos\delta_2=1$ gesetzt werden, so daß in diesem Falle mit der geometrischen Summe auch die arithmetische Summe

$$\omega=\mu+\nu \tag{b}$$

gilt. Es sind nun die Schwungkomponenten zu untersuchen, welche von der Scheibe ausgeübt werden.

In der Figurenachse wirkt die Schwungkomponente, die sich in ihrem absoluten Betrag aus den in diese Achse fallenden Drehschnellen $\nu+\mu\cos\delta$ und dem axialen Trägheitsmoment A der Scheibe zu

$$|\mathfrak{D}_\nu|=A\,(\nu+\mu\cos\delta)$$

[1] Vektoren werden mit deutschen Buchstaben (z. B. $\mathfrak{D}$), ihre Beträge mit $|\mathfrak{D}|$ oder mit normalen Buchstaben (z. B. D) bezeichnet.

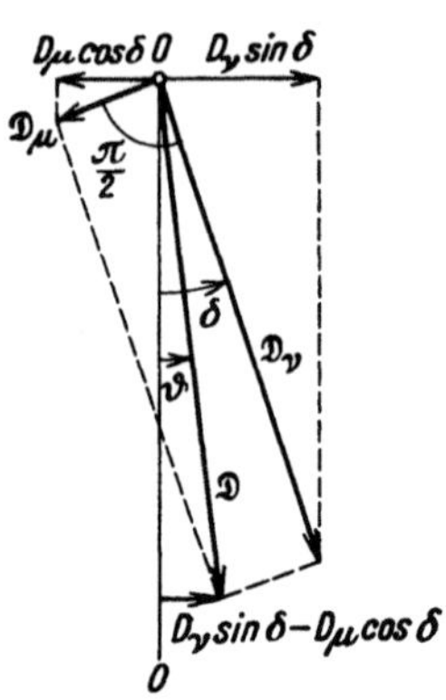

Abb. 9. Schwungvektoren.

$\mathfrak{D}$ resultierender Schwungvektor, $\mathfrak{D}_\nu$ Schwungvektorkomponente in der Figurenachse, $\mathfrak{D}_\mu$ Schwungvektorkomponente $\perp$ zur Figurenachse.

ergibt. Senkrecht zur Figurenachse (Abb. 9) steht nun die Schwungkomponente, welche sich aus der übrigbleibenden Komponente $\mu \sin \delta$ der Präzessionsdrehschnelle μ und dem in diese Richtung fallenden äquatorialen Trägheitsmoment B der Scheibe bildet, zu

$$|\mathfrak{D}_\mu| = B\,\mu \sin \delta.$$

Setzt man die unter dem Winkel $\pi/2$ stehenden Schwungkomponenten $\mathfrak{D}_\mu$ und $\mathfrak{D}_\nu$ zu dem resultierenden Schwungvektor $\mathfrak{D}$ zusammen, so sieht man, daß derselbe nicht in die Präzessionsachse fällt (Abb. 9). Die zeitliche Änderung des Schwungvektors $\mathfrak{D}$ ergibt nach dem Flächensatze das von den Lagern abzufangende, bzw. das von der Scheibe auf die Welle wirkende Kreiselmoment nach Abb. 10 zu

$$|\mathfrak{K}| = \left|\frac{d\mathfrak{D}}{dt}\right| = (D \sin \vartheta) \frac{d\varphi}{dt} \equiv (D \sin \vartheta)\,\mu. \qquad \text{(c)}$$

Da

$$D \sin \vartheta = D_\nu \sin \delta - D_\mu \cos \delta$$
$$= A\,(\nu + \mu \cos \delta) \sin \delta - B\,\mu \sin \delta \cos \delta, \qquad \text{(d)}$$

so läßt sich der Betrag des Kreiselmomentes auch schreiben

$$K = [A\,(\nu + \mu \cos \delta) \sin \delta - B\,\mu \sin \delta \cos \delta]\,\mu$$

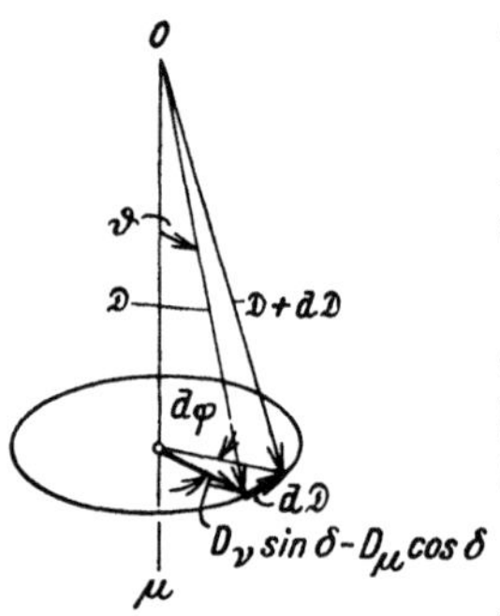

Abb. 10. Zeitliche Änderung des Schwungvektors $\mathfrak{D}$.

oder

$$K = A\,\mu\,\nu \sin \delta + (A - B)\,\mu^2 \sin \delta \cos \delta. \qquad \text{(e)}$$

Das Kreiselmoment besteht aus zwei Gliedern: aus dem eigentlichen Kreiselmoment

$$A \mu \nu \sin \delta,$$

welches auch als das Kreiselmoment eines Kugelkreisels definiert wird ($A = B$), und aus dem Schleudermoment

$$(A - B)\,\mu^2 \sin \delta \cos \delta,$$

welches von den Fliehkräften der Scheibenhälften herrührt (und auch dann vorhanden ist, wenn die Schwerpunktsexzentrizität $e = 0$, die Scheibe aber schräg aufgekeilt ist).

Für diesen Nachweis ist der Einfachheit halber angenommen, daß der Kreisel aus einer schmalen Scheibe besteht. Nach S. 165 ist die Differenz des axialen und äquatorialen Massenträgheitsmomentes der Scheibe unter Vernachlässigung des Einflusses der Scheibenhöhe

$$A - B = m R^2/4.$$

In den Einzelschwerpunkten der beiden Scheibenhälften tritt je eine Fliehkraft

$$Z_F = {}^1/_2\, m s \mu^2 \cos \delta$$

auf, die sich zu einem Kräftepaar

$$Z_F\, 2\, s \sin \delta$$

ergänzen (Abb. 11).[1] Das Fliehkraftpaar sucht nun den Winkel δ zu verkleinern. Der Anteil des Schleudermomentes läßt sich daher auch schreiben

$$(A - B)\, \mu^2 \sin \delta \cos \delta \equiv m \frac{R^2}{4} \mu^2 \sin \delta \cos \delta$$

und mit den Einzelschwerpunktsabständen $s = 4\, R/3\pi$

$$(A - B)\, \mu^2 \sin \delta \cos \delta \sim Z_F\, 2\, s \sin \delta.$$

Damit ist das Schleudermoment auf das Moment des Fliehkraftpaars der Scheibenhälften zurückgeführt. Das Schleudermoment bewirkt eine Verminderung der durch die Fliehkraft hervorgebrachten Wellenauslenkung, d. h. die Scheibe hat das Bestreben, die Zwangsbewegung auf einem Kegel in die zwanglose Bewegung in einer Ebene zu verlegen.

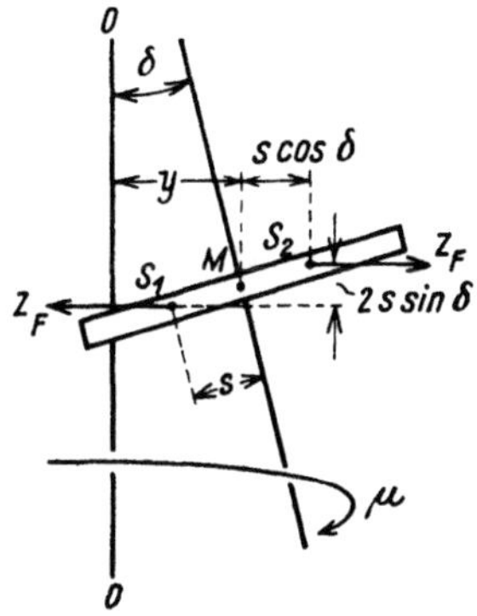

Abb. 11. Zurückführung des Schleudermomentes auf ein Fliehkraftmoment.

Von den durch die Beziehung (b) möglichen Bewegungen interessiert praktisch jene, welche den Umlauf nach Abb. 2b und 2d aufrecht erhält. Die Bedingung hierfür ist die gegenseitige relative Ruhe der Punkte OMS, welcher durch $\mu = \omega$ und $\nu = 0$ genügt wird;[2] die elastische Linie läuft also im Sinne der Wellendrehung mit der Drehschnelle der Welle um. Für diese Bewegung wurde von A. STODOLA die Bezeichnung „synchrone Präzession im Gleichlauf" gewählt. Infolge der Kleinheit des Winkels δ kann $\sin \delta = \delta$ und $\cos \delta = 1$ gesetzt werden. Mit $A/B = q$ ergibt sich dann das verbleibende Schleudermoment aus (e) zu

$$K_{gl} = B \omega^2 \delta\, (q - 1). \tag{7}$$

Dieses hat das Bestreben (Abb. 11), die elastische Linie auf dem kürzesten Wege in die Drehachse hineinzuziehen. Dadurch wird die Auslenkung der Welle vermindert, die kritische Drehschnelle also erhöht, was bei unterkritischem Lauf erwünscht ist.

Für schmale Scheiben kann das Verhältnis $q = A/B = 2$ gesetzt werden (Abschn. VIII). Der Fehler, den man für $h/2R$ bis 0,1 begeht, ist nach Abb. 103 gering. Damit wird

$$K_{gl} = B \omega^2 \delta. \tag{8}$$

[1] Die Auslenkung y der Welle und die Gesamtschwerpunktsexzentrizität e der Scheibe kann mit genügender Annäherung gegenüber den Einzelschwerpunktsabständen s der Scheibenhälften vernachlässigt werden, da für die tatsächlichen Ausführungen s bedeutend überwiegt.

[2] Dabei ist es gleichgültig, ob die Punkte OMS in einer Geraden liegen (ohne Reibung, Abb. 2b und d) oder ob ihre Verbindungslinien eine Winkelstellung zueinander einnehmen (mit Reibung, Abb. 29).

Der Winkel δ schließt bei schräg aufgekeilten Scheiben auch den Aufkeilungswinkel ein. Bei den üblichen Läufern ist eine Schwerpunktsexzentrizität stets vorhanden, woraus beim Umlauf die Auslenkung y und bei geeigneter Lage der Scheiben das Kreiselmoment des Gleichlaufes folgt.

Der Einfluß des Kreiselmomentes auf ω_{kr}. Die resultierende Auslenkung der Welle an der Scheibenbefestigungsstelle ergibt sich bei Vorhandensein einer Fliehkraft und eines Kreiselmomentes im Gleichlauf durch Überlagerung zu

$$y = \alpha_0 F - \beta_0 K_{gl}, \tag{9}$$

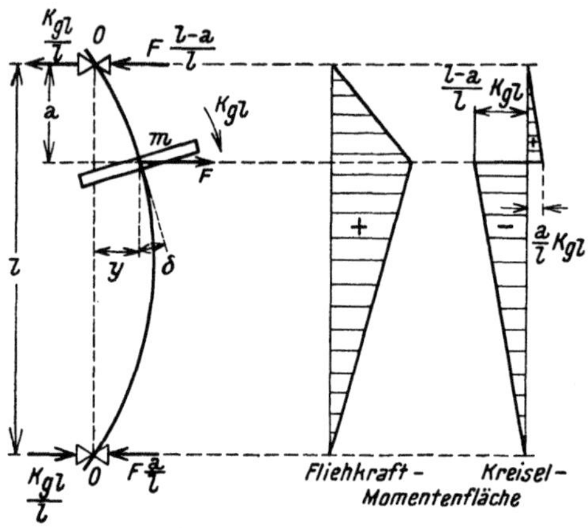

Abb. 12. Belastung einer beidseitig kugelig gelagerten, masselosen Welle durch eine Fliehkraft und ein Kreiselmoment.

die Neigung derselben im gleichen Punkte zu

$$y' = \beta_0 F - \gamma_0 K_{gl}. \tag{9a}$$

Zur Auffindung des Eigenwertes, d. i. die kritische Gleichlaufdrehschnelle ω_{gl}, sind beide Gleichungen notwendig, weil (9) zwei Unbekannte enthält, nämlich y und in K_{gl} den Winkel δ.

Als Beispiel soll der Einfluß der Kreiselwirkung im Gleichlauf auf die kritische Drehzahl einer zweifach kugelig gelagerten Welle untersucht werden, welche eine schmale, starre Scheibe nach Abb. 12 trägt.[1] Die Auslenkung $\alpha_0 F$ und die Neigung $\beta_0 F$ an der Scheibenbefestigungsstelle durch die Fliehkraft ist

$$\alpha_0 F = \frac{F}{3EJ}\frac{a^2}{l}(l-a)^2,$$

$$\beta_0 F = \frac{F}{3EJ}\frac{a}{l}(l-a)(l-2a).$$

Die Auslenkung $\beta_0 K_{gl}$ und die Neigung $\gamma_0 K_{gl}$ durch das Kreiselmoment an der Scheibenbefestigungsstelle lassen sich nach dem Mohrschen Satz ermitteln, wobei die Kreiselmomentenfläche als Belastung aufgefaßt wird.[2] Damit wird

$$\beta_0 K_{gl} = \frac{K_{gl}}{3EJl}\,a(l-a)(l-2a),$$

$$\gamma_0 K_{gl} = \frac{K_{gl}}{3EJl}(3a^2 - 3al + l^2).$$

[1] Die Lagerreaktionen ermitteln sich nach den Regeln der Statik aus der Bedingung, daß die Momente um die Lagermitten gleich Null sind, für das untere Lager zu $B = (Fa - K_{gl})/l$, für das obere Lager zu $A = [F(l-a) + K_{gl}]/l$.

[2] Beispiel 13, S. 143.

Setzt man $\varphi = a/l$, so ergibt sich mit

$$\psi = \varphi^2 (1-\varphi)^2,\ \zeta = \varphi (1-\varphi)(1-2\varphi),\ \lambda = 1 - 3\varphi (1-\varphi)$$

die resultierende Auslenkung nach Glg. (9)

$$y = \frac{1}{3EJ} [F l^3 \psi - K_{gl} l^2 \zeta] \tag{f}$$

und die Tangente an diese im Scheibendurchstoßpunkt, wenn infolge der Kleinheit von δ die Ableitung $y' = \delta$ gesetzt wird, nach (9a)

$$\delta = \frac{1}{3EJ} [F l^2 \zeta - K_{gl} l \lambda]. \tag{g}$$

Ermittelt man aus diesen beiden linearen Gleichungen F und K_{gl} und setzt für $F = m(y+e)\omega^2$, sowie für $K_{gl} = B\omega^2\delta$, so erhält man

$$y(\beta^2\lambda - \omega^2) - l\delta\beta^2\zeta = e\omega^2, \tag{h}$$

$$y\gamma^2\zeta - l\delta(\gamma^2\psi + \omega^2) = 0, \tag{i}$$

worin $\beta^2 = \frac{3EJ}{m l^3 (\lambda\psi - \zeta^2)}$ und $\gamma^2 = \frac{3EJ}{Bl(\lambda\psi - \zeta^2)}$ ist. Daraus würde sich y und $l\delta$ errechnen zu

$$y = \frac{1}{\Delta} \begin{vmatrix} e\omega^2 & -\beta^2\zeta \\ 0 & -(\gamma^2\psi + \omega^2) \end{vmatrix},\quad l\delta = \frac{1}{\Delta} \begin{vmatrix} (\beta^2\lambda - \omega^2) & e\omega^2 \\ \gamma^2\zeta & 0 \end{vmatrix} \tag{k}$$

mit

$$\Delta = \begin{vmatrix} (\beta^2\lambda - \omega^2) & -\beta^2\zeta \\ \gamma^2\zeta & -(\gamma^2\psi + \omega^2) \end{vmatrix}.$$

Die Glgn. (k) sollen jedoch nur dazu dienen, die kritische Drehschnelle zu ermitteln. Diese ist in Übereinstimmung mit dem in Abschnitt I, 1 Gesagten dann vorhanden, wenn y und $l\delta = \infty$ werden. Offenbar ist dies der Fall, wenn die Determinante Δ der Glgn. (k) Null wird. Dann ermittelt sich aus

$$-(\beta^2\lambda - \omega^2)(\gamma^2\psi + \omega^2) + \beta^2\zeta^2\gamma^2 = 0 \tag{l}$$

die kritische Drehschnelle im Gleichlauf zu

$$\omega_{gl}^2 = \frac{\lambda\beta^2 - \psi\gamma^2}{2} + \sqrt{\left(\frac{\lambda\beta^2 - \psi\gamma^2}{2}\right)^2 + \beta^2\gamma^2(\lambda\psi - \zeta^2)}. \tag{10}$$

Die negative Wurzel hat keinen praktischen Wert. Die Beziehung (10) ist in Abschnitt I, 9 graphisch ausgewertet.

Sonderfälle:

a) $\varphi = a/l = 1/2$. Damit wird $\psi = 1/16$, $\zeta = 0$, $\lambda = 1/4$ und nach kurzer Umrechnung

$$\omega^2 = \omega_{kr}^2 = \beta^2/4.$$

Berücksichtigt man, daß bei $\varphi = 1/2 \ldots \beta^2/4 = \alpha/m$, so wird

$$\omega_{kr}^2 = \alpha/m, \tag{2}$$

wie auch in Abschnitt I, 1 abgeleitet.

b) $B = \infty$, $\gamma^2 = 0$. Aus Glg. (l) wird

$$\omega_{gl}^2 = \lambda\beta^2.$$

Nach Einsetzen von φ in λ und β^2 erhält man zu jedem φ-Wert ($< 0{,}5$) für ω_{gl} einen endlichen Grenzwert, welcher höher liegt als das entsprechende ω_{kr}. Dies besagt, daß sich die Scheibenebene mit größer werdendem Trägheitsmoment senkrecht zur Verbindungsgeraden OO der Lagermitten zu stellen sucht, d. h. das Bestreben besitzt, die zwanglose Bewegung in einer Ebene aufzusuchen. Das Kreiselmoment wird wegen des ∞ großen Scheibenträgheitsmomentes durch die verbleibende unendlich kleine Auslenkung auf einer endlichen Größe gehalten.

3. Horizontal gelagerte Welle.

Bezeichnungen:

f_s	= statische Durchbiegung unter der Scheibe	cm
$f_{\max}$	= größte statische Durchbiegung	cm
$\varkappa$	= Zahlenwert	

Allgemeines. Eine horizontal gelagerte Welle biegt sich im Ruhezustand infolge der vorhandenen Belastungsmasse um f_s elastisch durch (Abb. 13). Rotiert diese Welle, so wird sie durch die Fliehkraft um y zusätzlich ausgelenkt. Diese zusätzliche Auslenkung erfolgt in gleicher Größe wie bei der vertikalen Welle. Der Schwerpunkt S rotiert bei unterkritischem Lauf um die ursprüngliche Ruhelage O'' mit dem Halbmesser $r = y + e$, der Durchstoßpunkt M der Welle mit der Scheibe beschreibt einen Kreis um O'' mit dem Durchmesser $2y$.[1] Die Art der Aufstellung beeinflußt also die kritische Drehschnelle nicht. Ist außer der Fliehkraft noch ein Kreiselmoment vorhanden, so beschreibt die Tangente an die bei der Rotation sich einstellende elastische Linie einen Kegel, wobei die Tangente an die statische Durchbiegungslinie im Scheibendurchstoßpunkt die Kegelachse bildet.

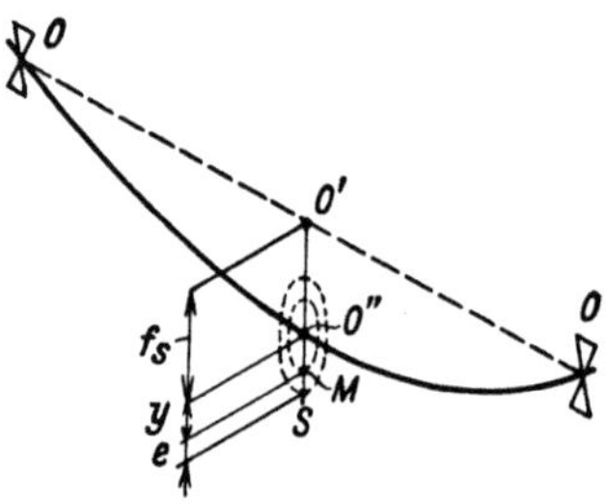

Abb. 13. Scheibenschwerpunktsbahn bei horizontal gelagerter Welle für $\omega < \omega_{kr}$.

Beziehung zwischen ω_{kr} und f_s. Zwischen der kritischen Drehschnelle und der statischen Durchbiegung durch die Scheibenmasse besteht nun eine einfache Beziehung. In Glg. (b), Abschnitt I, 1 ist mit α jene Kraft definiert, welche die Welle bei der Durchbiegung $y = 1$ ausübt. Ist $G = mg$ das Gewicht der Scheibe und f_s die statische Durchbiegung der horizontal gelagerten Welle unter der Scheibe, so ist auch $\alpha = G/f_s$. Für die Lagerung nach Abb. 13 erhält man also aus Glg. (2)

$$\omega_{kr}^2 = \frac{G}{f_s}\frac{g}{G} = \frac{g}{f_s}. \qquad (11)$$

[1] Die Gleichgewichtslage einer belasteten, ruhenden Welle nach Abb. 13 ist die Lage der statischen Durchbiegungslinie. Nur für kleinere oder größere Durchbiegungen, als der statischen entsprechen, ist das Gleichgewicht gestört und es entsteht bei $\omega = 0$ eine Schwingung um diese Gleichgewichtslage, die infolge der stets vorhandenen inneren und äußeren Reibungskräfte (Dämpfung) bereits in

Dieses Ergebnis läßt sich allgemein auch

$$\omega_{kr}^2 = \varkappa \frac{g}{f_{\max}} \tag{12}$$

für die beliebige Lastbesetzung der an beiden Enden kugelig gelagerten Wellen schreiben mit $1 < \varkappa \leq 1{,}2685$, wie später gezeigt wird.[1] Aus (11) und (12) folgt, was besonders zu beachten ist, daß die Auslenkungen f_s und $f_{\max}$ eine Bestimmungsgröße von α bilden und dadurch die Berechnung der kritischen Drehzahl erlauben. Da in den meisten Fällen die Betriebsdrehzahl und mit dieser aus konstruktiven und wirtschaftlichen Gründen die kritische Drehzahl festliegt, so ist damit nach Glg. (12) auch $f_{\max}$ bestimmt. Die Querschnittsabmessungen der Welle sind dann so zu wählen, daß bei der gegebenen Spannweite, der Lagerung, der Belastung und bei dem verwendeten Werkstoff dieses $f_{\max}$ nicht überschritten wird. Für den ersten Entwurf kann bei den üblichen Läufern mit mehreren Scheiben (Dampfturbinen, Turbokompressoren, Kreiselpumpen) nach K. BAUMANN $\varkappa = 1{,}08$ gesetzt werden. Für die Läufer von Elektromotoren und Generatoren kann $\varkappa$ bis zu 1,2 ansteigen. Der größte Wert mit $\varkappa = 1{,}2685$ wird erreicht bei Wellen mit stetiger Massenbelegung bis zu den Lagern.

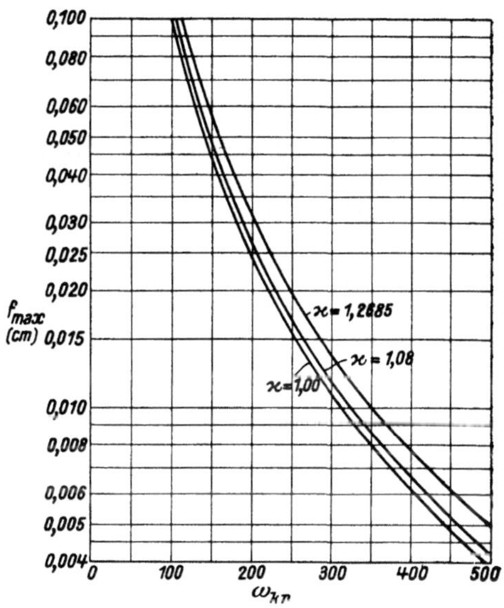

Abb. 14. Beziehung zwischen der statischen Durchbiegung $f_{\max}$ (cm) und ω_{kr} für $\varkappa = 1{,}0$ bis 1,2685 für die an beiden Enden kugelig gelagerte, horizontale Welle.

Aus der Abb. 14 geht hervor, daß für höhere Werte der kritischen Drehzahlen die statischen Durchbiegungen durch die Massen nur Bruchteile eines Millimeters betragen dürfen. Kritische Drehzahlen unter $\omega_{kr} = 150$/sek sind wegen der großen statischen Durchbiegungen bei horizontalen Maschinen nicht mehr zulässig. Deshalb läßt man die Wellen vielfach bis zu einer Betriebsdrehzahl von $n = 3000$ U/min ($\omega = 314$/sek) unterkritisch laufen. Niedere kritische Drehzahlen kommen

endlicher Zeit abklingt. Erst durch die Dämpfung wird dem elastischen Gebilde die Fähigkeit gegeben, seinen ruhenden Gleichgewichtszustand anzunehmen.

[1] $\varkappa = 1$ für den Belastungsfall nach Abb. 1, da dort f_s mit $f_{\max}$ zusammenfällt; für den Belastungsfall nach Abb. 53 ist $\varkappa = 1{,}2685$, während im Schrifttum 1,275 angegeben ist.

nur für vertikale Wellen in Betracht, da bei diesen die statische Durchbiegung (in der Ruhelage) Null ist.

Für die mit mehreren Massen besetzte, zweifach gelagerte, überhängende Welle hat die Beziehung (12) keine Gültigkeit, da bei dieser die fliehkraftelastische Auslenkung und die statische Durchbiegungslinie nicht mehr ähnlich sind (Anhang zu I).

4. Eigenschwingungszahl und kritische Drehschnelle.

Bezeichnungen:

C_1 und C_2	= konstante Größen, welche die größte Auslenkung festlegen	cm
f_s	= statische Durchbiegung unter der Scheibe	cm
t	= Zeit	sek
ν	= Schwingungsfrequenz	1/sek

Analytische Bestimmung, Masse allein. Bei waagrechter Lagerung wird die Welle in der Ruhelage durch das Scheibengewicht um f_s elastisch durchgebogen (Abb. 13). Wird die ursprünglich ruhende Welle um y zusätzlich ausgelenkt, so erteilt die elastische Kraft αy der Masse m die Beschleunigung d^2y/dt^2. Bei Vernachlässigung der Dämpfung bildet sich eine harmonische Schwingung aus, welche für kleine Auslenkungen der dynamischen Grundgleichung von der Form

$$m d^2y/dt^2 = -\alpha y \tag{a}$$

folgt. Die Welle schwingt um ihre ursprüngliche Gleichgewichtslage, d. i. um ihre Ruhelage $O\,O''O$. Die allgemeine Lösung dieser Gleichung ist

$$y = C_1 \sin \nu t + C_2 \cos \nu t. \tag{b}$$

Vergleicht man die zweite Ableitung dieser Gleichung, also $d^2y/dt^2 = -\nu^2 y$ mit Glg. (a), so wird

$$\nu^2 = \alpha/m. \tag{c}$$

Das ist aber der gleiche Ausdruck, wie er in Abschnitt I, 1 abgeleitet wurde. Nach Einsetzen der Grenzbedingungen (z. B. $y = 0$ für $t = 0$) folgt die Dauer einer vollen Schwingung $T = 2\pi/\nu$; ν ist die Schwingungsfrequenz.[1]

Masse und Drehungsträgheit. Sitzt die Masse in der Entfernung $x \lesseqgtr l/2$ von einem Lager, so entsteht bei der Schwingung gleichzeitig eine Drehung der Masse. Das dabei auftretende Moment

$$M = \left|\frac{\partial \mathfrak{D}}{\partial t}\right| = B\frac{\partial^2(y')}{\partial t^2}$$

ist gleichlautend der Beziehung (a) in Abschnitt I, 2 mit dem Unterschied, daß keine Rotation in der Umfangsrichtung, sondern eine schwingende Drehbewegung in der Bildebene um den Winkel $\pm\,\partial y/\partial x = \pm\, y'$ sich

[1] Auch Kreisfrequenz genannt, da sie jene Drehschnelle darstellt, mit welcher sich der Schwerpunkt am Umfange des Einheitskreises bewegen würde.

einstellt.[1] Das äquatoriale Massenträgheitsmoment B unterstützt die Masse; dadurch wird die Wellenauslenkung vergrößert. Zur Ermittlung der sekundlichen Eigenschwingungszahl werde von den Formänderungsarbeiten ausgegangen. Die Arbeit der Massenkraft und des Massenträgheitsmomentes ist

$$\mathfrak{A}_a = m \frac{\partial^2 y}{\partial t^2} \frac{y}{2} + \frac{B}{2} \frac{\partial^2 (y')}{\partial t^2} y',$$

der durch die elastische Arbeit der Welle

$$\mathfrak{A}_i = -\alpha\, y \frac{y}{2}$$

das Gleichgewicht gehalten wird. Es ist also

$$\mathfrak{A}_a = \mathfrak{A}_i$$

oder

$$\frac{\partial^2 y}{\partial t^2} + \frac{B}{m} \frac{y'}{y} \frac{\partial^2 (y')}{\partial t^2} + \frac{\alpha}{m} y = 0. \tag{d}$$

Bei vorausgesetzter Dämpfungsfreiheit ist die sich einstellende Schwingung harmonisch. Die augenblickliche Auslenkung zur Zeit t im Massenbefestigungspunkt x kann daher zu

$$y = f(x) \sin \nu t \tag{e}$$

angeschrieben werden, wenn mit $t = 0$ auch $y = 0$ werden soll ($f(x) \neq 0$), und $f(x)$ die größte Auslenkung für $\nu t = \pi/2$ unter der Masse darstellt. Glg. (e) ist daher eine mögliche Lösung für die harmonische Schwingung im Achsenpunkt x. Bildet man nun aus (e) die in (d) angegebenen Ableitungen und setzt sie dort ein, so erhält man

$$\nu^2 \left(1 + \frac{B}{m} \left[\frac{f'(x)}{f(x)} \right]^2 \right) - \frac{\alpha}{m} - 0 \tag{f}$$

und daraus

$$\nu^2 = \frac{\alpha}{m} \frac{1}{1 + \frac{B}{m} \left[\frac{f'(x)}{f(x)} \right]^2}. \tag{g}$$

Ist $x = l/2$, so muß $f'(x) = 0$ sein; der Ausdruck (g) geht in (c) über. Die Beziehung (g) sagt aus, daß die Drehungsträgheit der Masse die Eigenschwingungszahl der Welle herabsetzt.

Zusammenfassung. Die Eigenschwingungszahl (Biegungsschwingungszahl) ist dann zahlenmäßig gleich der kritischen Drehschnelle, wenn die Drehungsträgheit der Scheiben vernachlässigt werden kann. Ist dies aber nicht zulässig, so liegt die Eigenschwingungszahl tiefer als die kritische Drehschnelle, auch wenn für letztere Kreiselmomente oder Längskräfte unberücksichtigt geblieben sind. Ein grundsätzlicher Unterschied zwischen der Eigenschwingungszahl und der kritischen Drehschnelle besteht in der Bewegungsform. Während die Welle bei Biegungsschwingungen ($\omega = 0$) periodisch durch die Null-Lage schwingt, wandert

[1] Von der statischen Durchbiegung ist abgesehen, da sie nach Abschnitt I, 3 das Ergebnis nicht beeinflußt.

sie in der kritischen Drehzahl in ständig steigender Entfernung um die ursprüngliche Ruhelage ($e > 0$).

Experimentelle Bestimmung. Die Eigenschwingungszahl eines Läufers läßt sich experimentell verhältnismäßig einfach bestimmen mittels geeigneter Apparate (z. B. mechanisch durch den GEIGERschen Vibrographen oder mittels eines Oszillographen nach H. THOMA). Die experimentelle Bestimmung der kritischen Drehzahl während des Umlaufes stößt dagegen auf Schwierigkeiten, weil die Unruhen unterhalb der kritischen Drehzahl einen größeren Drehzahlbereich umfassen als oberhalb derselben, wodurch die Lage des größten Ausschlages nicht einwandfrei erfaßbar ist. In Abb. 15 ist der Eigenschwingungsvorgang eines Generatorläufers (nach H. THOMA) aufgezeichnet, der im Stillstande durch einen Hammerschlag zu Eigenschwingungen angeregt wurde. Innerhalb einer Sekunde führt die Welle 27 Schwingungen aus, was einer kritischen Drehzahl von 1620 U/min entspricht (unter den im vorhergehenden Absatz gemachten Voraussetzungen). Durch den vorhandenen inneren Material- und äußeren Luftwiderstand werden die Ausschläge gedämpft. Die Schwingungen auf der linken Seite der Abb. 15 vor dem Einsetzen der Eigenschwingungen stellen die Bewegungen der Maschine und des Fundamentes vor, welche durch eine benachbarte, im Betriebe befindliche Kraftmaschine erzwungen wurden. Auch aus der Tonhöhe des Grundtons ließe sich auf die tiefste Eigenschwingungszahl schließen. Dieser ist jedoch meist von höheren harmonischen Tönen überlagert (Klangfarbe), so daß er nicht mehr rein zur Geltung kommt.

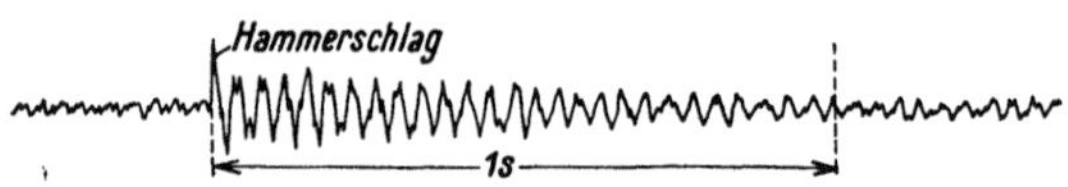

Abb. 15. Eigenschwingungsvorgang an einem Generatorläufer.

5. Der Einfluß der Querkraft auf die kritische Drehzahl.

Bezeichnungen:

y_m	= Auslenkung durch das Biegungsmoment	cm
y_q	= Auslenkung durch die Querkraft	cm
f	= Wellenquerschnittsfläche	cm²
ω_q	= kritische Drehschnelle bei Berücksichtigung der Querkraft	1/sek
G	= Schubziffer	kg/cm²
τ	= Schubspannung	kg/cm²
γ	= Schubwinkel im Bogenmaß	
σ	= dimensionslose Zahl	

Durch die Belastung der Welle tritt in jedem Wellenquerschnitt außer dem Moment noch eine Querkraft auf. Beide bewirken eine elastische Formänderung. Die Querkraft vergrößert die durch das Biegemoment hervorgerufene Auslenkung der Welle.

Die Auslenkung der Welle infolge des Biegemomentes folgt aus der Gleichung der elastischen Linie

$$\frac{d^2y}{dx^2} = -\frac{M}{EJ}. \tag{a}$$

Für den Belastungsfall nach Abb. 16 wird mit $\varphi = a/l$ für den rechten Wellenteil mit $x < a$

$$M = P\,\frac{l-a}{l}\,x = P\,(1-\varphi)\,x.$$

Im linken Wellenteil wird mit $x > a$

$$M = P\,\varphi\,(l-x).$$

Dann folgt die Durchbiegung y_m für $x = a$ aus der Integration der Glg. (a). Mit den Randbedingungen $y = 0$ für $x = 0$ und l wird

$$y_m = \frac{P\,l^3}{3\,EJ}\,\varphi^2\,(1-\varphi)^2. \tag{b}$$

Die Querkraft Q erzeugt im Wellenquerschnitt f eine mittlere Schubspannung

$$\tau = \psi\,\frac{Q}{f}.$$

Darin ist ψ ein Faktor, welcher die tatsächliche Schubspannungsverteilung und die dadurch bedingte Querschnittsverformung berücksichtigt. Für den Kreisquerschnitt ist $\psi = 1{,}185$. Der auftretende Schubwinkel ist innerhalb des Geltungsbereiches des HOOKEschen Gesetzes

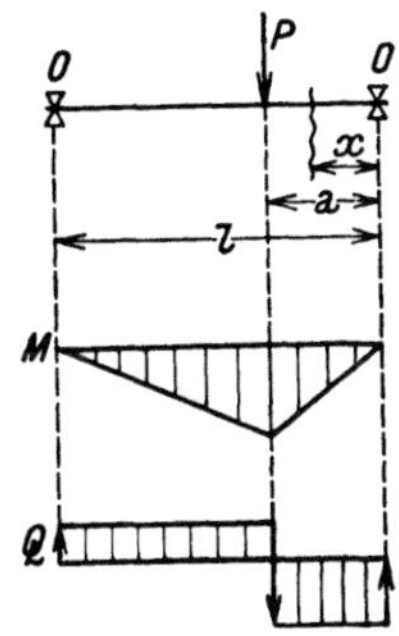

Abb. 16. Biegungsmoment- und Querkraftverteilung längs der Welle.

$$\gamma = \frac{\tau}{G} = \frac{dy_q}{dx} = \psi\,\frac{Q}{f\,G},$$

so daß sich daraus die Querkraftauslenkung zu

$$y_q = \psi\,\frac{Q}{f\,G}\int_0^x dx = \psi\,\frac{Q}{f\,G}\,x \tag{c}$$

errechnet. Die Querkraft ist in jedem Wellenquerschnitt im rechten Wellenteil

$$Q = \frac{dM}{dx} = P\,(1-\varphi).$$

Damit wird für $x = a = \varphi\,l$

$$y_q = \psi\,\frac{P\,l}{f\,G}\,\varphi\,(1-\varphi). \tag{d}$$

Die gesamte Auslenkung durch das Moment und die Querkraft ergibt sich durch Überlagerung zu

$$y = y_m + y_q = P\left[\frac{l^3}{3\,EJ}\,\varphi^2\,(1-\varphi)^2 + \frac{\psi\,l}{f\,G}\,\varphi\,(1-\varphi)\right]. \tag{e}$$

Nach den Glgn. (b) und (2) des Abschnittes I, 1 ist $P = \alpha\,y$ und $\omega_{kr}^2 = \alpha/m$. In diesem Falle wird

$$\alpha = \frac{1}{\frac{l^3}{3\,EJ}\,\varphi^2\,(1-\varphi)^2 + \frac{\psi\,l}{f\,G}\,\varphi\,(1-\varphi)}$$

und die kritische Drehschnelle der Welle bei Berücksichtigung der Querkraftdeformation

$$\omega_q^2 = \frac{1}{\frac{m\,l^3}{3\,EJ}\,\varphi^2\,(1-\varphi)^2 + \frac{m\,\psi\,l}{f\,G}\,\varphi\,(1-\varphi)}. \tag{13}$$

Wird aus (13) die kritische Drehschnelle ohne Berücksichtigung der Querkraftdeformation herausgehoben, also

$$\omega_{kr}^2 = \frac{3\,EJ}{m\,l^3\,\varphi^2\,(1-\varphi)^2},$$

so folgt mit der dimensionslosen Zahl

$$\sigma = \frac{3\,\psi\,EJ}{f\,l^2\,\varphi\,(1-\varphi)\,G}$$

der Verhältniswert

$$\left(\frac{\omega_q}{\omega_{kr}}\right)^2 = \frac{1}{1+\sigma}. \tag{14}$$

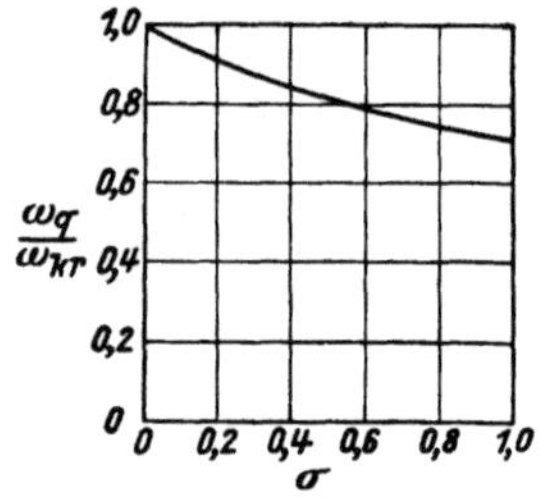

Abb. 17. Verhältniswerte ω_q/ω_{kr} in Abhängigkeit von der dimensionslosen Zahl $\sigma = 3\,\psi\,EJ/f\,l^2\,\varphi\,(1-\varphi)\,G$ nach Glg. (14).

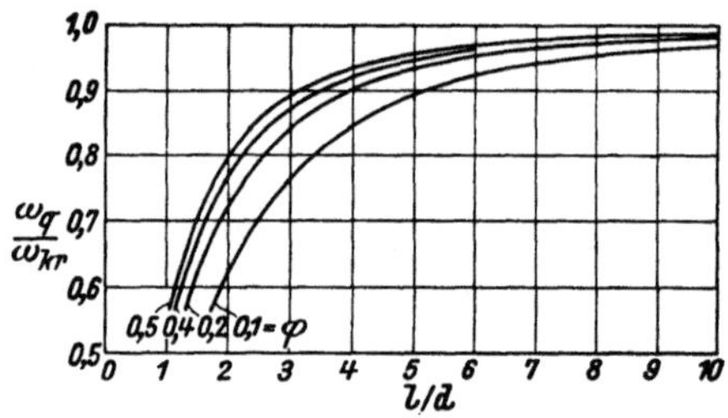

Abb. 18. Verhältniswerte ω_q/ω_{kr}, aufgetragen über l/d und in gleichzeitiger Abhängigkeit von $\varphi = a/l$ für eine Stahlwelle nach Glg. (14a).

Nachdem σ eine positive Zahl ist, wird $\omega_q/\omega_{kr} < 1$. Die Abhängigkeit ω_q/ω_{kr} von σ ist in der Abb. 17 dargestellt. Legt man Stahl mit $G/E = 0{,}385$ zugrunde, so wird mit $J/f = (d/4)^2$ die dimensionslose Zahl

$$\sigma = \frac{0{,}577\left(\frac{d}{l}\right)^2}{\varphi\,(1-\varphi)}$$

und

$$\left(\frac{\omega_q}{\omega_{kr}}\right)^2 = \frac{1}{1+\frac{0{,}577}{\varphi\,(1-\varphi)}\left(\frac{d}{l}\right)^2}. \tag{14a}$$

Nach dieser Beziehung ist die Abb. 18 entworfen, welche zeigt, daß die Querkraft außer bei kurzen Wellen nur noch dann die kritische Drehschnelle nennenswert herabsetzt, wenn sich die Masse in der Nähe eines Auflagers befindet. Trotzdem $\varphi\,(1-\varphi) \leqq 0{,}25$, wird infolge $d/l \ll 0{,}1$ der Einfluß der Querkraft auf die kritische Drehschnelle im allgemeinen vernachlässigbar.

6. Der Einfluß einer Längskraft auf die kritische Drehzahl.

Bezeichnungen:

e	=	Schwerpunktsexzentrizität	cm
P	=	Wellenbelastung	kg

$\omega_{Z,D}$ = kritische Drehschnelle bei Vorhandensein einer Längskraft 1/sek
σ_{zul} = zulässige Beanspruchung kg/cm²
e in $(e^{\pm cx}) = 2{,}71828$ Basis der natürlichen Logarithmen
$\varrho_{Z,D} = (Zl^2/4EJ)^{1/2}$ oder $(Dl^2/4EJ)^{1/2}$ dimensionslose Zahl

An vielen Läufern treten in der Längsrichtung Kräfte auf. Sie entstehen während des Umlaufes als hydraulische Kräfte an den Radscheiben von Dampfturbinen, Turbokompressoren, Turbinen, Kreiselpumpen; als Schraubenschub bei Schiffspropellern, als Zahndruckkomponenten bei schräg verzahnten Rädern, als magnetische Kräfte usw. Werden diese Kräfte nicht in der Maschine durch Ausgleichsscheiben oder Ausgleichskolben aufgefangen, so müssen sie durch ein Lager aufgenommen werden. Ist die Welle zusätzlich auf Zug belastet, so entsteht eine Verminderung, bei Druck eine Vergrößerung der Auslenkung. Ihr Einfluß auf die Höhe der kritischen Drehschnelle soll am Beispiel der Abb. 19 untersucht werden.

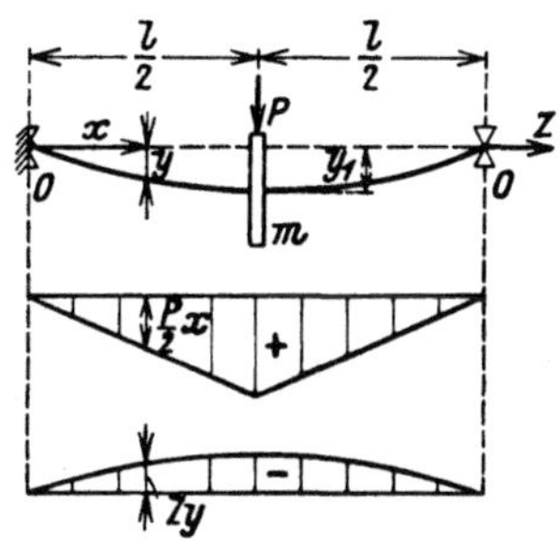

Abb. 19. Belastung einer kugelig gelagerten Welle durch eine Einzelkraft P (= mg) und eine Zugkraft Z.

Zusätzliche Zugbelastung. An der Welle wirkt die Kraft P und eine zur Lagerverbindungsgeraden OO parallele Zugkraft Z. Das Moment M aus der Einzellast und der Zugkraft

$$M = \frac{P}{2}x - Zy \qquad \text{(a)}$$

erzeugt eine Auslenkung der Welle, die sich aus der Gleichung der elastischen Linie

$$\frac{d^2y}{dx^2} = -\frac{M}{EJ}$$

ermitteln läßt. Diese schreibt sich nach Einsetzen von (a) mit $c^2 = Z/EJ$, $b = P/2EJ$:

$$\frac{d^2y}{dx^2} - c^2y + bx = 0. \qquad \text{(b)}$$

Zur allgemeinen Lösung dieser Differentialgleichung zweiter Ordnung wird das allgemeine Integral der zugehörigen reduzierten Gleichung

$$\frac{d^2y}{dx^2} - c^2y = 0 \qquad \text{(c)}$$

aufgesucht, das in diesem Falle

$$y_1 = C_1e^{-cx} + C_2e^{cx}$$

lautet. Das allgemeine Integral der Glg. (b) folgt dann aus dem von (c) durch Hinzufügen eines weiteren partikularen Integrals der Glg. (b). Einem solchen genügt

$$y_2 = \frac{bx}{c^2},$$

weil hierfür $d^2y/dx^2 = 0$ wird. Das allgemeine Integral von (b) lautet daher

$$y = C_1e^{-cx} + C_2e^{cx} + \frac{bx}{c^2}. \qquad \text{(d)}$$

Die Konstanten C_1 und C_2 bestimmen sich aus den Randbedingungen: $y = 0$ für $x = 0$ und l und aus $y' = 0$ für $x = l/2$ zu

$$C_1 + C_2 = 0,$$

$$-C_1 c e^{-c\frac{l}{2}} + C_2 c e^{c\frac{l}{2}} + \frac{b}{c^2} = 0$$

und daraus

$$C_1 = \frac{b}{c^2} \frac{1}{c\left(e^{c\frac{l}{2}} + e^{-c\frac{l}{2}}\right)}, \quad C_2 = -\frac{b}{c^2} \frac{1}{c\left(e^{c\frac{l}{2}} + e^{-c\frac{l}{2}}\right)}.$$

Dann wird

$$y = \frac{b}{c^2}\left[x - \frac{1}{c}\left(\frac{e^{cx} - e^{-cx}}{e^{c\frac{l}{2}} + e^{-c\frac{l}{2}}}\right)\right] \tag{e}$$

und mit $x = l/2$ und Einführen der Zahlenwerte sowie der dimensionslosen Größe $\varrho_Z{}^2 = Z l^2/4EJ$

$$y = \frac{Pl}{4Z}\left[1 - \frac{\mathfrak{Tg}\,\varrho_Z}{\varrho_Z}\right]. \tag{f}$$

Nach Abschnitt I, 1 ist $y = P/\alpha$ und $\omega_{kr}{}^2 = \alpha/m$. In gleicher Weise folgt aus (f)

$$\alpha = \frac{4Z}{l\left[1 - \frac{\mathfrak{Tg}\,\varrho_Z}{\varrho_Z}\right]}$$

und nach H. MELAN

$$\omega_Z{}^2 = \frac{4Z}{ml\left[1 - \frac{\mathfrak{Tg}\,\varrho_Z}{\varrho_Z}\right]}. \tag{15}$$

Zusätzliche Druckbelastung. Ist eine Druckkraft vorhanden, so wird mit $Z = -D$ und $c^2 = D/EJ$ die Glg. (c)

$$\frac{d^2y}{dx^2} + c^2 y + bx = 0, \tag{g}$$

welche die allgemeine Lösung

$$y = C_3 \sin cx + C_4 \cos cx - \frac{bx}{c^2} \tag{h}$$

besitzt. Aus den Randbedingungen $y = 0$ für $x = 0$ und aus $y' = 0$ für $x = l/2$ folgt

$$C_4 = 0, \quad C_3 = \frac{b}{c^2} \frac{1}{c \cos c\frac{l}{2}}.$$

Damit wird für $x = l/2$ mit der dimensionslosen Größe $\varrho_D{}^2 = D l^2/4EJ$

$$y = \frac{Pl}{4D}\left[\frac{\mathrm{tg}\,\varrho_D}{\varrho_D} - 1\right] \tag{i}$$

und in gleicher Weise wie zuvor

$$\omega_D^2 = \frac{4\,D}{m\,l\left[\frac{\operatorname{tg}\varrho_D}{\varrho_D} - 1\right]}. \tag{16}$$

Zusammenfassung. Die Glgn. (15) und (16) besagen, daß durch eine Zugkraft eine Vergrößerung, durch eine Druckkraft eine Verkleinerung der kritischen Drehschnelle gegenüber der Drehschnelle ohne Längskraft bewirkt wird. Erreicht die Druckkraft die EULERsche Knicklast $D_{kr} = \pi^2 EJ/l^2$, so wird $\varrho_D = \pi/2$ und $\omega_D = 0$ (Abb. 20).

Führt man die gewöhnliche kritische Drehschnelle (ohne Längskraft) nach Glg. (2a)

$$\omega_{kr}^2 = \frac{48\,EJ}{m\,l^3} \tag{2a}$$

ein, so geben die Verhältniswerte

$$\left(\frac{\omega_Z}{\omega_{kr}}\right)^2 = \frac{\varrho_Z^2}{3}\,\frac{1}{\left[1 - \frac{\mathfrak{Tg}\,\varrho_Z}{\varrho_Z}\right]}, \tag{17a}$$

$$\left(\frac{\omega_D}{\omega_{kr}}\right)^2 = \frac{\varrho_D^2}{3}\,\frac{1}{\left[\frac{\operatorname{tg}\varrho_D}{\varrho_D} - 1\right]} \tag{17b}$$

den Einfluß der Längskraft wieder. Für zusätzliche Zug- oder Druckbelastung ist dies in Abb. 20 dargestellt. Daraus ist der die kritische Drehschnelle steigernde bzw. vermindernde Einfluß der Zug- bzw. Druckkraft ersichtlich. Führt man in den dimensionslosen Größen $\varrho_{Z,D}$ statt $Z = \sigma_{zul} d^2\pi/4$ und $D = \sigma_{dzul}\, d^2\pi/4$ und für $J = d^4\pi/64$ ein, so wird

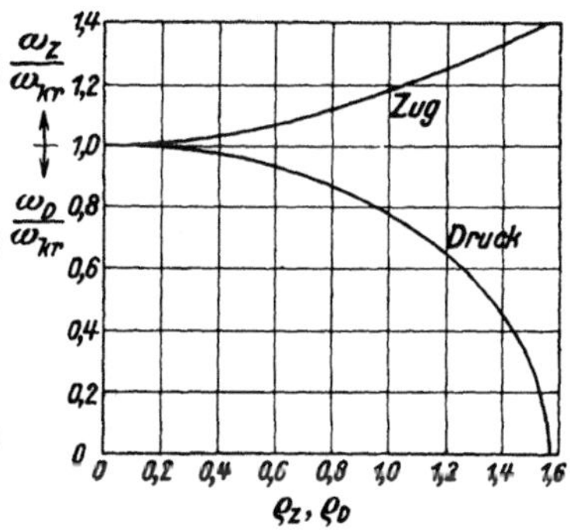

Abb. 20. Verhältniswerte ω_Z/ω_{kr}, bzw. ω_D/ω_{kr}, aufgetragen über die dimensionslosen Zahlen $\varrho_Z = [Zl^2/4EJ]^{1/2}$, bzw. $\varrho_D = [Dl^2/4EJ]^{1/2}$ nach Glg. (17a und b).

$$\varrho_Z^2 = 4\,\frac{\sigma_{zul}}{E}\left(\frac{l}{d}\right)^2,$$

$$\varrho_D^2 = 4\,\frac{\sigma_{d\,zul}}{E}\left(\frac{l}{d}\right)^2.$$

Für praktisch vorkommende Ausführungen ist die Größenordnung von $\sigma_{zul}/E \sim 10^{-4}$, von $(l/d)^2 \sim 10^2$, so daß $\varrho_{Z,D} \sim 0{,}1$ ist. Aus der Abb. 20 ist dann zu ersehen, daß der Einfluß einer Längskraft vielfach unberücksichtigt bleiben kann.

H. MELAN hat den Einfluß der Längskraft auch nach dem RITZschen Verfahren[1] untersucht mit dem Ergebnis, daß mit steigender kritischer Drehschnelle der Einfluß der Längskraft abnimmt.

[1] S. 117.

Schwerpunktsexzentrizität und Längskraft.

E. SCHWERIN hat für die längs- und querbelastete Welle nachgewiesen, daß die kritische Drehschnelle mit der Schwerpunktsexzentrizität e sinkt. Der Einfluß folgt für kleine e und mit $\varrho_{Z,D} \lesseqgtr 0{,}7$ für die Belastung nach Abb. 19 angenähert der Beziehung

$$\omega_{Z,D}^2 \approx \frac{32\,EJ}{m\,l^3}\,[1{,}5 - 13\,e/l \pm 2\,\varrho_{Z,D}^2\,(0{,}3 - 2\,e/l)], \tag{18}$$

worin + für ϱ_Z, — für ϱ_D gilt. Aus (18) geht hervor, daß durch die Schwerpunktsexzentrizität die kritische Drehschnelle bei Zug weniger stark erhöht, bei Druck stärker vermindert wird als bei der Annahme zentrischer Scheiben. Die Bewegung ist oberhalb der kritischen Drehschnelle, ähnlich wie es A. STODOLA für die radial belastete Welle gefunden hat, erst ab einer gewissen Drehschnelle $(\omega_{kr} + \Delta)$ stabil. Der Bereich von Δ hängt ebenfalls im Wesentlichen vom Trägheitsradius k der Scheibe ab und wird mit steigendem k kleiner. Dabei unterstützt eine Druckbelastung die Selbsteinstellung oberhalb von ω_{kr}, während eine Zugbelastung derselben entgegenwirkt, wodurch die Stabilitätsgrenze weiter nach oben rückt. An Hand einer Tabelle ist in der angeführten Arbeit ersichtlich, daß zur Erreichung der gleichen Stabilitätsgrenze bei Zug ein größeres Scheibenträgheitsmoment erforderlich ist als bei Druck.

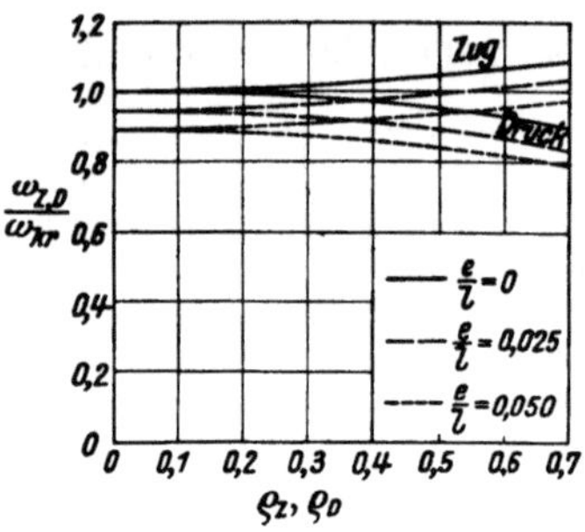

Abb. 21. Verhältniswerte $\omega_{Z,D}/\omega_{kr}$ in Abhängigkeit von $\varrho_{Z,D}$ und e/l nach Glg. (19).

Der Verhältniswert $\omega_{Z,D}^2/\omega_{kr}^2$ ähnlich (17) wird

$$\left(\frac{\omega_{Z,D}}{\omega_{kr}}\right)^2 \approx \frac{1{,}5 - 13\,e/l \pm 2\,\varrho_{Z,D}^2\,(0{,}3 - 2\,e/l)}{1{,}5}. \tag{19}$$

In der Abb. 21 ist der Einfluß der Schwerpunktsexzentrizität auf die kritische Drehschnelle bei Zug- und Druckbelastung dargestellt.

In der SCHWERINschen Arbeit sind die den obigen Gleichungen entsprechenden Zahlenwerte verschieden, weil dort für die Lagerentfernung $= 2l$ und für die Scheibenmasse $= 2m$ zugrunde gelegt ist.

7. Der Einfluß eines Drehmomentes auf die kritische Drehzahl.

Bezeichnungen:

ω_M	= kritische Drehschnelle bei Berücksichtigung eines Drehmomentes	1/sek
M_{kr}	= kritisches Drehmoment	cmkg
τ'_{zul}	= zulässige Beanspruchung der Welle auf Verdrehung	kg/cm²
μ	= $(M_d\,l/4EJ)$ dimensionslose Zahl	

Aus der Festigkeitslehre ist bekannt, daß beim Vorhandensein eines Drehmomentes die Steifheit einer Welle vermindert wird. Dadurch verkleinert sich auch die kritische Drehschnelle. Die Größe dieses Einflusses soll nach R. GRAMMEL bestimmt werden.

Ähnlich der kritischen Knicklast eines axial gedrückten Stabes gibt es auch ein kritisches Drehmoment

$$M_{kr} = \frac{2\pi EJ}{l}, \tag{a}$$

bei welchem die Welle ihre Steifheit verliert und in einer Schraubenlinie ausknickt. Diese Deformation wird von den Komponenten des Drehmomentes erzeugt, wie im folgenden dargestellt ist.

Ein unendlich kleines Teilchen von der Länge ds der zu einer langgestreckten Schraubenlinie ausgebogenen Wellenachse nach Abb. 22 hat zu den Koordinatenrichtungen x, y und z die Winkel α, β und γ. Befindet sich die Welle mit den Lagern in der Ruhelage in der x-Achse

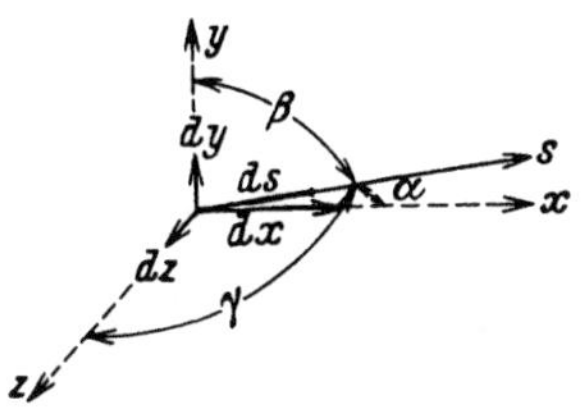

Abb. 22. Koordinatenrichtungen zu einem Wellenstück.

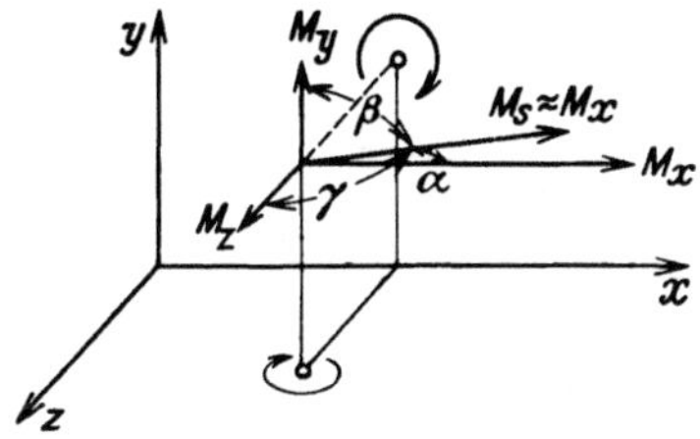

Abb. 23. Momentenvektorkomponenten.

($\alpha = 0$, β und $\gamma = \pi/2$), so wird auch während der elastischen Formänderung der Winkel α sehr klein sein und

$$\cos\alpha \approx 1$$

gesetzt werden können. Damit wird aber $ds \approx dx$ und

$$\cos\beta = \frac{dy}{dx}, \qquad \cos\gamma = \frac{dz}{dx}.$$

Das längs der x-Achse wirkende Drehmoment M_d läßt sich nun in Komponenten in der s-, y- und z-Richtung zerlegen. Mit Hilfe der angegebenen Winkelbeziehungen wird

$$M_s = M_d \approx M_x, \; M_y = M_d \cos\beta = M_d \frac{dy}{dx}, \quad M_z = M_d \cos\gamma = M_d \frac{dz}{dx}.$$

Da die Wirkungsebene des Momentes senkrecht zum Momentenvektor steht (Abb. 23), so unterstützt die Komponente vom Betrage

$$M_z = M_d \frac{dz}{dx}$$

die Fliehkraft (xy-Ebene), während die Komponente

$$M_y = M_d \frac{dy}{dx}$$

die Auslenkung in der z-Richtung (Grundriß in der Abb. 24, xz-Ebene) aufrecht erhält.

Durch das Hinzutreten einer Fliehkraft F nimmt die elastische Linie eine Gestalt an, die in der Abb. 24 im Auf- und Grundriß dargestellt ist Die Differentialgleichung der elastischen Linie lautet daher für den Aufriß

$$\frac{d^2y}{dx^2} = -\frac{1}{EJ}\left(\frac{F}{2}x + M_d \frac{dz}{dx}\right), \tag{b}$$

für den Grundriß

$$\frac{d^2 z}{dx^2} = \frac{1}{EJ} M_d \frac{dy}{dx}. \tag{c}$$

Die Differentialgleichung (b) kann auf eine lineare Differentialgleichung zweiter Ordnung zurückgeführt werden. Zu diesem Zwecke setzt man in (b) für die Ableitung dz/dx das erste Integral von (c)

$$\frac{dz}{dx} = \int \frac{d^2 z}{dx^2} dx = \frac{M_d}{EJ} y + C$$

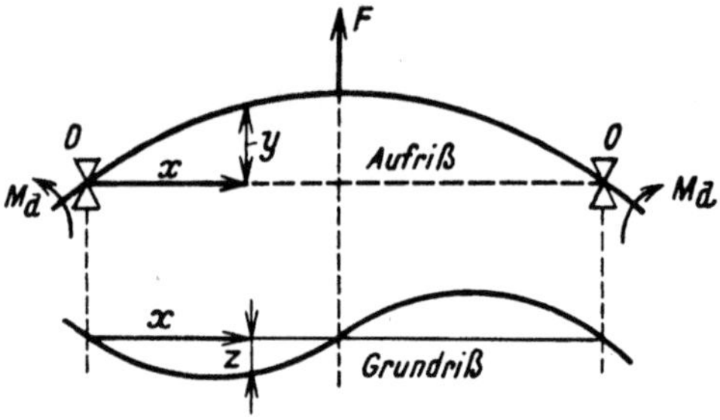

Abb. 24. Auslenkung einer kugelig gelagerten Welle durch eine Fliehkraft F und durch ein Drehmoment M_d.

ein. Dann erhält man für (b)

$$\frac{d^2 y}{dx^2} + \left(\frac{M_d}{EJ}\right)^2 y + \left(\frac{F}{2EJ} x + \frac{M_d}{EJ} C\right) = 0.$$

Daraus wird zuerst das partikulare Integral der reduzierten Differentialgleichung

$$\frac{d^2 y}{dx^2} + \left(\frac{M_d}{EJ}\right)^2 y = 0$$

aufgesucht mit

$$y_1 = C_1 \cos \frac{M_d}{EJ} x + C_2 \sin \frac{M_d}{EJ} x.$$

Ein zweites partikulares Integral folgt aus

$$y_2 = -\left(\frac{EJ}{M_d}\right)^2 \left(\frac{F}{2EJ} x + \frac{M_d}{EJ} C\right),$$

wie man sich durch zweimaliges Differentiieren ($d^2 y_2/dx^2 = 0$) leicht überzeugt. Das Gesamtintegral ist

$$y = C_1 \cos \frac{M_d}{EJ} x + C_2 \sin \frac{M_d}{EJ} x - \frac{EJ}{M_d^2} \frac{F}{2} x + C_3, \tag{d}$$

wenn man für

$$-\frac{EJ}{M_d} C = C_3$$

setzt. Bildet man aus (d) die erste Ableitung dy/dx und setzt sie in (c) ein, so erhält man durch zweimalige Integration die Lösung

$$z = C_1 \sin \frac{M_d}{EJ} x - C_2 \cos \frac{M_d}{EJ} x - \frac{F}{4 M_d} x^2 + C_4.$$

Darin ergeben sich die Integrationskonstanten

$$C_1 = -C_3 = \frac{F l^2}{16 M_d} \operatorname{cotg} \frac{M_d l}{2EJ} - \frac{E^2 J^2 F}{2 M_d^3} \operatorname{tg} \frac{M_d l}{EJ},$$

$$C_2 = +C_4 = \frac{F l^2}{16 M_d} + \frac{E^2 J^2 F}{2 M_d^3}$$

aus den Randbedingungen für

$$x = 0: \quad y = 0 \text{ und } z = 0,$$
$$x = l/2: \quad dy/dx = 0 \text{ und } z = 0.$$

Am Ort der Masse wird mit $x = l/2$ die Auslenkung der Welle im Aufriß nach Einführen der dimensionslosen Größe

$$\mu = \frac{M_d\, l}{4\, E J} \tag{e}$$

zu

$$y = \frac{F\, l^3}{48\, E J}\, \frac{3}{4\, \mu^2} \left[(1 + \mu^2)\frac{\operatorname{tg}\mu}{\mu} - 1\right]. \tag{f}$$

Daraus errechnet sich nach Glg. (2) die kritische Drehschnelle

$$\omega_M{}^2 = \frac{48\, E J}{m\, l^3} \cdot \frac{4}{3\left[\left(\frac{1}{\mu^2} + 1\right)\frac{\operatorname{tg}\mu}{\mu} - \frac{1}{\mu^2}\right]}. \tag{20}$$

Wird die gewöhnliche kritische Drehschnelle (ohne Drehmomenteinfluß) für den betrachteten Fall

$$\omega_{kr}{}^2 = \frac{48\, E J}{m l^3} \tag{2a}$$

angeschrieben und zu der oben ermittelten in Vergleich gesetzt, so erhält man

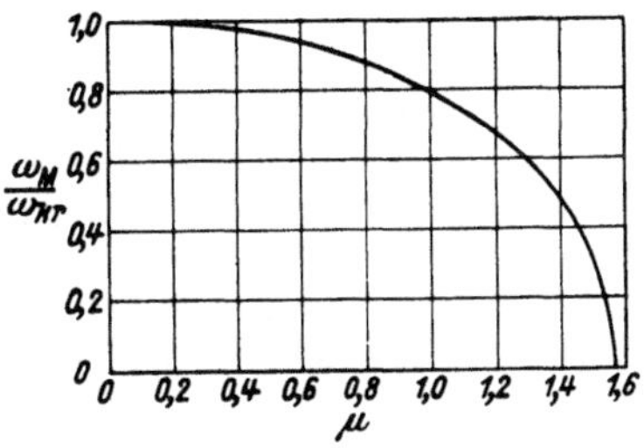

Abb. 25. Verhältniswert ω_M/ω_{kr}, aufgetragen über der dimensionslosen Zahl $\mu = M_d l/4EJ$ nach Glg. (20a).

$$\left(\frac{\omega_M}{\omega_{kr}}\right)^2 = \frac{4}{3\left[\left(\frac{1}{\mu^2} + 1\right)\frac{\operatorname{tg}\mu}{\mu} - \frac{1}{\mu^2}\right]}. \tag{20a}$$

Diese Funktion ist in der Abb. 25 wiedergegeben. Für $\mu = \pi/2$ wird $M_d = M_{kr} = 2\pi EJ/l$, also gleich dem kritischen Drehmoment, und $\omega_M = 0$.

Die dimensionslose Größe μ läßt sich mit $M_d = \tau'_{\text{zul}} d^3 \pi/16$ und $J = d^4 \pi/64$ auch in der Form

$$\mu = \frac{\tau'_{\text{zul}}}{E}\, \frac{l}{d} \tag{g}$$

wiedergeben. In praktischen Fällen ist die Größenordnung von $\tau'_{\text{zul}}/E \sim 10^{-3}$, von $l/d \sim 10$, so daß $\mu < 0{,}1$ ist. Daher kann, wie Abb. 25 zeigt, der Einfluß des Drehmomentes auf die kritische Drehschnelle vernachlässigt werden.

8. Der Einfluß der äußeren Reibung auf die kritische Drehzahl.

Bezeichnungen:

e	= Schwerpunktsexzentrizität	cm
r	= Fliehkraftradius	cm
Q_f	= Reibungskraft	kg
P	= elastische Wellenkraft	kg

α = elastische Wellenkraft für $y = 1$ kg/cm
$\varkappa$ = $c_f\, R/h$ mit c_f = Reibungsbeiwert
ε = Winkel zwischen y und r
ϱ = Winkel zwischen y und e

Untersucht sei die Bewegung nach Abb. 1 mit Einbezug der äußeren Reibung an der Scheibe durch das umgebende Mittel. Der geometrische Mittelpunkt M der Scheibe soll gleichzeitig der Durchstoßpunkt der Welle sein.

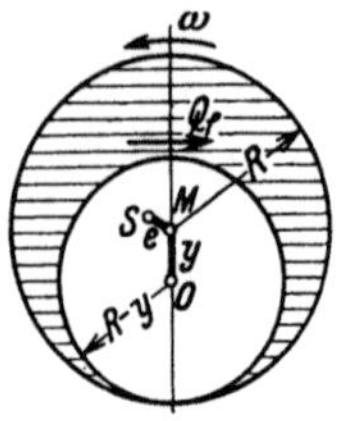

Abb. 26. Reibungsverhältnisse an der umlaufenden Scheibe.

Infolge der Schwerpunktsexzentrizität rotiert die senkrecht aufgekeilte Scheibe um den Raumpunkt O. Ist $2R$ der Scheibendurchmesser, so wird nach Abb. 26 innerhalb eines Kreises um O mit dem Halbmesser $R - y$ ein Reibungsmoment M_r auftreten, welches von dem eingeleiteten Drehmoment überwunden werden muß, während in dem sichelförmig verbleibenden Teil (schraffiert) eine die Bewegung hemmende Kraft nach dem Ansatz

$$Q_f = \varkappa m y \omega^2$$

zurückbleibt, die infolge der Symmetrie der sichelförmigen Fläche zur Auslenkung y auf dieser senkrecht steht und außerhalb S angreift.[1] Im Scheibenmittelpunkt M greift die elastische Kraft

$$P = \alpha y,$$

im Schwerpunkt S die Fliehkraft

$$F = m r \omega^2$$

an. Für die Gleichgewichtsbedingung sind alle Kräfte auf den Schwerpunkt zu beziehen. Zu diesem Zwecke bringt man in S parallel zu Q_f, bzw. P die Kräfte $\pm Q_f$, bzw. $\pm P$ an. Außer den Kräften Q_f und P im Scheibenschwerpunkt S sind dann noch die Kräftepaare von Q_f und P vorhanden.

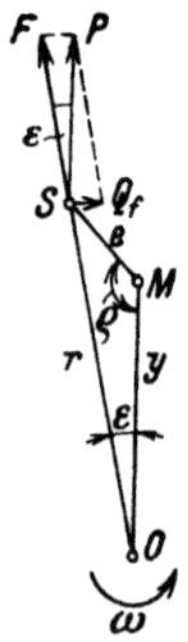

Abb. 27. Kräfteplan bei Berücksichtigung der äußeren Reibung.

Im stationären Bewegungszustand der Scheibe muß sich die elastische Wellenkraft P mit der Fliehkraft F und der Reibungskraft Q_f das Gleichgewicht halten. Sie sind infolgedessen nach Abb. 27 durch folgende Beziehungen verknüpft:

$$P = \alpha y = F \cos \varepsilon,$$
$$Q_f = \varkappa m y \omega^2 = F \sin \varepsilon.$$

Daraus erhält man

$$\sin \varepsilon = \varkappa \frac{y}{r}, \quad \cos \varepsilon = \frac{\alpha}{m \omega^2} \frac{y}{r}.$$

[1] Die sichelförmige Fläche läßt sich unter Voraussetzung kleiner Wellenauslenkungen in Einzelflächen zerlegen mit der radialen Erstreckung $R - y \cos \varphi - (R - y) = y (1 - \cos \varphi)$ und der Flächengröße $df = y (1 - \cos \varphi) R\, d\varphi$, worin φ den Winkel zwischen y und R darstellt (0 bis 2π). Die $\perp$ auf R stehende gesamte Reibungskraft ist für die Flächeneinheit $c_f R^2 \omega^2 \gamma / 2g$, ihre $\perp$ zu y stehende Komponente Q_f für beide Scheibenseiten

$$Q_f = 2 c_f R^2 \omega^2 \frac{\gamma}{2g} \int_0^{2\pi} df \cos \varphi = c_f R^3 \omega^2 \frac{\gamma}{g} y \int_0^{2\pi} (1 - \cos \varphi) \cos \varphi\, d\varphi = \varkappa m v \omega^2.$$

Aus dem Dreieck OMS (Abb. 27) folgt weiter

$$\sin \varrho = \frac{r}{e} \sin \varepsilon = \varkappa \frac{y}{e}, \tag{a}$$

$$e^2 = y^2 + r^2 - 2\, y\, r \cos \varepsilon \equiv y^2 + r^2 - 2 \frac{\alpha}{m\,\omega^2}\, y^2. \tag{b}$$

Nach Abb. 27 ist

$$F = P \cos \varepsilon + Q_f \sin \varepsilon,$$

woraus sich nach Einsetzen der entsprechenden Werte für P, Q_f und ε

$$y^2 = r^2 \frac{1}{\varkappa^2 + \left(\frac{\alpha}{m\,\omega^2}\right)^2} \tag{c}$$

ergibt. Aus (b) und (c) wird

$$\left(\frac{y}{e}\right)^2 = \frac{1}{\varkappa^2 + \left(\frac{\alpha}{m\,\omega^2} - 1\right)^2}, \tag{d}$$

$$\left(\frac{r}{e}\right)^2 = \frac{\varkappa^2 + \left(\frac{\alpha}{m\,\omega^2}\right)^2}{\varkappa^2 + \left(\frac{\alpha}{m\,\omega^2} - 1\right)^2}. \tag{e}$$

Für alle reellen Werte von $\omega = 0$ bis $\omega = +\infty$ liefert Glg. (d) einen endlichen Wert für y/e; d. h. die Auslenkung y bleibt für beliebige ω, also auch für ω_{kr} endlich. Die größte Auslenkung erhält man für $d(y/e)^2/d\omega = 0$ mit

$$\omega^2 = \omega_{kr}{}^2 = \frac{\alpha}{m}, \tag{f}$$

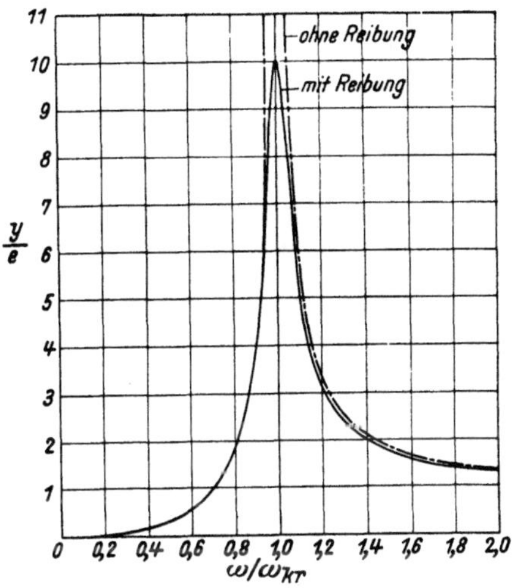

Abb. 28. Verhältniswert y/e ohne und mit Berücksichtigung der äußeren Reibung, aufgetragen über ω/ω_{kr} ($\varkappa = 0{,}1$).

die dabei auftretende (größte) Auslenkung zu

$$y_{\max} = \frac{e}{\varkappa} \tag{g}$$

und den Winkel ϱ für $\omega = \omega_{kr}$ aus (a) mit (g) zu

$$\varrho = \operatorname{arc} \sin \varkappa \frac{y_{\max}}{e} = \frac{\pi}{2}. \tag{h}$$

Aus diesen Gleichungen ergibt sich, daß durch die Reibung des umgebenden Mittels die Auslenkung y auch in der kritischen Drehzahl endlich bleibt, während die Höhe der kritischen Drehzahl und die Winkelstellung von e zu y in derselben nicht beeinflußt wird. Ohne Reibung tritt beim Übergang vom unterkritischen in den überkritischen Bereich eine plötzliche Phasenänderung um π auf, während bei Vorhandensein der Reibung diese Phasenänderung stetig erfolgt. Die Verminderung der Auslenkung wird um so größer sein, je größer bei gleicher Winkelgeschwindigkeit der Reibungsbeiwert $\varkappa$ ist. Die Selbstzentrierung der

Scheibe tritt schon bei geringerer Drehzahl auf als ohne Reibung, da bereits für $\omega < \infty$ der Verhältniswert $y/e = 1$ erreicht wird.

Setzt man in (d) für $\alpha/m = \omega_{kr}^2$, so erhält man

$$\left(\frac{y}{e}\right)^2 = \frac{1}{\varkappa^2 + \left[\left(\frac{\omega_{kr}}{\omega}\right)^2 - 1\right]^2}. \tag{i}$$

Nach dieser Beziehung ist die Abb. 28 entworfen, aus der zu ersehen ist, daß die Ausschläge y nur in unmittelbarer Nähe um die kritische Drehzahl von den Werten ohne Reibung abweichen. A. STODOLA hat dieses Ergebnis auch experimentell bestätigt.

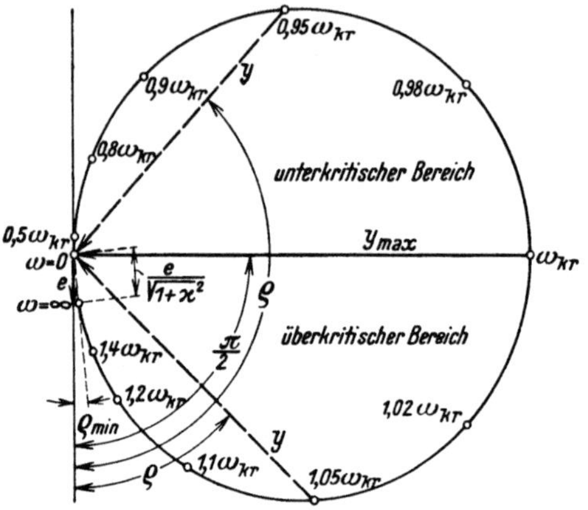

Abb. 29. Gegenseitige relative Lage von y zu e bei Berücksichtigung der äußeren Reibung in Abhängigkeit von $\omega = f(\omega_{kr})$ für $\varkappa = 0{,}1$.

Die Abb. 29 ist nach den Glgn. (a) und (i) für $e = 1$ entworfen. Aus dieser ist ersichtlich, daß der Winkel ϱ nur in der Nähe von ω_{kr} stark von den Werten $\varrho = \pi$ und 0 (ohne Reibung) abweicht. Für $\omega = \infty$ tritt keine Deckung von y und e ein; zwischen beiden bleibt ein Winkel vom Betrage $\varrho_{\min} = \operatorname{arc} \sin \varkappa/(1 + \varkappa^2)$ bestehen.

Die Zähigkeit des umgebenden Mittels ist eine gegebene Größe. Aus Gründen geringster Verlustarbeit werden die Oberflächen der Radscheiben glatt bearbeitet. Damit trotz der kleinen Oberflächenreibung nur geringe Ausschläge y entstehen, ist die Schwerpunktsexzentrizität gering zu halten.

9. Ergebnisse.

Bezeichnungen:

f_s =	statische Durchbiegung unter der Scheibe	cm
$k = R/4$ =	Trägheitshalbmesser der schmalen, parallelwandigen Scheibe in bezug auf ihren Durchmesser (R = Scheibenhalbmesser cm)	cm
α =	elastische Wellenkraft für die Auslenkung „Eins"	kg/cm
p =	Beiwert für die Berücksichtigung der Kreiselwirkung im Gleichlauf	
$\varkappa = k/l = R/4l$	Verhältniswert	

Ohne Berücksichtigung der Kreiselwirkung.

Für eine glatte, masselose Welle, welche nur eine Masse trägt, ist die kritische Drehschnelle unabhängig von der Art der Lagerung durch die Kraft α oder durch die Durchbiegung f_s im Massenbefestigungspunkt bestimmt. Nach (2) und (11) ist

$$\omega_{kr}^2 = \frac{\alpha}{m} \equiv \frac{g}{f_s}.$$

α oder f_s kann für die verschiedenen Belastungsfälle, z. B. „Hütte", Bd. I, entnommen werden.[1] Damit ergibt sich für die einzelnen Belastungsarten:

$$\omega_{kr}^2 = \frac{3\,EJ}{m\,l^3} \qquad (21)$$

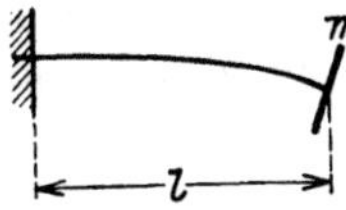

Abb. 30. Eingespannte Welle mit fliegender Einzelmasse.

$$\omega_{kr}^2 = \frac{3\,EJ}{m\,(l+c)\,c^2} \qquad (22)$$

Sonderfall mit $\varphi = c/l = 1$:

$$\omega_{kr}^2 = \frac{3}{2}\,\frac{EJ}{m\,l^3} \qquad (22\,\text{a})$$

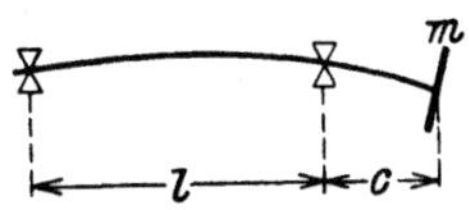

Abb. 31. Zweifach kugelig gelagerte Welle mit Einzelmasse am überhängenden Ende ($l > 0$).

$$\omega_{kr}^2 = \frac{3\,EJ}{m}\,\frac{l}{a^2\,(l-a)^2} \qquad (23)$$

Sonderfall[2] mit $\varphi = a/l = 1/2$:

$$\omega_{kr}^2 = \frac{48\,EJ}{m\,l^3} \qquad (23\,\text{a})$$

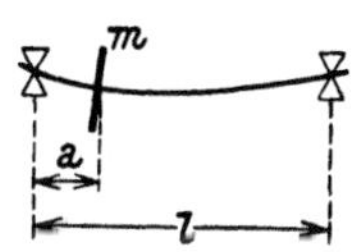

Abb. 32. Zweifach an den Enden kugelig gelagerte Welle mit Einzelmasse.

$$\omega_{kr}^2 = \frac{12\,EJ}{m}\,\frac{l^3}{a^3\,b^2\,(3\,l+b)} \qquad (24)$$

Sonderfall[2] mit $b/l = \sqrt{0{,}17}$:

$$\omega_{kr}^2 = \frac{102\,EJ}{m\,l^3} \qquad (24\,\text{a})$$

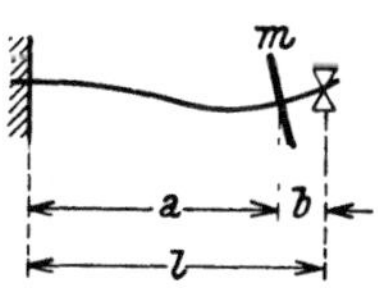

Abb. 33. Einseitig eingespannte, anderseits kugelig gelagerte Welle mit Einzelmasse.

$$\omega_{kr}^2 = \frac{3\,EJ}{m}\,\frac{l^3}{a^3\,b^3} \qquad (25)$$

Sonderfall[2] mit $a = b = l/2$:

$$\omega_{kr}^2 = \frac{192\,EJ}{m\,l^3} \qquad (25\,\text{a})$$

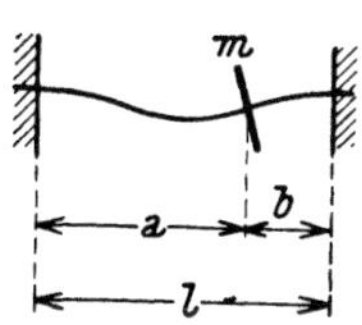

Abb. 34. Beidseitig eingespannte Welle mit Einzelmasse.

[1] f_s ist nur unter der Wirkung der Scheibenmasse zu bestimmen.

[2] Diesen Sonderfällen ist eine horizontale Tangente (zur Lagerverbindungsgeraden parallel) im Lastbefestigungspunkt zugrunde gelegt.

Aus allen Gleichungen ersieht man, daß die kritische Drehschnelle mit steigender Elastizitätsziffer und dem Querschnittsträgheitsmoment sowie mit kleiner werdender Masse und Lagerabstand größer wird. E und m sind im allgemeinen festliegende Größen. Eine Änderung von ω_{kr} kann daher nur durch eine Änderung des Trägheitsmomentes des Wellenquerschnittes, durch eine Verkürzung der Auflagerlänge oder durch eine Verlegung des Lastangriffspunktes erreicht werden. Die Durchmesservergrößerung hat einen größeren Einfluß als die Verkürzung der Lagerentfernung, da $\omega_{kr} = C d^2/l^{3/2}$. Häufig wird man durch gleichzeitige Änderung beider Größen zum Ziele kommen.

Hat die Welle in zwei verschiedenen Axialebenen ein größtes und ein kleinstes Querschnittsträgheitsmoment (z. B. bei durchgehenden Keilbahnen), so besitzt sie zwei kritische Drehzahlen erster Ordnung. Der zwischen beiden liegende Bereich ist nicht stabil. Sitzen auf der Welle mehrere Scheiben, so wird man zweckmäßig die Keilebene für jede Scheibe um 90^0 versetzen, um einen annähernd gleichen Biegewiderstand zu erreichen. Dadurch wird auch gleichzeitig ein Verziehen der Welle vermieden. Nach der neuen Gleitlagertheorie werden vorwiegend kurze Gleitlager verwendet, die kugelig einstellbar gefaßt sind (Abb. 105). Bei Kugellagern ist die Selbsteinstellung der Welle ebenfalls möglich. Praktisch kommen daher hauptsächlich die den Abb. 31 und 32 (vielfach auch noch 33) ähnlichen Belastungsarten mit kugeliger Lagerung in Betracht.

Die Durchbiegung f_s im Angriffspunkt der Masse läßt sich nach Glg. (11) ermitteln zu

$$f_s = \frac{g}{\omega_{kr}^2}.$$

Wegen der notwendigen Dichtungsspaltweiten interessiert vielfach die maximale Durchbiegung der Welle. Für einfache Belastungsfälle ist sie nach „Hütte“, Bd. I, zu errechnen, während für die beliebige Belastung einer abgesetzten Welle die größte Durchbiegung bei der graphischen Ermittlung der Auslenkungslinie als Zwischenergebnis erhalten werden kann.

Mit Berücksichtigung der Kreiselwirkung.

Aus den Abb. 36, 38 und 40 läßt sich für die praktisch vorkommenden Lagerungsarten im Einzelfall ersehen, ob die Berücksichtigung der Kreiselwirkung notwendig ist. Auch wenn mehrere Scheiben auf der Welle sitzen, kann der Einfluß je einer Scheibe untersucht werden. Dabei ist nur der praktisch wichtige Gleichlauf berücksichtigt. Der Verlauf des Kreiselmomentes im Gleichlauf ist in den Abb. 35, 37 und 39 dargestellt. Die kritische Drehschnelle kann bei der Präzession im Gleichlauf

$$\omega_{gl} = p\,\omega_{kr} \tag{26}$$

geschrieben werden, worin p, über $\varkappa = k/l$ aufgetragen, den Abb. 36, 38 und 40 zu entnehmen ist und ω_{kr} die für den gleichen Belastungsfall nach den Glgn. (21), (22) und (23) ermittelte kritische Drehschnelle ohne Kreiselwirkung bedeutet. Die Werte von p gelten für schmale Scheiben,

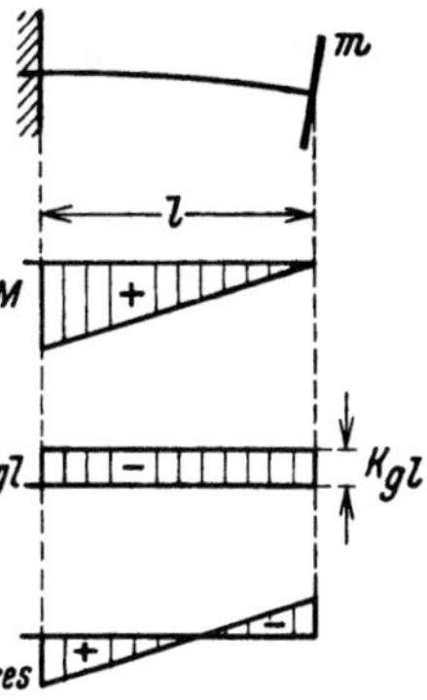

Abb. 35. Verlauf des Biegungsmomentes M, des Kreiselmomentes K_{gl} und des resultierenden Momentes M_{res} für eine eingespannte Welle mit fliegender Einzelmasse.

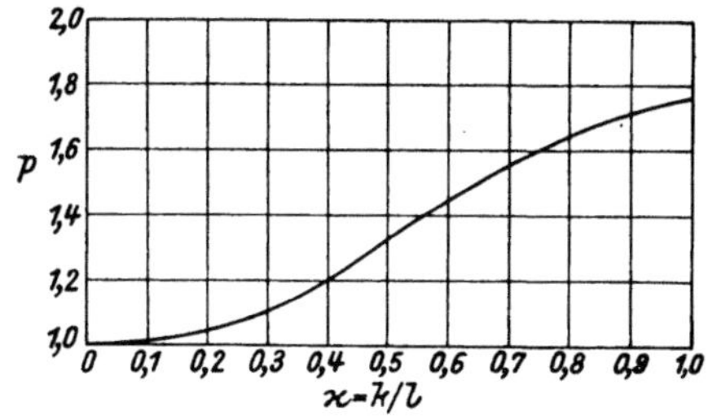

Abb. 36. Beiwert p für die kritische Drehschnelle bei der Präzession im Gleichlauf für den Belastungsfall nach Abb. 35, Glg. (21), aufgetragen über $\varkappa = k/l$. Für $\varkappa \to \infty$ ist $\lim p = 2$;

$$p^2 = 2\left[1 - \frac{1}{3\varkappa^2} + \sqrt{\left(\frac{1}{\varkappa^2} - 1\right)^2 + \frac{1}{3\varkappa^2}}\right].$$

d. h. für Verhältniswerte „Scheibenhöhe/Scheibendurchmesser $\equiv h/2R \lesssim 0{,}1$“. Die Abbildungen zeigen die Zunahme der p-Werte mit größer werdendem $\varkappa$. In den Abb. 38 und 40 ist p noch abhängig von c/l, bzw. a/l angegeben. Alle Kurven haben einen S-förmigen Verlauf und streben einem endlichen Grenzwert zu.

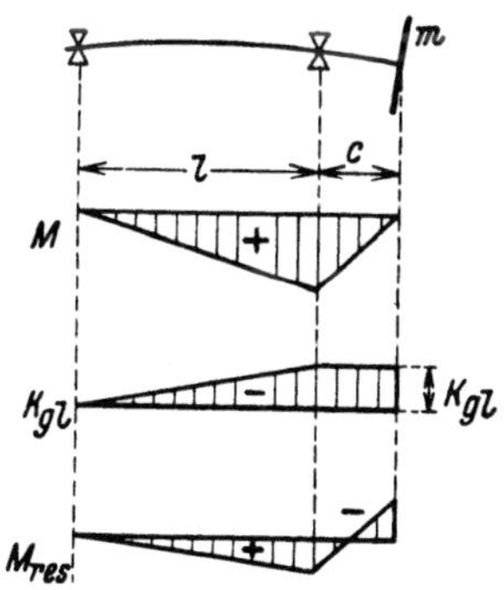

Abb. 37. Verlauf des Biegungsmomentes M, des Kreiselmomentes K_{gl} und des resultierenden Momentes M_{res} für eine zweifach kugelig gelagerte Welle mit Einzelmasse am überhängenden Ende.

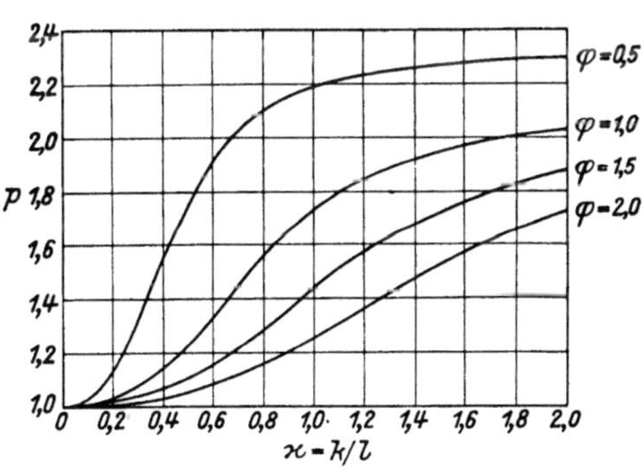

Abb. 38. Beiwert p für die kritische Drehschnelle bei der Präzession im Gleichlauf für den Belastungsfall nach Abb. 37, Glg. (22), aufgetragen über $\varkappa = k/l$ in gleichzeitiger Abhängigkeit von $\varphi = c/l$. Für $\varphi \to \infty$ und $\varkappa \to \infty$ wird $\lim p = 2$;

$$p^2 = \frac{\psi}{\lambda\psi - \zeta^2}\left[\frac{\lambda - \frac{\psi}{\varkappa^2}}{2} + \sqrt{\left(\frac{\lambda - \frac{\psi}{\varkappa^2}}{2}\right)^2 + \frac{1}{\varkappa^2}(\lambda\psi - \zeta^2)}\right],$$

mit $\psi = \varphi^2(1+\varphi)$, $\lambda = 1 + 3\varphi$, $\zeta = \varphi(2+3\varphi)/2$.

Für den Belastungsfall nach Abb. 38 wird bei gegebenem Scheibenträgheitsmoment und bei gegebener Masse mit steigendem c, also mit steigendem φ, der Einfluß der Durchbiegung durch die Last größer als die Durchbiegungsverminderung durch das Kreiselmoment. Mit $\varphi = \infty$ und unbegrenzt steigendem $\varkappa$ nähert sich p der Grenze 2, d. i. der gleiche Wert wie bei der einseitig eingespannten Welle mit fliegender Einzelmasse.

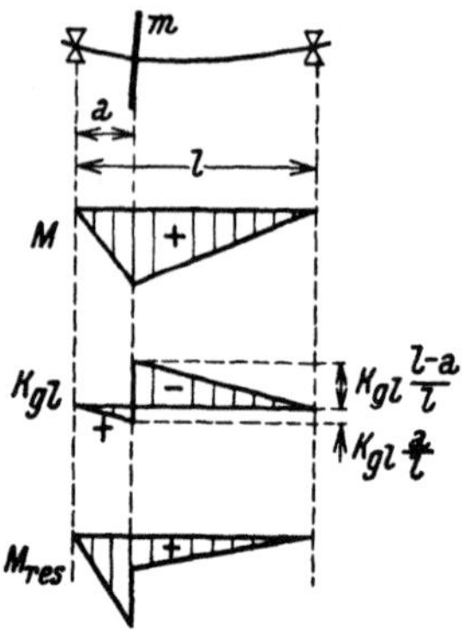

Abb. 39. Verlauf des Biegungsmomentes M, des Kreiselmomentes K_{gl} und des resultierenden Momentes M_{res} für eine an den Enden kugelig gelagerte Welle mit Einzelmasse.

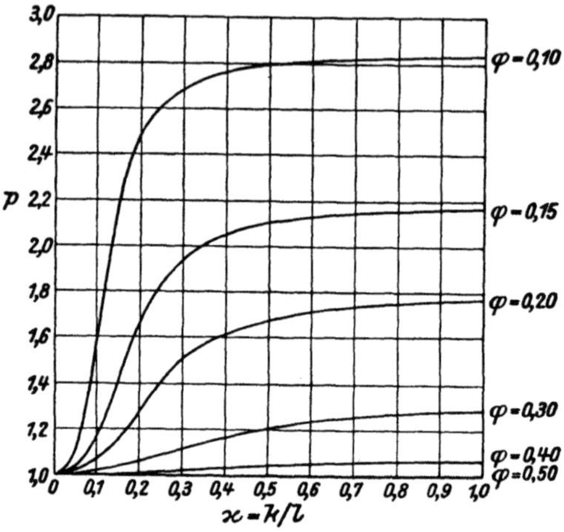

Abb. 40. Beiwert p für die kritische Drehschnelle bei der Präzession im Gleichlauf für den Belastungsfall nach Abb. 39, Glg. (23), aufgetragen über $\varkappa = k/l$ und in gleichzeitiger Abhängigkeit von $\varphi = a/l$. Für p^2 gilt die gleiche Beziehung wie bei Abb. 38, wenn $\psi = \varphi^2(1-\varphi)^2$, $\lambda = 1 - 3\varphi(1-\varphi)$ und $\zeta = \varphi(1-\varphi)(1-2\varphi)$.

Im Belastungsfall nach Abb. 40 wird mit steigender Annäherung der Masse an das Auflager ($\varphi = a/l < 0{,}5$) der Einfluß des Kreiselmomentes größer, weil abnehmenden Durchbiegungen zunehmende Richtungswerte zugeordnet sind. Für $\varphi = 0{,}5$ wird $p = 1$, weil für senkrechtes Aufkeilen der Scheibe bei $a = l/2$ das Kreiselmoment gleich Null wird.

Beispiel 1.

Es soll die kritische Drehzahl einer Welle ermittelt werden, welche an beiden Enden in Kugellagern gestützt ist und in der Mitte eine Scheibe von 19 kg Gewicht trägt. Das Gewicht der Siemens-Martin-Stahlwelle sei vernachlässigt, ebenso das Gewicht der notwendigen elastischen Antriebskupplungshälfte. Die nach Abb. 41 dargestellte Welle ist identisch mit dem Lagerungsfall nach Glg. (23a). Damit wird

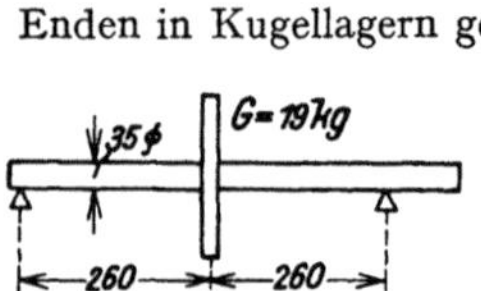

Abb. 41. Masselose Welle mit einer Scheibe; zu Beispiel 1.

$$\omega_{kr}^2 = \frac{48\ 2{,}1\ 10^6\ 7{,}366\ 981}{19\ 52^3} = 272500,$$

$$\omega_{kr} = 522/\text{sek}$$

und

$$n_{kr} = 4990\ \text{U/min}.$$

Die kritische Drehzahl ist bedeutend höher als der tatsächliche Wert (Beispiel 3), weil der beträchtliche Einfluß der Wellen- und Kupplungsmasse unberücksichtigt blieb.

10. Anhang.

Folgerungen.

Die bisher betrachtete Belastung der masselosen Welle durch eine Einzelmasse ergibt nur eine kritische Drehzahl. Je weiter die Betriebsdrehzahl über dieser liegt, desto kleiner werden die zusätzlichen Auslenkungen. Dies hat sich zuerst DE LAVAL in seinen Dampfturbinen zunutze gemacht, deren Betriebsdrehzahlen ein Vielfaches der kritischen Drehzahl sind.[1] Die Wellen erhalten dabei sehr kleine Durchmesser (sogenannte nadeldünne Wellen), der Durchlauf durch den kritischen Bereich wird durch Führungen erleichtert. Diese Ausführung — nur eine schwere Scheibe mit sehr schwacher, also annähernd masseloser Welle — konnte die Vorteile des überkritischen Laufes für große ω/ω_{kr} voll ausnutzen.

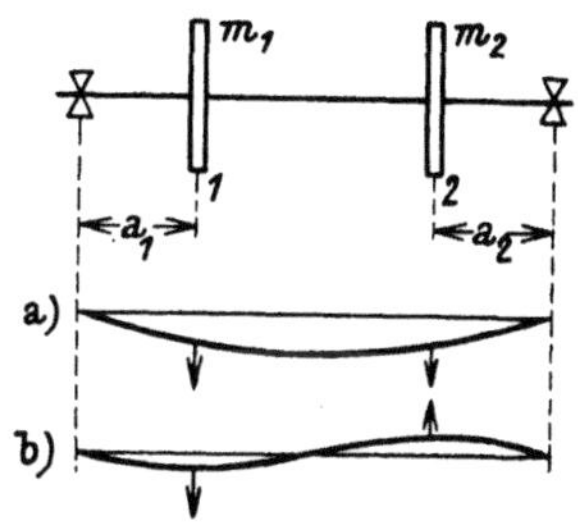

Abb. 42. Auslenkungslinien einer endseitig kugelig gelagerten Welle mit zwei Massen.

Sitzen aber auf der Welle nach Abb. 42 zwei Massen, so ist außer der bisher betrachteten Auslenkungslinie a) noch die nach b) möglich. Die Auslenkung a) entspricht dem Belastungsfall, wenn alle Massen gleichsinnig wirken, wodurch für diese Lagerungsart die größte zusätzliche Auslenkung und damit die tiefste kritische Drehschnelle erhalten wird. Die Form b) entsteht, wenn die beiden Massen gegensinnig wirken und entspricht infolge der kleineren zusätzlichen Auslenkungen der zweiten kritischen Drehschnelle. Bei zwei Massen sind also zwei kritische Drehzahlen möglich. In gleicher Weise folgen für n Massen n kritische Drehzahlen.[2]

Aus dem Beispiel geht hervor, daß bei der Bestimmung der ersten kritischen Drehzahl die Richtungen der Massen so einzuführen sind, daß sie sich in ihrer Wirkung unterstützen, um die größtmögliche Auslenkung zu ergeben. Bei Wellen mit mehrfacher Lagerung oder überhängenden Enden sind also nach dem Überschreiten der Auflager die Lastrichtungen umzukehren. Daraus folgt für die einseitig überhängende Welle die Richtung der Massen in der ersten kritischen Drehschnelle nach Abb. 43a (gegensinnig), in der zweiten kritischen Drehschnelle nach Abb. 43b (gleichsinnig). In letzterer müssen Massen, die zwischen den Lagern in der Nähe des rechten Auflagers sitzen, u. U. gegensinnig wirken, wenn die Auslenkungslinie in diesem Bereiche negativ ist. Damit kann für alle vorkommenden Lagerungs- und Belastungsarten die einzuführende Richtung der Lasten bestimmt werden.

[1] Die Betriebsdrehzahl beträgt bis zu 30000 U/min, $\omega/\omega_{kr} \leqq 8$.

[2] Über die Verminderung der n kritischen Drehzahlen durch die Kreiselwirkung siehe die Ergebnisse des Abschnittes II, S. 52, sowie Abschnitt III, 3e.

Im Gegensatze zu der einfach belasteten Welle ist bei mehrfacher Belastung für überkritischen Lauf die Betriebsdrehzahl so zu legen, daß die Bereiche der höheren kritischen Drehzahlen vermieden werden. Dies bedeutet eine gewisse Einschränkung bei der Wahl der Betriebsdrehzahl aus Gründen der Betriebssicherheit. Die zweite kritische Drehzahl ist ungefähr das Drei- bis Fünffache der ersten kritischen Drehzahl.

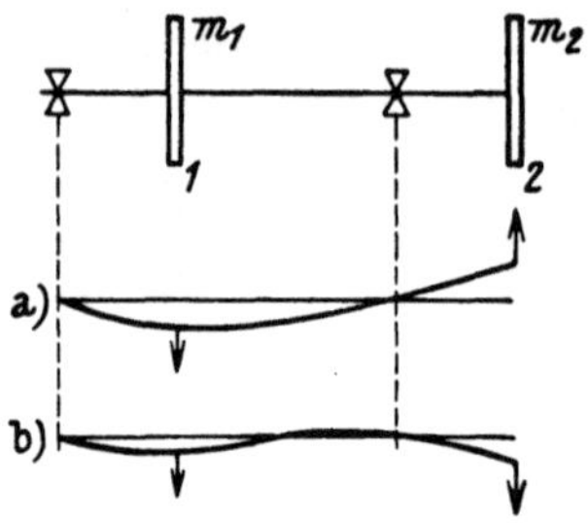

Abb. 43. Auslenkungslinien einer zweifach kugelig gelagerten, einseitig überhängenden Welle mit zwei Massen.

Läuft eine Welle mit einer weit unter der ersten Kritischen liegenden Drehzahl, so wird sie als starr bezeichnet, während man für Betriebsdrehzahlen knapp unterhalb der kritischen Drehzahl oder bei überkritischem Lauf von einer elastischen Welle spricht. Dies hat seine teilweise Begründung darin, daß im ersten Fall die dynamischen Auslenkungen gegenüber der Schwerpunktsexzentrizität klein sind; bei der elastischen Welle sind jedoch die Auslenkungen u. U. ein Mehrfaches von der Schwerpunktsexzentrizität und können besonders bei fehlender Hemmung und kleinem Beschleunigungsmoment während des Durchlaufens des kritischen Bereiches gefährliche Werte annehmen. Die in den Abb. 42 und 43 dargestellten Auslenkungen stellen nur die zusätzlichen Auslenkungen vor, während die statischen Auslenkungen nicht eingetragen sind. Die Form a) der Auslenkungslinie bleibt bis zur zweiten kritischen Drehzahl erhalten, die nach b) für den darüberliegenden Bereich, bzw. bis zur dritten kritischen Drehzahl usw.

Bei der masselosen Welle mit nur einer scheibenförmigen Einzelmasse ist beim Umlauf die zusätzliche Auslenkung der Welle durch die exzentrische Masse bedingt. Für mehrfach belastete Wellen mit beliebigen Schwerpunktslagen ist das gleiche Ergebnis zu erwarten. Die kritische Drehschnelle ist laut Abschnitt I, 1 dadurch gekennzeichnet, daß die Auslenkung y in derselben unbehindert wächst und die Größe der Schwerpunktsexzentrizität dann vernachlässigbar ist (Abb. 5). Deshalb wird auch bei mehreren Massen mit beliebiger Schwerpunktslage die Form der Auslenkungslinie im kritischen Bereich bei gleicher Scheibenmasse durch den größten Wert von e hervorgebracht, wobei die Exzentrizitäten e_i der übrigen Scheiben auf das starke Anwachsen von y keinen Einfluß haben. Es ist also nicht möglich, für die Welle nach Abb. 42 durch eine zufällige Gruppierung der Scheibenschwerpunkte zu erreichen, daß mit $e_1 = -e_2$ und $a_1 = a_2$ die erste kritische Drehzahl unterdrückt wird, da beim geringsten Impuls ein Ausschlag und bei fehlender Hemmung ein sofortiges Anwachsen von y in gefährlichem Ausmaße entsteht.

Der Einfluß der Fundamentelastizität auf die kritische Drehzahl.

Bezeichnungen:

C_0, C_1, C_2	= Konstante	cm
e	= Schwerpunktsexzentrizität	cm
ξ	= Schwerpunktskoordinate in der ξ-Richtung vom raumfesten Ursprung O	cm
ξ_0	= Fundamentausschlag in der Horizontalrichtung ξ vom raumfesten Ursprung O	cm
η	= Schwerpunktskoordinate $\perp$ zur ξ-Achse	cm
t	= Zeit	sek
α	= elastische Kraft, welche die Wellenauslenkung „Eins" erzeugt	kg/cm
α_0	= elastische Kraft, welche die Fundamentsäulenauslenkung „Eins" erzeugt	kg/cm
ψ und ωt	= Winkel im Bogenmaß	

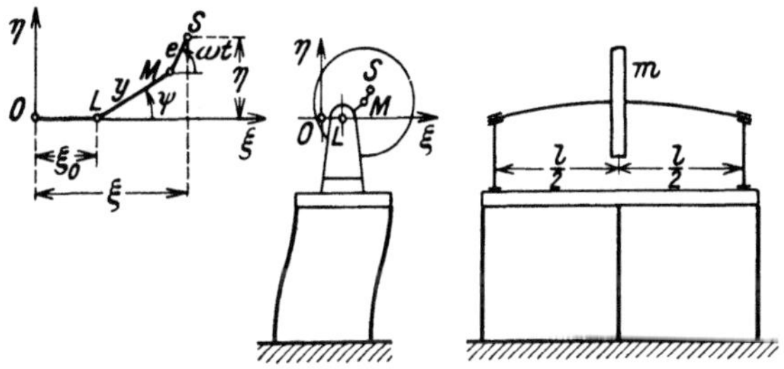

Abb. 44. Bewegungszustand eines einfachen Läufers nach Abb. 1 auf einem in der Horizontalebene ideal elastischen Fundament.

O Verbindungslinie der Lager bei stillstehendem Läufer, L augenblickliche Lage der Lagermitte, M Scheibenmittelpunkt, S Scheibenschwerpunkt.

Nach den bisherigen Annahmen wurden die Lager als starr und auf einem starren Fundament montiert angenommen. Dieser Idealfall ist jedoch meist nicht vorhanden, sondern eine mehr oder minder große Elastizität des Fundamentes ist die Regel. Das Fundament wird unter den pulsierenden Fliehkraftkomponenten, die vom Läufer über die Lager auf dasselbe übertragen werden, erzwungene Schwingungen ausführen und dabei die Bewegungsform der Wellenachse im Raume ändern.

Im nachstehenden soll nach V. Blaess der Bewegungszustand einer umlaufenden, mit einer Masse besetzten, masselosen Welle untersucht werden, welche im Gegensatze zu der bisherigen Aufgabenstellung auf einem in der Horizontalrichtung ξ ideal elastischen Fundament befestigt ist (Abb. 44).[1] Dabei wird in der Masse m_0 die Fundament-, Lager- und Maschinenkörpermasse vereinigt gedacht, während die Läufermasse m gesondert eingeführt ist. Die Bewegung soll von einem feststehenden

[1] Die Vereinfachung auf ein ungedämpftes System ist immer zulässig, wenn es nur auf die Bestimmung der Lagen der kritischen Zustände ankommt und nicht darauf, welche Beträge die kritischen Auslenkungen im einzelnen tatsächlich zahlenmäßig annehmen (S. 33).

Koordinatensystem verfolgt werden, dessen Ursprung im Durchstoßpunkt der Scheibenebene mit der im Ruhezustande gezogenen Lagerverbindungsgeraden OO liegt.[1] Durch die als vollkommen angenommene Fundamentelastizität wird das ganze System beim Umlauf der exzentrischen Scheibenmasse m eine horizontale, ungedämpfte Schwingungsbewegung ausführen, die mit der erregenden Kraft phasengleich ist. Am Fundamentrahmen greift die Rückstellkraft der elastischen Fundamentsäulen und der Welle an. Die Rückstellkraft der Fundamentsäulen, die der Auslenkung entgegenwirkt, ist

$$-\alpha_0 \xi_0,$$

die der Welle in der ξ-Richtung

$$\alpha y \cos\psi \equiv \alpha\,(\xi - \xi_0 - e\cos\omega t), \tag{a}$$

in der η-Richtung

$$\alpha y \sin\psi \equiv \alpha\,(\eta - e\sin\omega t). \tag{b}$$

Durch Einführen der Trägheitskräfte werden die Gleichgewichtsgleichungen erhalten. Unter den gleichen Voraussetzungen bezüglich der Reibungsfreiheit der Scheibe wie unter Abschnitt I, 1 und der Dämpfungsfreiheit des Fundamentes wird

$$\begin{aligned} m_0 \frac{d^2\xi_0}{dt^2} &= \alpha\, y\cos\psi - \alpha_0\, \xi_0, \\ m\frac{d^2\xi}{dt^2} &= -\alpha\, y\cos\psi, \\ m\frac{d^2\eta}{dt^2} &= -\alpha\, y\sin\psi. \end{aligned} \tag{c}$$

Nach Einsetzen der Ausdrücke (a) und (b) in (c) werden die drei Bewegungsgleichungen

$$\begin{aligned} m_0 \frac{d^2\xi_0}{dt^2} + (\alpha + \alpha_0)\,\xi_0 - \alpha\,\xi &= -\alpha e\cos\omega t, \\ m\frac{d^2\xi}{dt^2} \qquad - \alpha_0\,\xi_0 + \alpha\,\xi &= \alpha\, e\cos\omega\, t, \\ m\frac{d^2\eta}{dt^2} \qquad + \alpha\,\eta &= \alpha\, e\sin\omega\, t. \end{aligned} \tag{d}$$

Partikulare Lösungen dieser Gleichungen unter alleiniger Berücksichtigung der erzwungenen Schwingungen durch die pulsierenden Fliehkraftkomponenten sind unter der Voraussetzung der Dämpfungsfreiheit

$$\begin{aligned} \xi_0 &= C_0\cos\omega t, \\ \xi &= C_1\cos\omega t, \\ \eta &= C_2\sin\omega t. \end{aligned} \tag{e}$$

---

[1] Von der statischen Durchbiegung durch die Scheibenmasse ist abgesehen, da sie für die Betrachtung ohne Belang ist.

C_0, C_1 und C_2 stellen die maximalen Auslenkungen in der ξ- und η-Richtung dar. Sie werden bestimmt aus (d) durch Einsetzen der entsprechenden Werte der Glg. (e):

$$\begin{aligned} (\alpha + \alpha_0 - m_0\omega^2)\, C_0 \qquad\qquad - \alpha\, C_1 &= -\alpha e, \\ -\alpha\, C_0 + (\alpha - m\omega^2)\, C_1 &= \alpha e, \\ (\alpha - m\omega^2)\, C_2 &= \alpha e. \end{aligned} \tag{f}$$

Daraus errechnen sich die größten horizontalen Auslenkungen des Fundamentes und des Läufers ($\cos \omega t = 1$) aus den ersten zwei Glgn. von (f) zu

$$C_0 = \frac{\alpha\, m\, e\, \omega^2}{(\alpha + \alpha_0 - m_0\, \omega^2)\,(\alpha - m\, \omega^2) - \alpha^2}, \tag{g}$$

$$C_1 = \frac{\alpha\, e\, (\alpha_0 - m_0\, \omega^2)}{(\alpha + \alpha_0 - m_0\, \omega^2)\,(\alpha - m\, \omega^2) - \alpha^2} \tag{h}$$

und die größte vertikale Auslenkung des Läuferschwerpunktes

$$C_2 = \frac{e}{1 - \frac{m}{\alpha}\, \omega^2}. \tag{i}$$

Bei einem starren Fundament ist m_0 oder α_0 unendlich groß, so daß in Übereinstimmung mit den Ergebnissen des Abschnittes I

$$C_0 = 0,$$

$$C_1 = C_2 = \frac{e}{1 - \frac{m}{\alpha}\omega^2}$$

wird; der Schwerpunkt bewegt sich daher, wie gefordert, auf einem Kreis um O, d. i. auch um L. Hat jedoch m_0 und α_0 eine endliche Größe, so wird

$$C_0 > O,$$

$$C_1 > C_2,$$

der Scheibenschwerpunkt bewegt sich auf einer Ellipse.[1]

Kritische Zustände treten auf, wenn C_2 oder C_1 unendlich werden. Dies ist der Fall für

$$1 - \frac{m}{\alpha}\, \omega^2 = 0$$

und

$$(\alpha + \alpha_0 - m_0\omega^2)\,(\alpha - m\omega^2) - \alpha^2 = 0.$$

Die erste Bedingung gibt die schon früher gefundene kritische Drehschnelle des Läufers (bei starrem Fundament) mit

$$\omega_{kr}{}^2 = \frac{\alpha}{m}.$$

Die Bewegungsform des Läuferschwerpunktes ist jedoch abweichend hiervon eine im wesentlichen geradlinige, in die η-Achse fallende Schwingung. Setzt man analog dazu die kritische Schwingungszahl des Fundamentes

$$\omega_{kr0}{}^2 = \frac{\alpha_0}{m_0}$$

[1] Die Koordinaten ξ und η der Schwerpunktsellipse erhält man durch Einsetzen von (h) und (i) in die Lösungsgleichungen (e).

in die zweite Bedingungsgleichung ein, so erhält man

$$\omega^4 - \omega^2\left(\omega_{kr}^2 + \omega_{kr0}^2 + \frac{\alpha}{m_0}\right) + \omega_{kr}^2\,\omega_{kr0}^2 = 0$$

und daraus

$$\omega^2 = \omega_{f1f2}^2 = \frac{\omega_{kr}^2 + \omega_{kr0}^2}{2} + \frac{\alpha}{2\,m_0} \pm \sqrt{\left[\frac{\omega_{kr}^2 + \omega_{kr0}^2}{2} + \frac{\alpha}{2\,m_0}\right]^2 - \omega_{kr}^2\,\omega_{kr0}^2}\,. \qquad (27)$$

Für $m_0 = \infty$ (starres Fundament) wird wieder $\omega^2 = \omega_{kr}^2$.

Bei einem elastischen Fundament ist $m_0 \ll \infty$ und es ergeben sich dann nach Glg. (27) zwei weitere kritische Drehschnellen ω_{f1} und ω_{f2} mit

$$\omega_{f1} > \omega_{kr} > \omega_{f2}.$$

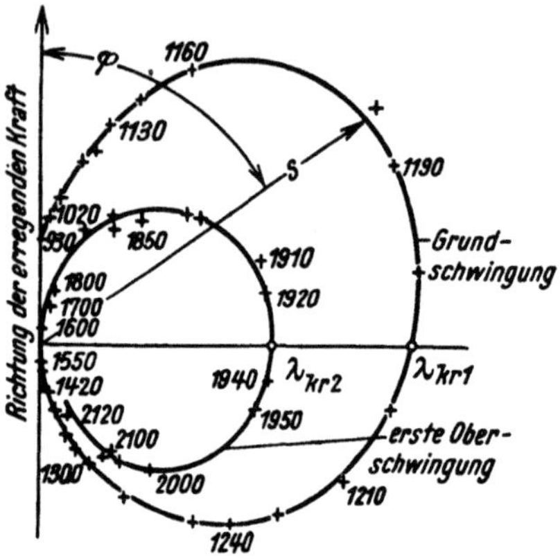

Abb. 45. Fundamentfunktion einer Betondecke.

s Ausschlag, *φ* Phasenverschiebungswinkel.

Der Scheibenschwerpunkt bewegt sich für $\omega = \omega_{f1}$ und ω_{f2} auf einer in die ξ-Richtung gestreckten Ellipse. Diese kritischen Drehzahlen und die zugehörigen Auslenkungen hat V. Blaess auch an einem entsprechend gebauten Modell bestätigt gefunden.

Beim Übergang von einer kritischen Drehzahl zur anderen wird der Schwerpunkt gezwungen, nacheinander in verschiedenen Richtungen zu schwingen. Infolge der bei diesen Verlagerungen auftretenden Dämpfungen wird das Durchfahren durch die kritischen Bereiche erleichtert. Durch die stets vorhandene Dämpfung werden auch die Ausschläge bei den neuen kritischen Drehschnellen endlich. In gleicher Weise wie unter Abschnitt I, 8 wird jedoch die Höhe der kritischen Geschwindigkeiten dadurch nicht geändert. Um dauernde Betriebsstörungen durch Resonanz zu vermeiden, sind daher diese kritischen Drehzahlen genügend weit von der Betriebsdrehzahl der Maschine zu legen.

Die Energie verzehrende Dämpfung hat zur Folge, daß die erzwungenen Schwingungen mit den pulsierenden Fliehkraftkomponenten nicht mehr in Phase sind„ sondern diesen nacheilen. Diese Phasenverschiebung von Kraft und Ausschlag ist von der Elastizität des Fundamentes abhängig. Tatsächlich wird beobachtet, daß bei kleinen sekundlichen Impulsen, wie sie beim Anfahren einer Maschine vorkommen, die Fundamentbewegung synchron mit diesen ist. Mit steigender Drehzahl bewirkt die wachsende Größe der Dämpfung ein Zurückbleiben der Bewegung hinter der erregenden Kraft. Im kritischen Zustande, den jedes elastisch gestützte System besitzt, ist die Phasenverschiebung mit $\varphi = \pi/2$ gleich der der ungedämpften Schwingung. Darüber hinaus nähert sich die Phasenverschiebung dem Werte π. Trägt man die größte Fundamentbewegung und die zugehörige Richtung für die einzelnen Drehzahlen in ein Polardiagramm ein, so erhält man nach E. SCHMIDT die sogenannte Fundamentfunktion (Abb. 45). Aus den Schwingungsellipsen der Abb. 46, die mittels einer Spiegeleinrichtung durch einen Lichtstrahl auf ein photographisches Papier fixiert wurden, kann man die mannigfaltigen Bewegungsformen entnehmen, die das Fundament unter den erregenden Kräften beschreibt. Die Bewegungen des Fundamentes sind nicht auf eine Ebene beschränkt, sondern liegen in Raumkurven.

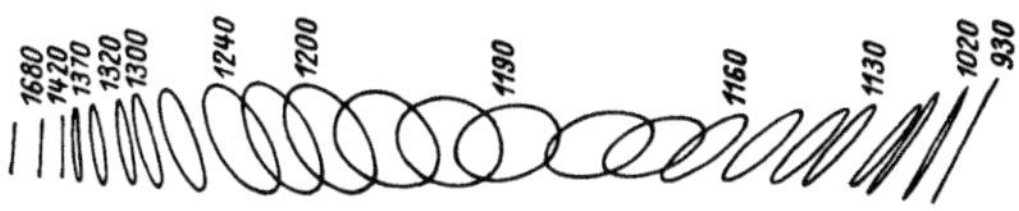

Abb. 46. Schwingungsellipsen der nach Abb. 45 untersuchten Betondecke bei den eingeschriebenen minutlichen Erregungsdrehzahlen.

Die Abb. 47 zeigt die Ergebnisse der Schwingungsprüfung an einem Dampfturbinenfundament (ohne Maschinenaggregat) nach Versuchen von H. KAYSER. Bei $n = 705$ U/min liegen die größten Ausschläge in der Horizontalen quer zur Maschinenachse. Bei $n = 1015$ U/min ist Drehresonanz vorhanden, während die größten Ausschläge der Senkrechtresonanz erst für $n > 3700$ U/min auftreten können. Höhere Drehzahlen wurden nicht verwendet, weil die Betriebsdrehzahl des aufgesetzten Turboaggregates 3000 U/min beträgt.

Kritische Geschwindigkeiten zweiter Art.

Kritische Geschwindigkeiten, welche sich aus den bisherigen Ansätzen nicht ermitteln lassen, entstehen durch periodisch wirkende Momente von der Form $M = M_n \sin(\omega_{kr} \pm u)\, t$. Nach R. GRAMMEL erzeugt ein periodisches Moment mit ν Perioden pro Umlauf eine Störung bei den Drehschnellen

$$u = \frac{\omega_{kr}}{\nu j + 1}, \quad (j = 1, 2, 3, \ldots). \quad \text{(a)}$$

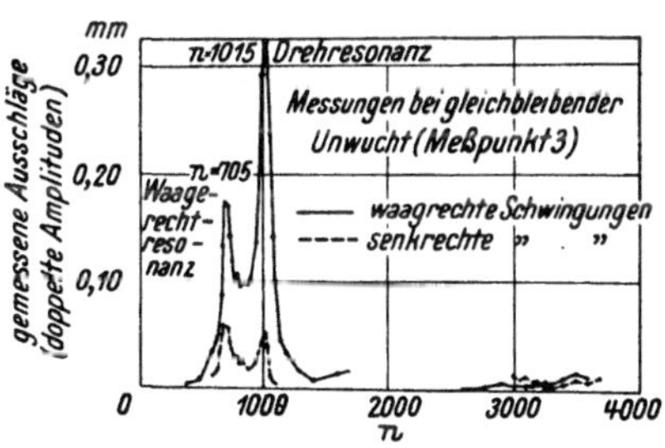

Abb. 47. Resonanzmessungen an einem Dampfturbinenfundament mit sechs Stützen. Die Meßstelle liegt über einer der generatorseitigen Endsäulen.

Waagrechtresonanz = Hauptschwingungsrichtung in der Horizontalebene, Drehresonanz = Hauptschwingungsrichtung auf einem Kreisbogen.

Darin kann ν eine ganze oder gebrochene positive Zahl sein. Von den vielen möglichen Drehschnellen verdient mit $j = 1$ jene Beachtung, bei der sich der störende Impuls synchron mit der Drehzahl ($\nu = 1$) ändert. Dies ist nach A. STODOLA durch das mit dem Umlauf periodische Gewichtsmoment der nicht genau in die Drehachse fallenden Scheibenschwerpunkte bei horizontaler Lagerung der Welle gegeben. Dann tritt eine neue kritische Drehschnelle „zweiter Art" bei ungefähr $\omega_{kr}/2$ auf.

In Übereinstimmung mit den Versuchen von A. STODOLA konnte P. SCHRÖDER nachweisen, daß Störungen bei $u = \omega_{kr}/3$, $\omega_{kr}/2$ und $2{,}5\, \omega_{kr}$ zu erwarten sind; die für diese drei Fälle sich einstellenden Wellenbahnen sind in den Abb. 48a bis e dargestellt. Die Ausschläge in den kritischen Zuständen zweiter Art bleiben auch ohne Dämpfung in endlichen, berechenbaren Grenzen, deren Weite direkt proportional ist der Größe des störenden Momentes. Auch dieses analytische Ergebnis wird durch die Versuche von A. STODOLA bestätigt, wonach merkliche Ausschläge erst bei großer, betriebsmäßig nicht mehr vorkommender Unwucht erreicht wurden. Bei gleicher Exzentrizität und vertikaler Lagerung ist diese Störung nicht aufgetreten. In der Praxis hat sie sich gelegentlich an horizontal gelagerten Läufern durch eine leichte Unruhe des Ganges bemerkbar gemacht.

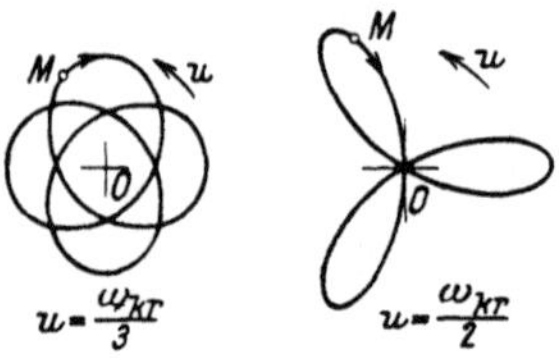

Abb. 48a und b. Charakteristische Wellenbahnen des reinen Gegenlaufes durch das Störungsmoment $M = M_2 \sin(\omega_{kr} + u)\,t$.

Ein ähnlicher, ebenfalls ungefährlicher kritischer Zustand wurde bei $\approx \omega_{kr}/2$ und $\omega_{kr}/3$ von O. FÖPPL nachgewiesen, dem als Ursache Drehzahlschwankungen als Folge von veränderlichem Antriebsmoment zugrunde liegen.

Zu den Störungen zweiter Art gehört auch die Präzession im Gegenlauf, die ebenfalls durch ein geeignetes periodisches Störungsmoment ausgelöst wird. A. STODOLA hat durch den Versuch nachgewiesen, daß Resonanz auch dann besteht, wenn nach Abschnitt I, 2 die Präzessionsdrehschnelle $\mu = -\omega$ und die Eigendrehschnelle $\nu = 2\omega$ ist, die elastische Linie also entgegengesetzt der Wellendrehung umläuft und diese Bewegung „synchrone Präzession im Gegenlauf" benannt. Da auch hier wieder $\omega \equiv \mu + \nu$ ist, wird das auftretende Kreiselmoment im Gegenlauf nach Glg. (e)

$$K_{gn} = -B\omega^2\delta(q+1); \qquad \text{(b)}$$

insbesondere wird für schmale Scheiben mit $q \approx 2$

$$K_{gn} = -3\,B\omega^2\delta. \qquad \text{(c)}$$

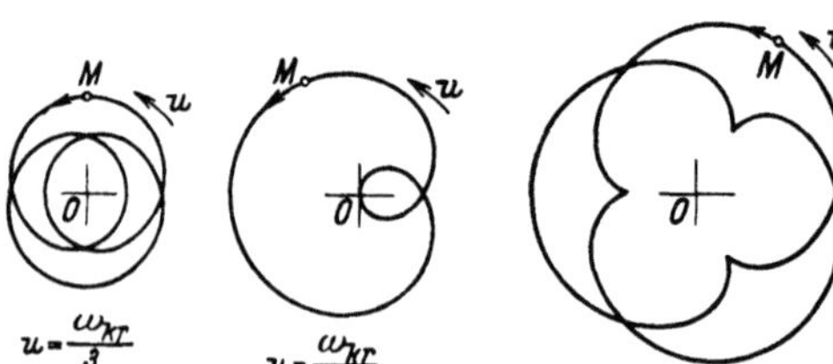

Abb. 48c, d und e. Charakteristische Wellenbahnen des nichtsynchronen Gleichlaufes durch das Störungsmoment $M = M_1 \sin(\omega_{kr} - u)\,t$.

Die Richtung desselben ergibt sich aus dem Bestreben, die entgegengesetzt gerichteten Vektoren $\boldsymbol{\mu}$ und $\boldsymbol{\nu}$ (Abb. 49) gleichsinnig ineinander überzuführen. Daraus folgt eine Vergrößerung der Wellenauslenkung und das Auftreten des kritischen Zustandes schon bei geringeren Drehzahlen.

In gleicher Weise wie unter Abschnitt I, 2 läßt sich die kritische Drehschnelle im Gegenlauf für das dort angegebene Beispiel ermitteln. Es ist nur zu beachten, daß in die Glgn. (f) und (g) statt K_{gl} der Wert K_{gn} eingeht. Dann wird die kritische Drehschnelle im Gegenlauf

$$\omega_{gn_{1,2}}{}^2 = \frac{3\lambda\beta^2 + \psi\gamma^2}{6} \pm \sqrt{\left(\frac{3\lambda\beta^2 + \psi\gamma^2}{6}\right)^2 + \beta^2\gamma^2\frac{\zeta^2 + \lambda\psi}{3}}. \qquad \text{(d)}$$

Darin sind λ, ψ, ζ, β^2 und γ^2 von gleichem Werte wie bei der Bestimmung der kritischen Gleichlaufdrehschnelle. Die Glg. (d) besitzt zwei reelle Wurzeln, von denen die eine höher, die andere tiefer liegt als die normale kritische Drehschnelle ohne Kreiselwirkung.

Die synchrone Präzession im Gegenlauf tritt in der Praxis nur selten in Erscheinung und kann zutreffendenfalls durch Vertauschung der auf der Welle sitzenden Scheiben, bzw. durch eine Änderung des Massenausgleiches vermieden werden. Die Bewegung ist nicht stabil. Läuft die Welle in diesem Zustande um, so muß sie sich infolge $\mu = -\omega$ und $\nu = 2\omega$ ständig in sich biegen. Die dazu notwendige Formänderungsarbeit entzieht der Welle die durch die Auslenkung aufgespeicherte potentielle Energie und sucht dadurch das Entstehen von gefährlichen Auslenkungen zu verhindern. Im allgemeinen erzwingen die Fliehkräfte der Scheibenhälften den synchronen Gleichlauf ($\mu = \omega$, $\nu = 0$).

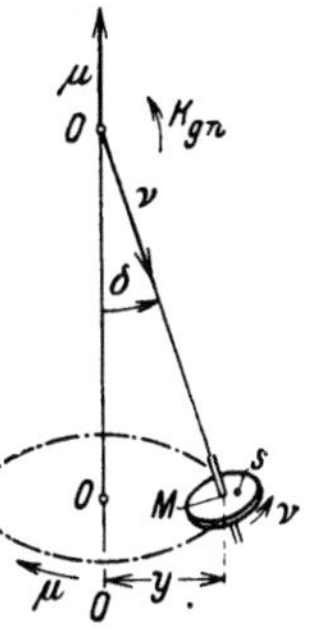

Abb. 49. Kreiselwirkung bei der Präzession im Gegenlauf. μ Präzessionsdrehschnelle, ν Eigendrehschnelle.

Die kritischen Geschwindigkeiten „zweiter Art" sind zum Glück nicht gefährlich und können durch geeignete Maßnahmen in ihren Auswirkungen auf ein praktisch zulässiges Maß eingeschränkt werden. Um eine Unruhe des Ganges bei der Resonanz eines geeigneten Störungsmomentes mit der Betriebsdrehzahl zu vermeiden, ist es empfehlenswert, diese so zu wählen, daß sie nicht ein ganzzahliger Bruchteil oder ein ganzzahliges Vielfaches der kritischen Drehzahl wird.

Kritische Erscheinungen an Gleitlagern.

Bezeichnungen:

δ	= radialer Lagerspalt bei zentrischer Wellenlage	cm
ε	= Exzentrizität der Welle im Lager während des Betriebes	cm
B	= Lagerbohrung	cm
d	= Wellenzapfendurchmesser	cm
L	= Lagerlänge	cm
P	= gesamte vertikale Lagerbelastung	kg
p	= mittlere spez. Lagerbelastung (P/Ld) (Größenordnung von 10)	kg/cm²
η	= Zähigkeit des Lageröls bei der Betriebstemperatur (Größenordnung von 0,4 10^{-6})	kgsek/cm²

$$p_v' = \bar{p}\left(\frac{2\delta}{d}\right)^2 \frac{1}{\eta\,\omega} = \text{dimensionslose mittlere spez. Lagerpressung}$$

$$\Gamma = \frac{\delta}{g}\left[\frac{\bar{p}}{\eta}\left(\frac{2\delta}{d}\right)^2\right]^2 = \text{Lagercharakteristik}$$

$$\chi = \frac{\varepsilon}{\delta} = \frac{2\,\varepsilon}{B-d} = \text{Exzentrizitätsverhältnis}$$

A. Stodola hat auf weitere kritische Unruhen hingewiesen, die durch die Nachgiebigkeit des Ölfilms im Lager hervorgerufen werden. Infolge der Schwingungsmöglichkeit der Welle in waag- und lotrechter Richtung sind zwei kritische Zustände möglich.

Nach der hydrodynamischen Lagertheorie schwimmt die Welle beim Umlauf im Lager auf einer Ölschicht von einigen Hundertstel Millimeter Dicke. Dabei stellt sich der Wellenzapfen exzentrisch zur Lagerbohrung ein und erzwingt eine Flüssigkeitsströmung, bei der die Wellenbelastung durch die Druckverteilung in der Schmierkeilschicht aufgenommen wird. Für jedes Lager gibt es einen Betriebszustand, bei welchem bei einer bestimmten Drehzahl die Tragfähigkeit des Schmierkeils für eine stabile Wellenlage im Lager nicht mehr ausreicht, so daß die Welle ständig hin und her geschleudert wird. Stimmt die Frequenz der die Lager periodisch belastenden Kräfte (z. B. Fliehkräfte) mit einer dieser kritischen Lagerdrehzahlen überein, so tritt Resonanz auf. Die dabei entstehende Unruhe macht einen geregelten Betrieb unmöglich. Diese kritischen Zustände hat CH. HUMMEL in seiner Dissertation untersucht und gefunden, daß oberhalb eines labilen Bereiches zwei kritische Drehschnellen auftreten, von denen die erste nach Abb. 50 für $\Gamma > 100$ genügend genau durch

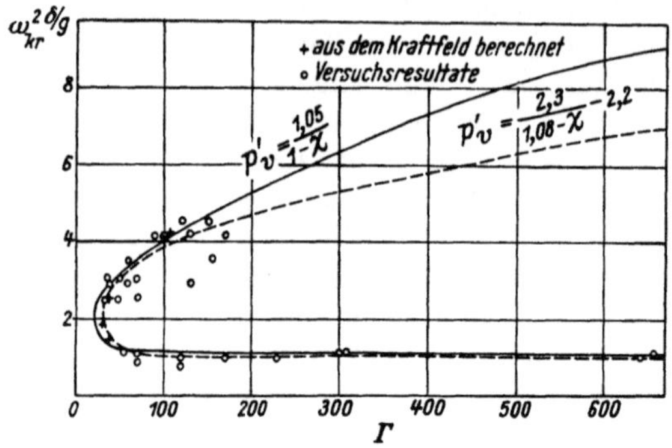

Abb. 50. Die kritischen Drehschnellen im Gleitlager als Funktion von Γ.

$$\omega_{kr1}^2 = \frac{g}{\delta} \tag{28}$$

festliegt, während die zweite Kritische nur ihrer Größenordnung nach gegeben ist. Sie sind in der Abb. 50 durch $\omega_{kr}^2 \delta/g$, über der Lagercharakteristik Γ aufgetragen. Zur Darstellung ist die dimensionslose mittlere spezifische Lagerpressung p_v' herangezogen, die in Abhängigkeit von dem Exzentrizitätsverhältnis $\chi = \varepsilon/\delta$ durch die in der Abb. 50 angegebenen beiden Näherungsausdrücke ersetzt ist. In der ersten Kritischen fallen die Beziehungen $\omega_{kr}^2 \delta/g = f(\Gamma)$ praktisch für beide Näherungen zusammen, in der zweiten Kritischen weichen sie aber mit steigendem Γ immer mehr voneinander ab. In dem Bereiche $\Gamma < 30$ ist die Bewegung labil.

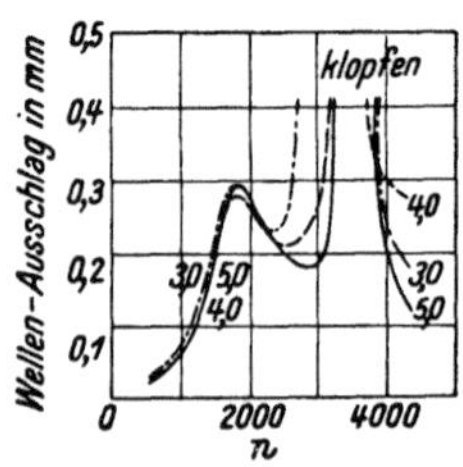

Abb. 51. Beobachtete Wellenausschläge an einem Gleitlager mit der Bohrung $B = 3{,}99$ cm, einem radialen Lagerspalt $\delta = 0{,}03$ cm und den eingeschriebenen Lagerlängen $L = 3{,}0$, $4{,}0$ und $5{,}0$ cm.

Das Vorhandensein der beiden kritischen Drehzahlen, die Gültigkeit der rechnerischen Ergebnisse und das Zurückfallen der Welle wurde auch durch das Experiment bestätigt. Die Abb. 51 zeigt das steile Ansteigen der Wellenausschläge im ersten kritischen Bereich. Bemerkenswert ist, daß die Welle auch oberhalb des ersten kritischen Bereiches mit großen

Ausschlägen läuft. In der zweiten Kritischen ist ein längerer Lauf unmöglich, weil die Welle zum Fressen neigt. Deshalb ist es notwendig, die Lager so zu bemessen, daß die Betriebsdrehzahl genügend weit unterhalb dieser ersten kritischen Drehzahl liegt. In der im Schrifttum genannten Arbeit sind Maßnahmen zur Unschädlichmachung der kritischen Erscheinungen durch eine die Welle eng umschließende, obere Lagerschale gegeben. Infolge der großen Steigerung der Lagerreibungszahl ist es jedoch für Neukonstruktionen empfehlenswert, im unterkritischen Bereich zu bleiben.

II. Kritische Drehzahlen glatter Wellen.

1. Glatte Welle mit Eigenmasse ohne Rücksicht auf die Kreiselwirkung.

Bezeichnungen:

C_i	$=$ Konstante	cm
f	$= d^2\pi/4$ Wellenquerschnitt	cm^2
γ	$=$ spez. Gewicht des Wellenwerkstoffes	kg/cm^3
μ	$= f\gamma/g$ Masse der Längeneinheit	$kgsek^2/cm^2$
β_i	$=$ Frequenzkonstante	
e	$= 2{,}71828$ Basis der nat. Logarithmen	

Der kritische Zustand einer Welle ist auch dadurch gekennzeichnet, daß bei einer Schwerpunktsexzentrizität $e = 0$ bei jeder Auslenkung Gleichgewicht zwischen der Fliehkraft und der elastischen Wellenkraft besteht (Abschnitt I, 1). Von der Kreiselwirkung sei abgesehen. Läuft eine so idealisierte Welle im ausgebogenen Zustande um, so ist die Änderung der an einem Massenteilchen $dm = \frac{\gamma}{g} f dx$ angreifenden Fliehkraft

$$dF = \frac{\gamma}{g} f y \omega^2 dx, \tag{a}$$

welcher durch die Änderung der Querkraft Q das Gleichgewicht gehalten wird. Diese berechnet sich aus der Gleichung der elastischen Linie für kleine Durchbiegungen zu

$$dQ = \frac{d^2M}{dx^2}dx = EJ\frac{d^4y}{dx^4}dx. \tag{b}$$

Durch Gleichsetzen von (a) und (b) erhält man

$$\frac{d^4y}{dx^4} - k^4 y = 0 \tag{c}$$

mit $k^4 = \frac{\gamma}{g}\frac{f\omega^2}{EJ}$. Die allgemeine Lösung von (c) hat die Form

$$y = C_1 \sin kx + C_2 \cos kx + C_3 e^{kx} + C_4 e^{-kx}. \tag{d}$$

Die Integrationskonstanten C_1, C_2, C_3 und C_4 ergeben sich aus den Randbedingungen, die je nach Lagerung der Welle verschieden sind. Für die beiderseitig kugelig gelagerte Welle (Abb. 53) lauten sie: für $x = 0$ muß $y = 0$ und $y'' = 0$ (da das Biegungsmoment $= 0$ ist) sein, woraus

$$C_2,\ C_3 \text{ und } C_4 = 0$$

folgt. Die Eigenfunktionen der zweifach kugelig gelagerten Welle werden also durch die einfache Sinusfunktion beschrieben. Weitere Randbedingungen sind am zweiten Lager vorgeschrieben: für $x = l$ muß $y_{x=l} = C_1 \sin kl = 0$, ebenso $y'' = 0$ werden. Dies ist in (*d*) für beliebige Werte von C_1 der Fall, wenn

$$kl = i\pi$$

wird ($i = 1, 2, 3, \ldots$). Damit ergibt sich

$$k^4 = \left(i\,\frac{\pi}{l}\right)^4 = \frac{\gamma}{g}\,f\,\frac{\omega_{kr}^2}{EJ}$$

und daraus die kritische Drehschnelle

$$\omega_{kri}^2 = i^4\,\frac{\pi^4}{l^4}\,\frac{EJ}{\gamma f}\,g. \tag{29}$$

Setzt man in (d) für $k = i\pi/l$, so erhält man die Eigenfunktionen aller Ordnungen der zweifach kugelig gelagerten, glatten Welle zu

$$y = C_1 \sin\frac{i\pi}{l}\,x. \tag{e}$$

Durch die Konstante C_1 wird die größte Auslenkung der Welle für $\sin\frac{i\pi}{l}\,x = 1$ ausgedrückt. Aus der Periodizität der Beziehung (e) geht hervor, daß für jede höhere Ordnung der kritischen Drehschnelle eine neue Nullstelle ($y = f(x) = 0$) an einer ganz bestimmten Stelle im System entsteht. In ähnlicher Weise werden für die anderen Lagerungsfälle mit den entsprechenden Randbedingungen die kritischen Drehzahlen erhalten.

2. Ergebnisse.

Ohne Berücksichtigung der Kreiselwirkung.

Im Gegensatze zu dem in Abschnitt I, 1 idealisierten Fall ergeben sich durch die stetige Massenbelegung aus der Form der Lösungsgleichungen für die glatte Welle unendlich viele kritische Drehschnellen. Die allgemeine Lösung für die folgenden Lagerungsfälle ist

$$\omega_{kri}^2 = \frac{\beta_i^4}{l^4}\,\frac{EJ}{\gamma f}\,g = \frac{\beta_i^4}{l^4}\,\frac{EJ}{\mu}. \tag{30}$$

Die Werte von β_i sind für vier Lagerungsfälle der nebenstehenden Aufstellung zu entnehmen. Die erste kritische Drehschnelle ergibt sich mit β_1. Sonderfall: Legt man Stahl mit $E = 2{,}1\ 10^6$ kg/cm² und $\gamma = 7{,}85\ 10^{-3}$ kg/cm³ zugrunde, so wird

$$\omega_{kri} = 12{,}81\ 10^4\,\beta_i^2\,\frac{d}{l^2} \tag{30a}$$

und

$$n_{kri} = 122{,}4\ 10^4\,\beta_i^2\,\frac{d}{l^2}. \tag{30b}$$

Für eine Hohlwelle mit d_a als Außendurchmesser und d_i als konzentrische Bohrung wird

$$n_{kri} = 122{,}4 \; 10^4 \, \beta_i^2 \frac{(d_a^2 + d_i^2)^{1/2}}{l^2}. \tag{30c}$$

β_1	β_2	β_3
1,875	4,694	7,855
π	2π	3π
3,927	7,069	10,21
4,73	7,853	10,996

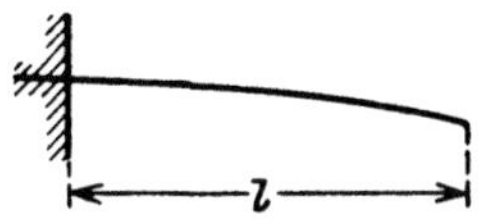

Abb. 52. Einseitig eingespannte, freihängende Welle.

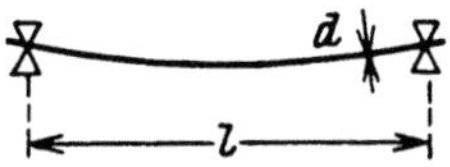

Abb. 53. An beiden Enden kugelig gelagerte Welle.[1]

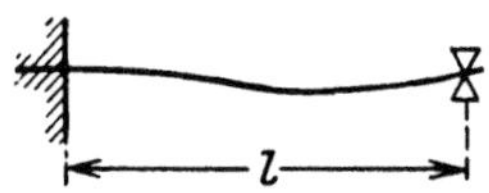

Abb. 54. Einseitig eingespannte, endseitig kugelig gelagerte Welle.

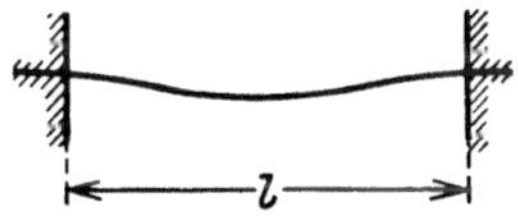

Abb. 55. An beiden Enden eingespannte Welle.

Wie bereits angegeben, enthält die Glg. (30) auch die Eigenwerte von mehrfach gelagerten Wellen, wenn die Spannweiten in den einzelnen Feldern durch die Nullstellen der Eigenfunktionen höherer Ordnung bestimmt werden. Die erste kritische Drehschnelle einer dreifach kugelig gelagerten Welle mit $l_1 = l_2$ für die einzelnen Lagerabstände ist z. B. die zweite kritische Drehschnelle einer zweifach kugelig gelagerten Welle mit der Lagerentfernung $2\,l_1$. Für beliebige l_1/l_2 lassen sich die kritischen Drehschnellen mit Hilfe von Frequenzfunktionen bestimmen, die W. Prager und F. W. Waltking angegeben haben. Die Auswertung derselben für drei- und vierfach gelagerte, glatte Wellen mittels eines graphischen Verfahrens von W. Prager ist in der Abb. 56 dargestellt, und zwar $\beta_1^2 = \omega_{kr} l_1^2 \left(\frac{\mu}{EJ}\right)^{1/2}$ als Funktion von l_1/l_2. Sie enthält als Sonderfälle für $l_1/l_2 = 1$ bzw. $1{,}275$ die zweite kritische Drehschnelle einer zweifach kugelig gelagerten Welle, bzw. einer einseitig eingespannten und endseitig kugelig gelagerten Welle.

[1] Dieser Belastungsfall ergibt die in Abb. 14 eingetragene Grenzkurve $\omega_{kr}^2 = 1{,}2685\, g/f_{max}$. Die größte Auslenkung f_{max} kann z. B. nach Hütte, Bd. I, 26. Aufl., S. 615 errechnet werden.

Mit Berücksichtigung der Kreiselwirkung.

Die glatte Welle wird dabei aus unendlich dünnen Scheiben aufgebaut gedacht, die unendlich nahe ohne gegenseitige Berührung an-

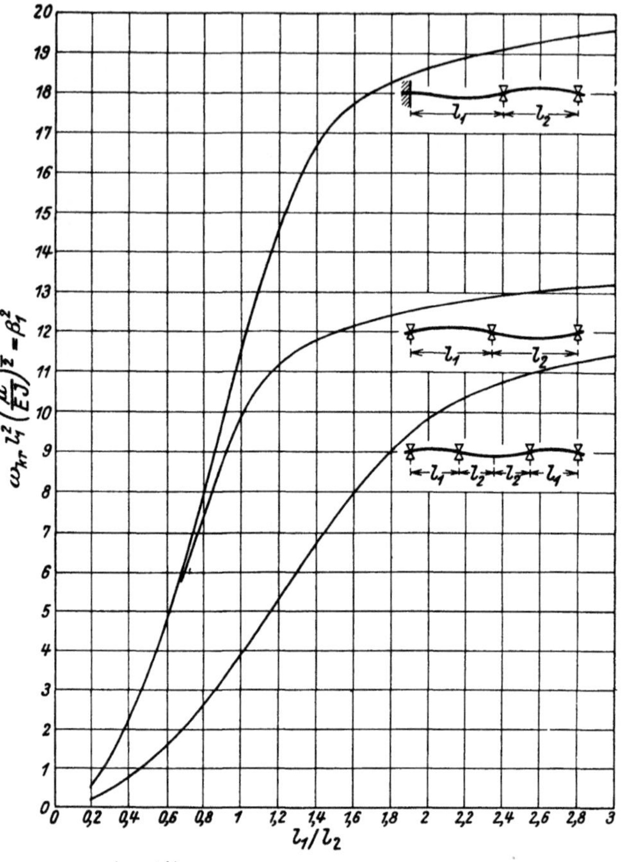

Abb. 56. $\omega_{kr}\, l_1^2 \left(\frac{\mu}{EJ}\right)^{1/2} = \beta_1^2$ als Funktion von l_1/l_2 für mehrfach gelagerte, glatte Wellen.

μ Masse der Längeneinheit.

einander sitzen. Für die beiderseitig kugelig gelagerte Welle ergibt sich nach R. Grammel die kritische Drehschnelle im Gleichlauf zu

$$\omega_{gl}^2 = \frac{\omega_{kri}^2}{1 - \frac{i^2 \pi^2}{16} \left(\frac{2R}{l}\right)^2}, \tag{31}$$

im Gegenlauf zu

$$\omega_{gn}^2 = \frac{\omega_{kri}^2}{1 + \frac{3 i^2 \pi^2}{16} \left(\frac{2R}{l}\right)^2}. \tag{32}$$

Darin ist ω_{kri} die nach Glg. (30) gefundene kritische Drehschnelle i-ter Ordnung ($i = 1, 2, 3, \ldots$), R = Halbmesser der Welle oder der gleichmäßig dicht bis zu den Lagern sitzenden Scheiben. Die tiefste kritische Drehschnelle ergibt sich mit $i = 1$. Nach Glg. (31) verschwinden für gegebene i die kritischen Gleichlaufdrehzahlen i-ter Ordnung, wenn der Nenner gleich Null wird. Dies ist für

$$\frac{i \pi 2 R}{4 l} = 1$$

der Fall. Dagegen sind nach Glg. (32) kritische Gegenlaufdrehzahlen (praktisch ungefährlich) in unbegrenzter Zahl vorhanden.

R. Grammel hat auch andere Lagerungsfälle untersucht und zur Ermittlung der kritischen Drehzahlen im Gleich- und Gegenlauf eine graphische Darstellung gegeben. Die wesentlichsten Ergebnisse sind folgende:

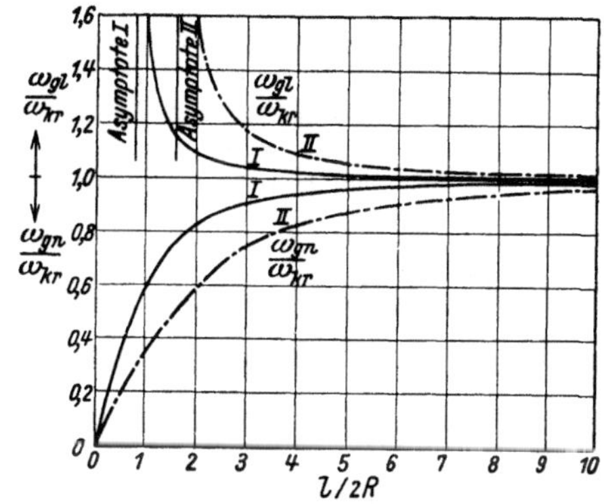

Abb. 57. ω_{gl}/ω_{kr} und ω_{gn}/ω_{kr} erster (I) und zweiter (II) Ordnung, abhängig von $l/2R$ für die gleichmäßig dicht mit Scheiben besetzte, endseitig kugelig gelagerte Welle.

Sind die Längen einer beiderseitig kugelig gelagerten oder eingespannten Welle gleich $^1/_4$, $^1/_2$ oder $^3/_4$ usw. des Wellen- (Scheiben-) Umfanges, so ist schon die kritische Drehschnelle im Gleichlauf erster, zweiter oder dritter Ordnung infolge der Kreiselwirkung unendlich groß. Die Welle besitzt daher bei einer Länge von $l = {}^3/_4\, 2 R \pi$ zwei kritische Gleichlaufdrehschnellen usw.

Bei der einseitig eingespannten, freihängenden Welle ist im Gleichlauf die kritische Drehschnelle erster, zweiter oder dritter usw. Ordnung unendlich groß, wenn die Wellenlänge gleich ist $^1/_8$, $^3/_8$ oder $^5/_8$ usw. des Wellen- (Scheiben-) Umfanges. Ist $l < 2 R \pi/8$, so besitzt die Welle keine kritische Gleichlaufdrehschnelle.

Daraus kann die praktisch wichtige Folgerung gezogen werden, daß die Kreiselwirkung bei kleinen Verhältniszahlen $l/2R$ die kritische Gleichlaufdrehzahl stark erhöht, wenn die Welle mit vielen Scheiben bis nahe an die Lager besetzt ist (Abb. 57). Meist sind die Scheiben nur im mittleren Wellenteil angeordnet. Dann kann der Einfluß der Kreiselwirkung auf die erste kritische Drehzahl im allgemeinen unberücksichtigt bleiben. Mit steigender Ordnung der kritischen Drehzahl nimmt der Einfluß der Kreiselwirkung zu, weil auch die im Mittelteil sitzenden Scheiben eine starke Schrägstellung erfahren. Schon bei der Betrachtung einer masselosen Welle mit einer Einzellast hat sich ergeben, daß die Kreiselwirkung um so stärker in Erscheinung tritt, je näher sich die Scheibe am Lager befindet (Abb. 40). Bei glatten Wellen in den üblichen Abmessungen ist die Kreiselwirkung durch die Wellenmasse allein ohne Belang (Abb. 57).

Nach Fertigstellung dieser Arbeit ist im gleichen Verlage von K. KARAS eine größere Abhandlung erschienen über „Die kritischen Drehzahlen wichtiger Rotorformen". Der erste Teil behandelt die kritische Drehzahl von Läufern mit zylindrischen oder kegelstumpfförmigen Scheibenmassen, wobei zur übersichtlichen mathematischen Behandlung unendlich dichte Scheibenbelegung über die ganze Wellenlänge oder einen Teil derselben, konstanter Wellenquerschnitt sowie beiderseitige kugelige Lagerung vorausgesetzt ist. Im zweiten Teil werden als wertvolle Verallgemeinerung der grundlegenden Arbeit von R. GRAMMEL (Schrifttum S. 186) die Bedingungen für das Verschwinden der kritischen Drehzahlen n-ter Ordnung durch die Kreiselmomente des Gleichlaufes für die betrachteten Läuferformen aufgesucht.

Für abgesetzte Wellen kann — wie auch K. KARAS einleitend bemerkt — die graphische Ermittlung der Auslenkungslinie nicht umgangen werden; auch sitzen im allgemeinen die Scheiben nicht so dicht aneinander. Die Kupplungsmasse darf nicht vernachlässigt werden. Für diese Fälle wird man das in Abschn. III, 3e beschriebene y^2-Verfahren von R. GRAMMEL anwenden; darin drückt Glg. (53) das Kriterium für das Verschwinden der kritischen Drehzahlen durch die Kreiselwirkung der Scheiben bei der praktisch wichtigen Präzession im Gleichlauf aus.

III. Kritische Drehzahl erster Ordnung von mehrfach belasteten, zweifach gelagerten, abgesetzten Wellen.

In den vorhergehenden Abschnitten wurde die kritische Drehschnelle von glatten Wellen untersucht, die nur durch eine Einzelmasse oder nur durch ihre Eigenmasse belastet waren. Bei den beiden behandelten Systemen war es verhältnismäßig einfach, die kritische Drehschnelle zu bestimmen, weil in den Grundformen Übereinstimmung zwischen der fliehkraftelastischen Linie und der gewichtselastischen Linie besteht.

Tatsächlich sind auf den schweren, abgesetzten Wellen meist mehrere Scheiben vorhanden. Dann ist es nur in Sonderfällen möglich, von den Ergebnissen der Abschnitte I und II direkt Gebrauch zu machen. Auch diese Belastungsfälle lassen sich rein analytisch lösen. Infolge des großen Zeitaufwandes kommen exakte analytische Verfahren nicht in Betracht.[1] Als wichtigstes Ergebnis ist zu betrachten, daß im allgemeinen keine Übereinstimmung zwischen der fliehkraftelastischen Auslenkung und der gewichtselastischen Auslenkung besteht.

Für solche Belastungsfälle empfehlen sich graphische oder analytische Näherungsverfahren. Die im vorhinein unbekannte fliehkraftelastische Auslenkung wird durch eine zweckentsprechende Näherung ersetzt und daraus die kritische Drehschnelle errechnet. Im besonderen werden sich solche Verfahren als zweckmäßig erweisen, deren Genauigkeit durch den

[1] Auch bei der exakten Ermittlung der kritischen Drehschnelle entspricht das Ergebnis nur den gemachten Annahmen bei der Aufgabenstellung. In dieser können verschiedene Einflüsse nur ihrer Größenordnung, nicht aber ihrem tatsächlichen Werte entsprechend berücksichtigt werden (z. B. Versteifung durch Naben, Kreiselwirkung durch schräges Aufkeilen, Starrheit der Scheiben, Längskräfte, teilweise Einspannung, Temperatureinflüsse u. dgl.). Deshalb ist das Arbeiten mit guten Näherungsverfahren zweckmäßig.

Vergleich mit exakten Lösungen für ähnliche Belastungsfälle bekannt ist oder wo das Ergebnis durch eine fortschreitende Verbesserung der Annahme der Eigenlösung beliebig angenähert werden kann. Die abgesetzten Wellen werden dabei masselos gedacht und das Wellengewicht, in geeignete Teillasten aufgelöst, als äußere Lasten wirkend angenommen. Der durch die Aufteilung des Wellengewichtes gegenüber der kontinuierlichen Belastung gemachte Fehler ist bei genügender Unterteilung gering. Kreiselmomente und Längskräfte sollen in übersichtlicher Weise berücksichtigt werden. Die einzelnen Verfahren sind nun gesondert angeführt.

1. Exakte Ermittlung der kritischen Drehzahl.

Die Einflußzahlen.

In diesem Abschnitt wird von den Einflußzahlen Gebrauch gemacht. Mit der bereits eingangs festgelegten Voraussetzung für die Gültigkeit des HOOKEschen Gesetzes sagen sie aus, daß die auftretenden Wellenauslenkungen und ihre Neigungen lineare Funktionen der belastenden Kräfte und Momente sind, so daß sie getrennt ermittelt und durch Summierung zur Gesamtlösung zusammengefaßt werden können. Unter einer Einflußzahl wird die Verschiebung eines Punktes eines statisch bestimmten Systems durch das Wirken z. B. einer Einheitskraft verstanden; die tatsächliche Auslenkung wächst daher proportional der Größe der vorhandenen Kraft. Aus dieser Definition geht aber hervor, daß eine Einflußzahl zwei Bestimmungsgrößen zu ihrer Charakterisierung notwendig macht, die immer bekannt sind: die Angriffsstelle des Impulses von der Größe 1 und die Stelle, an der die erzeugte Verschiebung gemessen werden soll.

Betrachtet man z. B. als statisch bestimmtes System eine endseitig zweifach kugelig gelagerte Welle, die in der Entfernung ξ vom linken Auflager durch eine Einheitskraft belastet wird, so ist die elastische Linie die Einflußfunktion $\alpha(x, \xi)$, deren Ordinate $\alpha_{x\xi}$ abhängig ist vom Ort x, an der sie gemessen wird, und vom Angriffspunkt ξ der Einheitskraft. Jeder festen Lage der Einheitskraft längs der Wellenachse entspricht also eine ganz bestimmte Einflußfunktion.

Wirken auf einer Welle n Kräfte $P_{1 \ldots n}$ senkrecht zur Wellenachse, so folgen die gesamten Auslenkungen unter den einzelnen Kräften

$$\begin{aligned}
y_1 &= \alpha_{11} P_1 + \alpha_{12} P_2 + \ldots + \alpha_{1i} P_i + \ldots + \alpha_{1n} P_n, \\
y_2 &= \alpha_{21} P_1 + \alpha_{22} P_2 + \ldots + \alpha_{2i} P_i + \ldots + \alpha_{2n} P_n, \\
&\cdot \qquad\qquad \cdot \\
y_i &= \alpha_{i1} P_1 + \alpha_{i2} P_2 + \ldots + \alpha_{ii} P_i + \ldots + \alpha_{in} P_n, \\
&\cdot \qquad\qquad \cdot
\end{aligned}$$

als Summe aller Einzelauslenkungen $\alpha_{ik} P_k$ $(i, k = 1, 2, 3, \ldots, n)$. α_{ik} ist dabei die Auslenkung am Ort der Last i, wenn sämtliche Kräfte außer der am Orte k wirkenden Kraft $P_k \equiv 1$ verschwinden. Die Einflußzahl α_{ik} ist also die Auslenkung an der Stelle i durch eine an der Stelle k wirkende Einheitskraft, α_{ii} die Auslenkung am Orte i durch die am gleichen Orte wirkende Einheitskraft.

Die Neigung $\operatorname{tg} \delta \approx \delta$ der Einflußlinie unter den einzelnen Kräften ist

$$\begin{aligned}
\delta_1 &= \alpha_{11}' P_1 + \alpha_{12}' P_2 + \ldots\ldots + \alpha_{1i}' P_i + \ldots\ldots + \alpha_{1n}' P_n, \\
\delta_2 &= \alpha_{21}' P_1 + \alpha_{22}' P_2 + \ldots\ldots + \alpha_{2i}' P_i + \ldots\ldots + \alpha_{2n}' P_n, \\
&\cdot \\
\delta_i &= \alpha_{i1}' P_1 + \alpha_{i2}' P_2 + \ldots\ldots + \alpha_{ii}' P_i + \ldots\ldots + \alpha_{in}' P_n, \\
&\cdot
\end{aligned}$$

wo $\alpha_{i1}' = \frac{\partial \alpha_{i1}}{\partial x_i}$, $\alpha_{i2}' = \frac{\partial \alpha_{i2}}{\partial x_i}$, also allgemein $\alpha_{ik}' = \frac{\partial \alpha_{ik}}{\partial x_i}$.

In gleicher Weise folgt unter der Wirkung von n Momenten $M_{1 \ldots n}$ mit senkrechter Achse zur Welle — wenn β_{ik} die Einflußzahl für die Auslenkung darstellt — die gesamte Auslenkung unter den einzelnen Momenten

$$\begin{aligned}
\eta_1 &= \beta_{11} M_1 + \beta_{12} M_2 + \ldots\ldots + \beta_{1i} M_i + \ldots\ldots + \beta_{1n} M_n, \\
\eta_2 &= \beta_{21} M_1 + \beta_{22} M_2 + \ldots\ldots + \beta_{2i} M_i + \ldots\ldots + \beta_{2n} M_n, \\
&\cdot \\
\eta_i &= \beta_{i1} M_1 + \beta_{i2} M_2 + \ldots\ldots + \beta_{ii} M_i + \ldots\ldots + \beta_{in} M_n, \\
&\cdot
\end{aligned}$$

und die zugehörige Neigung

$$\begin{aligned}
\psi_1 &= \beta_{11}' M_1 + \beta_{12}' M_2 + \ldots\ldots + \beta_{1i}' M_i + \ldots\ldots + \beta_{1n}' M_n, \\
\psi_2 &= \beta_{21}' M_1 + \beta_{22}' M_2 + \ldots\ldots + \beta_{2i}' M_i + \ldots\ldots + \beta_{2n}' M_n, \\
&\cdot \\
\psi_i &= \beta_{i1}' M_1 + \beta_{i2}' M_2 + \ldots\ldots + \beta_{ii}' M_i + \ldots\ldots + \beta_{in}' M_n, \\
&\cdot
\end{aligned}$$

wo $\beta_{i1}' = \frac{\partial \beta_{i1}}{\partial x_i}$, $\beta_{i2}' = \frac{\partial \beta_{i2}}{\partial x_i}$, $\ldots\ldots$, $\beta_{ik}' = \frac{\partial \beta_{ik}}{\partial x_i}$ usw.

Zwischen den Einflußzahlen, hervorgebracht durch Einheitskräfte und Einheitsmomente, bestehen gewisse Bindungen, die durch den Maxwellschen Verschiebungssatz bekannt sind. Er lautet: Eine an der Stelle k wirkende Einheitskraft erzeugt an der Stelle i die gleiche Auslenkung, wie eine am Orte i wirkende Einheitskraft an der Stelle k erzeugt. Ein an der Stelle k angreifendes Einheitsmoment erzeugt an der Stelle i eine Auslenkung, die gleich ist der Verdrehung der Ebene des Einheitsmomentes an der Stelle k durch die in i wirkende Einheitskraft. Die Verdrehung der Momentenebene am Orte i durch ein an der Stelle k wirkendes Einheitsmoment ist gleich der Verdrehung der Momentenebene am Orte k durch ein an der Stelle i wirkendes Einheitsmoment. Die Beweise für diese Sätze seien an einer zweifach gelagerten, masselosen Welle geführt, deren Auflagerkräfte keine Arbeit leisten, für die also nach Castigliano $\partial \mathfrak{A} / \partial P = 0$ ist.

Vorausgesetzt ist vorerst die Belastung der Welle durch zwei Kräfte P_i und P_k, die in der Entfernung x_i und x_k vom linken Auflager angreifen und senkrecht zur Wellenachse wirken sollen. Wird zuerst die Kraft P_i, von Null bis auf ihren Höchstwert linear wachsend, an der Stelle i aufgebracht, so leistet sie bei der Auslenkung $y_{ii} = \alpha_{ii} P_i$ die Arbeit

$$\mathfrak{A}_1 = \frac{\alpha_{ii}}{2} P_i^2.$$

Durch das darauffolgende Aufbringen der linear ansteigenden Kraft P_k an der Stelle k wird die Kraft P_i noch um $y_{ik} = \alpha_{ik} P_k$ verschoben, wobei sie, da sie in voller Größe wirkt, die Arbeit

$$\mathfrak{A}_2 = \alpha_{ik} P_k P_i$$

leistet. An der Stelle k leistet die stetig ansteigende Kraft P_k bei der Auslenkung $y_{kk} = \alpha_{kk} P_k$ die Arbeit

$$\mathfrak{A}_3 = \frac{\alpha_{kk}}{2} P_k^2.$$

Der gesamte Arbeitsbetrag ist also

$$\Sigma \mathfrak{A} = \frac{\alpha_{ii}}{2} P_i^2 + \alpha_{ik} P_k P_i + \frac{\alpha_{kk}}{2} P_k^2.$$

Für die gesamte Arbeitsleistung muß es nun gleichgültig sein, in welcher Reihenfolge die Kräfte aufgebracht werden. Wirkt daher zuerst P_k, dann P_i von Null bis zur vollen Größe linear ansteigend, so ist auch

$$\Sigma \mathfrak{A} = \frac{\alpha_{kk}}{2} P_k^2 + \alpha_{ki} P_i P_k + \frac{\alpha_{ii}}{2} P_i^2.$$

Aus der Gleichheit der beiden Summenausdrücke folgt

$$\alpha_{ik} P_k P_i = \alpha_{ki} P_i P_k$$

und

$$\alpha_{ik} = \alpha_{ki},$$

wonach der eingangs angegebene Satz bewiesen ist. Durch partielle Differentiation folgt

$$\alpha_{ik}' = \frac{\partial \alpha_{ik}}{\partial x_i} \quad \text{und} \quad \alpha_{ki}' = \frac{\partial \alpha_{ki}}{\partial x_k}.$$

Statt einer Einheitskraft kann auch ein Einheitsmoment eingeführt werden, dessen Achse senkrecht zur Wellenachse steht. Der Arbeitsbetrag für ein linear ansteigendes Moment von der Größe M ist allgemein

$$\frac{M}{2} \psi = \frac{M^2}{2} \beta',$$

wenn $\beta' = \frac{\partial \beta}{\partial x}$ die Neigung an die durch das Einheitsmoment hervorgebrachte Auslenkungslinie mit der Ordinate β im Momentenangriffspunkt darstellt.

Wirkt an der betrachteten Welle im Punkte $k \perp$ zur Wellenachse ein Moment M_k, in i eine Kraft P_i, so folgt für die Formänderungsarbeit, wenn zuerst P_i linear ansteigend, dann M_k linear ansteigend aufgebracht wird,

$$\Sigma \mathfrak{A} = \frac{\alpha_{ii}}{2} P_i^2 + \beta_{ik} M_k P_i + \frac{\beta_{kk}'}{2} M_k^2.$$

$\beta_{ik} M_k$ ist darin die Auslenkung, um welche die bereits in voller Größe wirkende Kraft P_i durch das Wirken des Momentes M_k verschoben wird. Bei vertauschter Reihenfolge für die Aufbringung folgt

$$\Sigma \mathfrak{A} = \frac{\beta_{kk}'}{2} M_k^2 + \alpha_{ki}' P_i M_k + \frac{\alpha_{ii}}{2} P_i^2$$

mit $\alpha_{ki}' = \frac{\partial \alpha_{ki}}{\partial x_k}$ = Verdrehung der Momentenebene von M_k durch die Wirkung einer Einheitskraft an der Stelle i. Aus der Gleichsetzung folgt

$$\beta_{ik} M_k P_i = \alpha_{ki}' P_i M_k$$

oder

$$\beta_{ik} = \alpha_{ki}',$$

d. h. ein an der Stelle k wirkendes Einheitsmoment erzeugt an der Stelle i eine Auslenkung, die gleich ist der Verdrehung der Momentenebene in k durch die in i wirkende Einheitskraft. Durch Vertauschung der Angriffsorte muß auch bestehen

$$\beta_{ki} = \alpha_{ik}'.$$

Die Dimension von β_{ik} ist [cm/cmkg], diejenige von α_{ki}' ist [1/kg].

Sind in den Punkten i und k Momente M_i und M_k wirksam, so erhält man in gleicher Weise durch die Bildung der Formänderungsarbeiten

$$\beta_{ik}' = \beta_{ki}'.$$

$\beta_{ik}' = \frac{\partial \beta_{ik}}{\partial x_i} = \frac{\partial \alpha_{ki}'}{\partial x_i} = \frac{\partial^2 \alpha_{ki}}{\partial x_i \, \partial x_k}$, $\beta_{ki}' = \frac{\partial^2 \alpha_{ik}}{\partial x_k \, \partial x_i}$. Die Einflußzahlen β und β' sind partielle Ableitungen der Einflußfunktion α. Damit ergeben sich folgende Symmetrien und Unsymmetrien:

$$\alpha_{ik} = \alpha_{ki}, \quad \alpha_{ik}' \neq \alpha_{ki}', \quad \beta_{ik} \neq \beta_{ki}, \quad \beta_{ik}' = \beta_{ki}',$$

$$\alpha_{ik}' = \frac{\partial \alpha_{ik}}{\partial x_i}, \quad \beta_{ik} = \alpha_{ki}' = \frac{\partial \alpha_{ki}}{\partial x_k}, \quad \beta_{ik}' = \frac{\partial \alpha_{ki}'}{\partial x_i} = \frac{\partial^2 \alpha_{ki}}{\partial x_i \, \partial x_k}.$$

Betrachtet man die Beziehungen für eine Einzelkraft und ein Einzelmoment, wenn man $(x_k - x_i) \to 0$ gehen läßt, so wird $\beta_{ii} = \alpha_{ii}'$ oder $\beta_{kk} = \alpha_{kk}'$. Diese Identität ist in Abschnitt I, 2 verwendet, wo für $\beta_{ii} = \alpha_{ii}' = \beta_0$ und für $\beta_{ii}' = \gamma_0$ geschrieben ist.

Damit ist der eingangs formulierte MAXWELLsche Verschiebungssatz in den drei Auslegungen bewiesen. Da bei seiner Ableitung keinerlei Voraussetzungen über die Querschnittsabmessungen der Welle gemacht wurden, gilt er allgemein auch für beliebig abgesetzte Wellen.

In den folgenden Näherungsverfahren der Abschnitte III, 3a bis e sind die angeführten Beziehungen zwischen den Einflußzahlen verwertet. Allgemein folgt für eine zweifach gelagerte Welle unter der Wirkung von n Kräften und n Momenten die Auslenkung an der Angriffsstelle x_i

$$y_i = \sum^n \alpha_{ik} P_k \pm \sum^n \beta_{ik} M_k,$$

die Neigung für x_i

$$\delta_i = \sum^n \alpha_{ik}' P_k \pm \sum^n \beta_{ik}' M_k,$$

mit dem +- oder —-Vorzeichen für das zweite Summenglied, je nachdem die Momente unterstützend oder hemmend wirken. Die hier zu behandelnden Momente sind Kreiselmomente, die im Gegenlauf unterstützend, im Gleichlauf hemmend wirken. Im allgemeinen wird sich die

Präzession im Gleichlauf einstellen; die elastische Linie läuft also im Sinne der Wellendrehung mit der Drehschnelle der Welle um (Abschn. I, 2; für die Präzession im Gegenlauf siehe Anhang: kritische Drehschnelle zweiter Art). Aus diesem Grunde ist in den folgenden Abschnitten nur die kritische Drehschnelle des Gleichlaufes behandelt worden. Der Sonderfall des Gegenlaufes läßt sich in den entsprechenden Beziehungen im Einzelfall durch Vorzeichenänderung leicht berücksichtigen. Wie bereits aus den Abschnitten I, 2 und II hervorgeht, erhöht das Kreiselmoment des Gleichlaufes die kritische Drehzahl.

Vernachlässigung der Kreiselwirkung.

Auf einer mit Kreisquerschnitt vorausgesetzten Welle mit zweifacher Lagerung seien n Scheiben von der Masse $m_1, m_2, m_3, \ldots, m_n$ zentrisch aufgekeilt. Läuft diese Welle auch im kritischen Zustande um, so besteht bei einer von außen aufgedrückten einmaligen Auslenkung Gleichgewicht in den Fliehkräften des um seine ursprüngliche Ruhelage umlaufenden Läufers und der potentiellen Energie der ausgelenkten Welle. Dann entstehen an den einzelnen Scheiben die Fliehkräfte

$$F_i = m_i y_i \omega^2,$$

welche der Wellenauslenkung das Gleichgewicht halten. Diese Auslenkungen ergeben sich bei Vernachlässigung der Kreiselwirkung an den einzelnen Scheiben aus den n Gleichungen[1]

$$\begin{aligned}
y_1 &= \omega^2 (\alpha_{11} m_1 y_1 + \alpha_{12} m_2 y_2 + \ldots + \alpha_{1i} m_i y_i + \ldots + \alpha_{1n} m_n y_n), \\
&\cdot \\
&\cdot \\
y_i &= \omega^2 (\alpha_{i1} m_1 y_1 + \alpha_{i2} m_2 y_2 + \ldots + \alpha_{ii} m_i y_i + \ldots + \alpha_{in} m_n y_n), \qquad \text{(a)} \\
&\cdot \\
&\cdot \\
y_n &= \omega^2 (\alpha_{n1} m_1 y_1 + \alpha_{n2} m_2 y_2 + \ldots + \alpha_{ni} m_i y_i + \ldots + \alpha_{nn} m_n y_n).
\end{aligned}$$

Die Glgn. (a) lassen sich auch in abgekürzter Form schreiben:

$$y_i = \omega^2 \sum^{n} \alpha_{ik} m_k y_k \equiv \sum^{n} \alpha_{ik} F_k \qquad \text{(a)}$$

($k = 1, 2, 3, \ldots, i, \ldots, n$). Sie besagen, daß die fliehkraftelastische Auslenkung unter einer Scheibe gleich ist der Summe der Fliehkraftwirkungen aller Scheiben an dieser Stelle. Darin ist die Einflußzahl α_{ik} jene Auslenkung, welche die Welle an der Scheibe i durch eine an der Scheibe k senkrecht zur Welle wirkende Einheitskraft erfährt, α_{ii} die Auslenkung an der Scheibe i durch die an der gleichen Stelle senkrecht zur Welle wirkend gedachte Einheitskraft. Nach dem Satze von MAXWELL von der Gegenseitigkeit der Verschiebungen gilt für $\omega =$ konstant die Beziehung

$$\alpha_{ik} = \alpha_{ki}.$$

[1] Nach der Definition S. 4 ist bei $e = 0$ jeder endliche Wert von y möglich.

Nach erfolgter Ordnung der Glgn. (a) in y_i schreiben sich diese, wenn der Einfachheit halber nur die mittlere Zeile angeschrieben wird,

$$\begin{aligned} &\cdot \\ &\cdot \\ 0 &= \omega^2\alpha_{i1}m_1y_1 + \omega^2\alpha_{i2}m_2y_2 + \ldots + (\omega^2\alpha_{ii}m_i - 1)\,y_i + \ldots \\ &\cdot \qquad\qquad \ldots + \omega^2\alpha_{in}m_ny_n. \qquad \text{(b)} \\ &\cdot \end{aligned}$$

Dieses homogene lineare Gleichungssystem von n Gleichungen läßt nur dann endliche Werte für die n Unbekannten y zu, wenn ihre Determinante gleich Null wird:

$$\Delta = \begin{vmatrix} \omega^2\alpha_{11}m_1 - 1 & \ldots & \omega^2\alpha_{1i}m_i & \ldots & \omega^2\alpha_{1n}m_n \\ \cdot & & & & \\ \omega^2\alpha_{i1}m_1 & \ldots & \omega^2\alpha_{ii}m_i - 1 & \ldots & \omega^2\alpha_{in}m_n \\ \cdot & & & & \\ \omega^2\alpha_{n1}m_1 & \ldots & \omega^2\alpha_{ni}m_i & \ldots & \omega^2\alpha_{nn}m_n - 1 \end{vmatrix} = 0.$$

Daraus ergibt sich die Lösungsgleichung für die Eigenwerte ω_{kr} n-ter Ordnung.

Für die Auswertung dieser Lösungsgleichung ist die Bestimmung der Einflußzahlen erforderlich, was aber umständlich und zeitraubend ist. Zur Umgehung dieser Rechenarbeit lassen sich aus den Ansatzglgn. (a) Näherungsverfahren für Mittelwertbildungen ableiten, die zum Teil sehr genau arbeiten, zum Teil rasch konvergieren. Diese Näherungsverfahren sind unter Abschnitt III, 3 einzeln angeführt.

Beispiel 2.

Für eine glatte, masselose Welle mit zwei Massen ($n = 2$) nach Abb. 42 soll allgemein die kritische Drehschnelle ermittelt werden. Mit $n = 2$ erhält man aus (b)

$$\begin{aligned} (\omega^2\alpha_{11}m_1 - 1)\,y_1 + \omega^2\alpha_{12}m_2y_2 &= 0, \\ \omega^2\alpha_{21}m_1y_1 + (\omega^2\alpha_{22}m_2 - 1)\,y_2 &= 0 \end{aligned}$$

und aus

$$\Delta = \begin{vmatrix} \omega^2\alpha_{11}m_1 - 1 & \omega^2\alpha_{12}m_2 \\ \omega^2\alpha_{21}m_1 & \omega^2\alpha_{22}m_2 - 1 \end{vmatrix} = 0$$

die Lösungsgleichung unter Berücksichtigung, daß $m_i = G_i/g$ und $f_{ik} = \alpha_{ik}G_k$ (statische Auslenkung)

$$\omega^4 \frac{f_{11}f_{22} - f_{12}f_{21}}{g^2} - \omega^2 \frac{f_{11} + f_{22}}{g} + 1 = 0.$$

Daraus wird

$$\omega_{kr\,I,II}^2 = g\,\frac{f_{11} + f_{22} \mp \sqrt{(f_{11} + f_{22})^2 - 4\,(f_{11}f_{22} - f_{12}f_{21})}}{2\,(f_{11}f_{22} - f_{12}f_{21})}. \qquad (33)$$

Multipliziert man Zähler und Nenner von (33) mit 2 und setzt für den Zähler allgemein $2\,(A \mp B)$, so läßt sich der Nenner durch Hinzufügen von $\pm (f_{11} + f_{22})^2$ auf die Form $(A^2 - B^2)$ bringen.[1] Statt Glg. (33) ergibt sich dann der einfachere Ausdruck[2]

$$\omega_{kr\,I,\,II}^2 = g \frac{2}{(f_{11} + f_{22}) \pm \sqrt{(f_{11} - f_{22})^2 + 4 f_{12} f_{21}}} \tag{33a}$$

Darin ist f_{11} die Auslenkung an der Stelle 1 durch die Masse m_1, f_{12} die Auslenkung an der Stelle 1 durch die Masse m_2 und in gleicher Weise f_{21} und f_{22} die durch m_1 und m_2 erzeugten Auslenkungen der Welle an der Scheibenstelle 2. Aus (33a) erhält man zwei kritische Drehschnellen, von denen die eine tiefer $(+\sqrt{\ })$, die andere höher $(-\sqrt{\ })$ liegt, entsprechend der ersten und zweiten kritischen Drehschnelle. Die Glg. (33a) dient zum Vergleich einiger Näherungsverfahren und ist in gleicher Weise für die beidseitig gelagerte oder überhängende, kugelig gestützte oder eingespannte Welle verwendbar. Die Kreiselwirkung der Scheiben kann damit nicht berücksichtigt werden.

Setzt man für die Bestimmung der ersten kritischen Drehschnelle

$$f_0 = {}^1/_2 \left[f_{11} + f_{22} + \sqrt{(f_{11} - f_{22})^2 + 4 f_{12} f_{21}} \right] \tag{33b}$$

als gleichwertige Auslenkung, so kann in Anlehnung an Abschnitt I, 3

$$\omega_{kr\,I}^2 = \frac{g}{f_0} \tag{33c}$$

geschrieben werden.

Berücksichtigung der Kreiselwirkung bei der Präzession im Gleichlauf.

Sind die n Scheiben so an der Welle angeordnet, daß ihr Massenträgheitsmoment im Verein mit der Scheibenlage ein Kreiselmoment von merklicher Größe erzeugt, so sind an den Auslenkungen y nicht nur die Fliehkräfte

$$F_i = m_i y_i \omega^2,$$

sondern auch die Kreiselmomente des Gleichlaufes

$$K_{gli} = B_i \omega^2 \delta_i (q_i - 1)$$

nach Glg. (7) beteiligt. Die Auslenkung an der Scheibe i hat demnach die Größe

$$y_i = \sum^n \alpha_{ik} F_k - \sum^n \beta_{ik} K_{glk}, \tag{c}$$

die Tangente an die Auslenkungslinie im gleichen Punkte ($\operatorname{tg} \delta \approx \delta$)

$$\delta_i = \sum^n \alpha_{ik}' F_k - \sum^n \beta_{ik}' K_{glk}. \tag{d}$$

Zur Lösung sind beide Gleichungsgruppen notwendig, weil zwei Unbekannte auftreten, y_i und δ_i (Abschn. I, 2).

---

[1] Die Glg. (33) wurde von A. Föppl bei der Bestimmung der Eigenschwingungszahl eines durch zwei Massen belasteten Balkens erhalten (Schrifttum S. 186). Das gleiche Ergebnis läßt sich ableiten, wenn die Scheiben eine (beliebig gerichtete) Exzentrizität besitzen (A. Stodola, a. a. O.).

[2] Abschnitt III, 3d.

Statt der n Gleichungen (a) des vorhergehenden Abschnittes ergeben sich jetzt die $2n$ Gleichungen

$$\begin{aligned}
&\cdot\\
&\cdot\\
&y_i = \omega^2[\alpha_{i1} m_1 y_1 + \ldots + \alpha_{ii} m_i y_i + \ldots + \alpha_{in} m_n y_n]\\
&\cdot\quad -\omega^2[\beta_{i1} B_1 \delta_1 (q_1 - 1) + \ldots \quad \ldots + \beta_{in} B_n \delta_n (q_n - 1)], \qquad \text{(e)}\\
&\cdot\\
&\cdot\\
&\cdot\\
&\delta_i = \omega^2[\alpha_{i1}' m_1 y_1 + \ldots + \alpha_{ii}' m_i y_i + \ldots + \alpha_{in}' m_n y_n]\\
&\cdot\quad -\omega^2[\beta_{i1}' B_1 \delta_1 (q_1 - 1) + \ldots \quad \ldots + \beta_{in}' B_n \delta_n (q_n - 1)]. \qquad \text{(f)}\\
&\cdot
\end{aligned}$$

Nach erfolgter Ordnung der Glgn. (e) und (f) in y bzw. δ erhält man

$$\begin{aligned}
&\cdot\\
&\cdot\\
&0 = \omega^2\alpha_{i1} m_1 y_1 + \ldots + (\omega^2\alpha_{ii} m_i - 1) y_i + \ldots + \omega^2\alpha_{in} m_n y_n\\
&\cdot\quad -\omega^2\beta_{i1} B_1 \delta_1 (q_1 - 1) - \ldots \quad \ldots - \omega^2\beta_{in} B_n \delta_n (q_n - 1),\\
&\cdot\\
&\cdot \qquad\qquad\qquad\qquad\qquad\qquad\qquad\qquad \text{(g)}\\
&\cdot\\
&0 = \omega^2\alpha_{i1}' m_1 y_1 + \ldots + \omega^2\alpha_{ii}' m_i y_i + \ldots + \omega^2\alpha_{in}' m_n y_n\\
&\cdot\quad -\omega^2\beta_{i1}' B_1 \delta_1 (q_1 - 1) - \ldots - [\omega^2\beta_{ii}' B_i (q_i - 1) - 1]\,\delta_i -\\
&\cdot\quad \ldots - \omega^2\beta_{in}' B_n \delta_n (q_n - 1),
\end{aligned}$$

woraus die n Wurzeln der Eigenwerte für endliche y und δ wieder aus dem Nullsetzen der Determinante ihrer Beiwerte

$$\Delta = \begin{vmatrix}
\omega^2\alpha_{11} m_1 - 1 \ldots & \omega^2\alpha_{1n} m_n \ldots & -\omega^2\beta_{11} B_1 (q_1 - 1) \ldots \\ & & -\omega^2\beta_{1n} B_n (q_n - 1) \\
\cdot & \cdot & \cdot \\
\cdot & \cdot & \cdot \\
\omega^2\alpha_{n1}' m_1 & \ldots \omega^2\alpha_{nn}' m_n \ldots & -\omega^2\beta_{n1}' B_1 (q_1 - 1) \ldots \\ & & -\omega^2\beta_{nn}' B_n (q_n - 1) - 1
\end{vmatrix} = 0$$

folgen. Daraus ergibt sich die Lösungsgleichung für ω_{gl} bei Berücksichtigung der Kreiselwirkung im Gleichlauf. Sie ist noch umfangreicher wie die Beziehung des vorhergehenden Abschnittes und erfordert schon bei nur zwei Massen einen ganz erheblichen Zeitaufwand. Deshalb ist die Forderung nach schnell arbeitenden, guten Näherungsverfahren berechtigt.

2. Das Verfahren von S. Dunkerley.

Anwendung: Zur schnellen Festlegung der Wellenabmessungen beim Entwurf und besonders dort, wo die Betriebsdrehzahl nicht allzu nahe an die kritische Drehzahl gelegt wird.

Genauigkeit: Die kritische Drehschnelle wird für normale Betriebsfälle um 3 bis 10 v. H. zu tief errechnet.

Verfahren: Von S. DUNKERLEY stammt die nach umfangreichen Versuchen aufgestellte Beziehung, nach welcher die kritische Drehschnelle ω_{kr} eines Läufers aus

$$\frac{1}{\omega_{kr}^2} = \frac{1}{\omega_{kr0}^2} + \frac{1}{\omega_{kr1}^2} + \frac{1}{\omega_{kr2}^2} + \cdots \tag{34}$$

ermittelt werden kann. Darin ist ω_{kr0} die kritische Drehschnelle der nur durch ihre Eigenmasse belasteten Welle, ω_{kr1}, ω_{kr2}, ... die kritische Drehschnelle der masselos angenommenen Welle mit der Einzelmasse m_1 oder m_2 usw. Nach Glg. (11) ist für eine Masse $\omega_{kr}^2 = g/f_s$. Teilt man auch die Wellenmasse in Einzelmassen auf, so kann statt (34) auch

$$\omega_{kr}^2 = \frac{g}{\Sigma f_s} \tag{34a}$$

geschrieben werden. Daraus geht unmittelbar hervor, daß die kritische Drehschnelle des gesamten Läufers kleiner ist als die kleinste kritische Einzeldrehschnelle. Die Glgn. (34) und (34a) sind nur zur Bestimmung der ersten kritischen Drehzahl brauchbar. Unter bestimmten Voraussetzungen wurde diese empirische Beziehung von V. BLAESS, E. HAHN u. a. theoretisch begründet.

Die in der Praxis vorkommenden Wellen sind meist abgesetzt. Wird zur Berechnung der kritischen Drehzahl nach dem DUNKERLEYschen Verfahren ein mittleres Querschnittsträgheitsmoment angenommen, so sind die Ergebnisse der Abschnitte I und II unmittelbar verwertbar. Für die beiderseits an den Enden kugelig gelagerte oder einseitig überhängende Welle kann zur Bestimmung von ω_{kr} das Nomogramm Abb. 60 zu Hilfe genommen werden.

Unter Benutzung des CASTIGLIANOschen Satzes läßt sich nach L. KRAUSE die Durchbiegung einer beliebig abgesetzten Welle im Angriffspunkt einer Kraft analytisch bestimmen. Ist nach CASTIGLIANO ein elastisches Gebilde derart gestützt, daß die Auflagerkräfte keine Arbeit leisten, so ist die Verschiebung im Angriffspunkt der Last gleich dem partiellen Differentialquotienten der Formänderungsarbeit $\mathfrak{A}$ nach der diese Arbeit leistenden Kraft,[1]

$$f_i = \frac{\partial \mathfrak{A}}{\partial P_i} = \int_0^l \frac{M \frac{\partial M}{\partial P_i}}{EJ}\, dx. \tag{35}$$

In diesem Falle entfällt die Bestimmung von ω_{kr0}, da das Wellengewicht in Teillasten zerlegt wird, die als äußere Kräfte auf der masselosen, abgesetzten Welle wirkend gedacht werden. Wird die Welle im Angriffspunkt der zugrundegelegten Masse festgehalten, so kann in Umkehrung

[1] Die Formänderungsarbeit der Biegespannungen ist (z. B. Hütte, Bd. I, 26. Aufl., S. 602)

$$\mathfrak{A} = {}^1/_2 \int_0^l \frac{M^2}{EJ}\, dx.$$

des Vorherigen die gedachte Verschiebung eines jeden Auflagers durch die von der gewählten Last erzeugten Reaktionen bestimmt werden. Daraus ergibt sich dann in einfacher Weise die Durchbiegung unter der betrachteten Masse. Ist Σf in bezug auf alle Lasten bekannt, so ist mit Glg. (34a) die kritische Drehschnelle gegeben.

Für eine masselose, abgesetzte Welle mit einer Einzellast $P\,(=mg)$ nach Abb. 58 sind die Reaktionen A und B in den Lagern

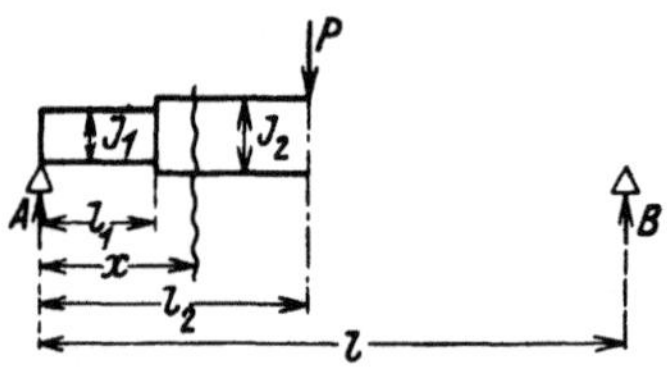

Abb. 58. Belastung einer masselosen, abgesetzten Welle durch eine Einzellast P $(= mg)$.

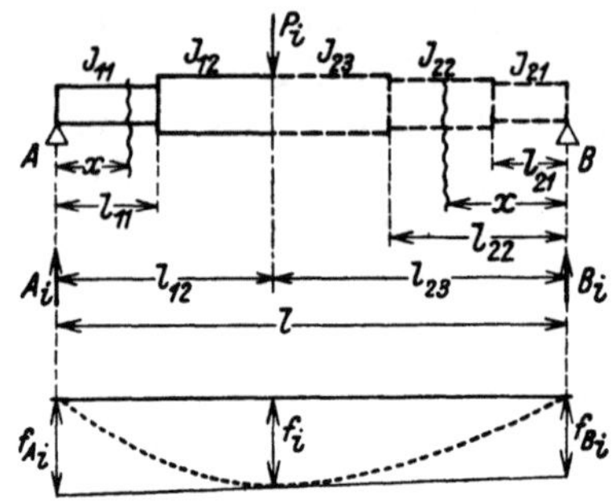

Abb. 59. Graphische Ermittlung der Auslenkung einer abgesetzten Welle unter der betrachteten Masse aus der gedachten Verschiebung der Auflager. Die strichliert gezeichnete Auslenkungslinie für die Einzelmasse ist nicht punktweise bestimmbar.

$$A = P\,(l - l_2)/l,$$
$$B = P - A.$$

Mit dem Moment

$$M = A\,x$$

und der partiellen Ableitung

$$\frac{\partial M}{\partial A} = x$$

erhält man die gedachte Verschiebung des Auflagers A durch Einsetzen der Werte in die Glg. (35)

$$f_A = \frac{A}{E}\int_0^{l_1}\frac{x^2}{J_1}\,dx + \frac{A}{E}\int_{l_1}^{l_2}\frac{x^2}{J_2}\,dx.$$

Die Integration ist jeweils nur soweit zu erstrecken, als das Querschnittsträgheitsmoment der Welle konstant bleibt, wobei x für f_A und f_B von beiden Auflagern zu zählen ist.

Für die Abb. 59 werden für eine Kraft $P_i\,(= m_i g)$ die relativen Verschiebungen der Auflager

$$f_{Ai} = \frac{A_i}{3\,E}\left[\frac{l_{11}^3}{J_{11}} + \frac{l_{12}^3 - l_{11}^3}{J_{12}}\right], \tag{36}$$

$$f_{Bi} = \frac{B_i}{3\,E}\left[\frac{l_{21}^3}{J_{21}} + \frac{l_{22}^3 - l_{21}^3}{J_{22}} + \frac{l_{23}^3 - l_{22}^3}{J_{23}}\right]. \tag{37}$$

Die Durchbiegung f_i unter der i-ten Last wird nun nach Abb. 59 aus

$$f_i = f_{Bi} + (f_{Ai} - f_{Bi})\,\frac{l_{23}}{l} \tag{38}$$

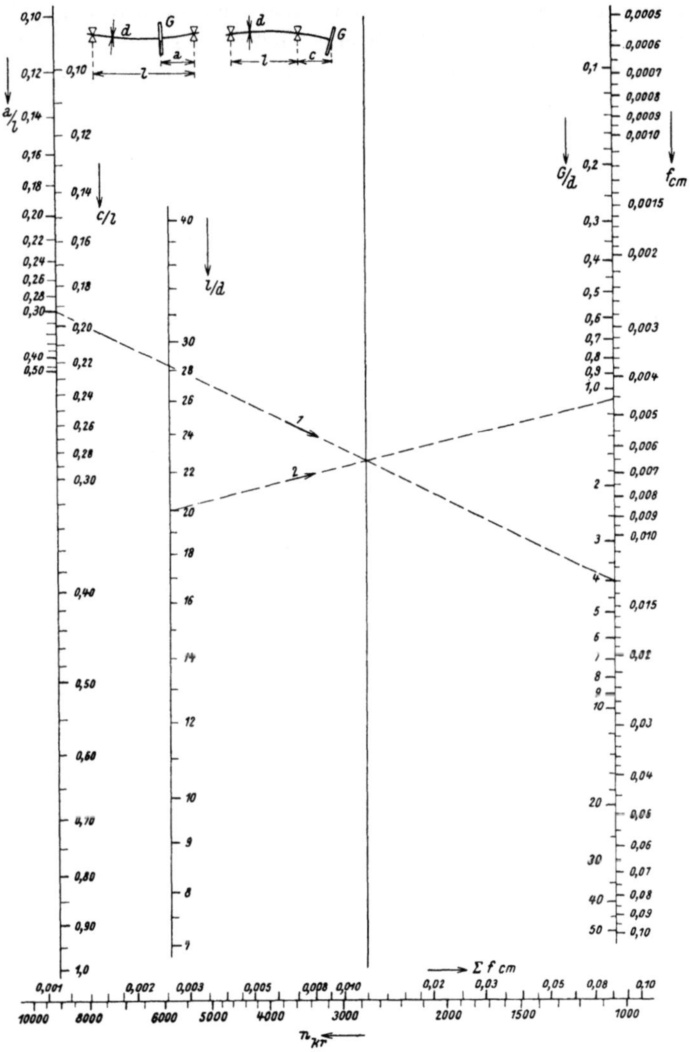

Abb. 60. Kritische Drehzahl n_{kr} von glatten, masselosen, mehrfach belasteten Wellen nach der S. DUNKERLEYschen Glg. (34a): $n_{kr} = \frac{30}{\pi}\left(\frac{g}{\Sigma f}\right)^{1/2}$ mit $E = 2{,}1 \cdot 10^6$ kg/cm².

d Wellendurchmesser (cm), $G = m\,g =$ Scheibengewicht (kg), *f* statische Auslenkung unter der Scheibe (cm). Σf Summe aller Einzelauslenkungen (cm).

Beispiel: $a/l = 0{,}3$, $G/d = 4$, $l/d = 20$. Die Gerade 1 verbindet $a/l = 0{,}3$ mit $G/d = 4$ und schneidet die unbezeichnete senkrechte Linie; die Gerade 2, durch $l/d = 20$ und den gefundenen Schnittpunkt gelegt, gibt im Schnittpunkt mit der *f*-Leiter die gesuchte statische Auslenkung $f = 0{,}00455$ cm unter der Scheibe. Für $\varphi > 0{,}5$ ist vom anderen Auflager zu zählen. Mit Σf unter allen Scheiben ist nach der horizontalen Leiter die kritische Drehzahl n_{kr} bestimmt.

oder graphisch ermittelt, indem man über den Auflagern f_{Ai}, bzw. f_{Bi} als Ordinate aufträgt und durch eine Gerade verbindet. Dann ist die Ordinate f_i unterhalb der Last P_i die gesuchte Durchbiegung. In gleicher Weise wird einzeln die Durchbiegung unter den übrigen Massen ermittelt. Mit der zu bildenden Summe Σf ist nach Glg. (34a) die kritische Drehschnelle bestimmt.

Im folgenden sei die Genauigkeit des Verfahrens nach Glg. (34a) an der FÖPPLschen Glg. (33a) geprüft. Zugrunde gelegt ist eine glatte, masselose Welle mit zwei Massen für die Belastungsfälle nach Abb. 61a, b, c und d. $\omega_{kr} = \omega_F$ nach der FÖPPLschen Glg. (33a), $\omega_D = \omega_{kr}$ nach der DUNKERLEYschen Glg. (34a). Aus allen Abbildungen ist ersichtlich, daß die Glg. (34a) die kritische Drehschnelle zu gering angibt.

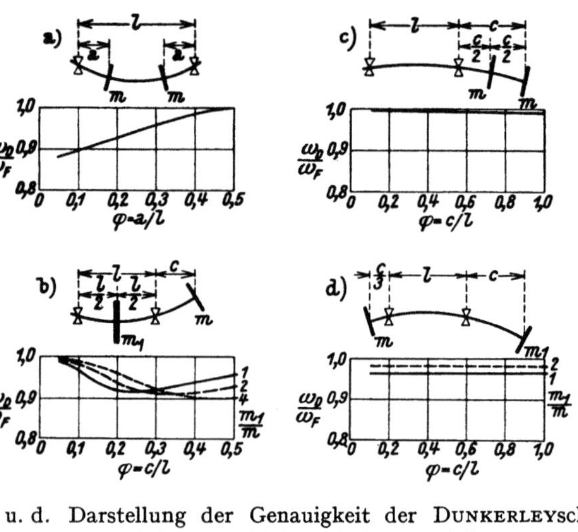

Abb. 61a, b, c u. d. Darstellung der Genauigkeit der DUNKERLEYschen Glg. (34) u. (34a) für verschiedene Belastungsfälle.

Für die endseitig gelagerte Welle Abb. 61a wird der Fehler um so geringer, je weiter die Massen von den Lagern entfernt sind. Bei den hochtourigen Maschinen, wie z. B. Dampfturbinen, Turbokompressoren und Kreiselpumpen ist zwischen dem Lager und der ersten bzw. letzten Radscheibe die Stopfbüchse mit dem notwendigen freien Zwischenraum angeordnet. Deshalb wird $a > l/4$ sein. Dann gibt die DUNKERLEYsche Beziehung die kritische Drehschnelle um max. 6 v. H. zu tief an. Sind im mittleren Teil mehrere Scheiben vorhanden, so wird der Fehler nicht mehr als 4 v. H. betragen. Gleiche Massen für beide Scheiben wurde angenommen, weil dies bei vielen Ausführungen praktisch vorkommt. Nach Abb. 40 kann bei dieser Scheibenlage ($a > l/4$, $\varphi > 0{,}25$) und kleinen Werten von $\varkappa = k/l$ der Einfluß der Kreiselwirkung vernachlässigt werden. Mit $\varphi = 0{,}5$ geht die Glg. (34a) in die Glg. (23a) für den Einzelbelastungsfall über ($m_1 = 2\,m$), wodurch sich $\omega_D/\omega_F = 1$ ergibt. Legt man bei der endseitig gelagerten Welle für die Bestimmung von ω_{kr} als mittleren Fehler — 4 v. H. zugrunde, so wird der Ausdruck (34a)

$$\omega_{kr}^2 \approx 1{,}08 \frac{g}{\Sigma f_s}. \tag{34b}$$

Anderseits ist für die üblichen Läufer entsprechend Glg. (12)

$$\omega_{kr}^2 = 1{,}08 \frac{g}{f_{\max}}. \tag{12a}$$

Für diese kann daher die größte Durchbiegung der Welle in erster Näherung zu

$$f_{\max} \approx \Sigma f_s$$

gesetzt werden.

Die Anordnung nach Abb. 61b ist eine Normalkonstruktion im Maschinenbau, wobei die fliegende Masse die Kupplung und die zwischen den Lagern befindliche Masse die Radscheiben vorstellt. Da die Masse der Radscheiben vielfach größer ist als die Kupplungsmasse, so wurde erstere durch eine gleichwertige Masse $m_1 = m$, $2m$ und $4m$ ersetzt. Bei ausgeführten Maschinen ist der Verhältniswert $c/l < 0{,}25$. Dann zeigt die Abb. 61b, daß mit größer werdender Radscheibenmasse die Genauigkeit der Glg. (34a) größer wird.

Für die einseitig und zweiseitig fliegende Anordnung nach den Abb. 61c und d wird die kritische Drehschnelle um zirka 1 bis 3 v. H. zu tief errechnet.

Andere Belastungsfälle für den Vergleich sind glatte, nur durch ihre Eigenmasse belastete Wellen. Für eine nach Abb. 53 endseitig kugelig gelagerte, glatte Welle ergibt sich die Durchbiegung in irgendeinem Punkt in der Entfernung x vom Auflager durch die Belastung $\mu\,dx$ entsprechend Glg. (23) zu

$$f_s = \frac{g\,\mu\,dx}{3\,EJ} \, \frac{x^2\,(l-x)^2}{l}$$

und die Summe Σf_s geht in diesem Fall[1] in das Integral

$$\Sigma f_s = \int_0^l \frac{g\,\mu}{3\,EJ} \, \frac{x^2\,(l-x)^2}{l} \, dx = \frac{\mu\,g\,l^4}{90\,EJ}$$

über. Mit (34a) wird dann

$$\omega_D^2 = 90 \, \frac{EJ}{\mu\,l^4}.$$

Nach den Ergebnissen des Abschnittes II ist die genaue Lösung

$$\omega_{kr}^2 = 97{,}409 \, \frac{EJ}{\mu\,l^4}.$$

Daher wird

$$\frac{\omega_D}{\omega_{kr}} = 0{,}961.$$

[1] Übergang von Einzelmassen zu linearer Massenbelegung; μ = Masse der Längeneinheit.

Zusammenstellend erhält man für die Belastungsfälle nach

	Abb. 52	53	54	55
$\frac{\omega_D}{\omega_{kr}} =$	0,985	0,961	0,939	0,916

Für die glatte, beidseitig kugelig gestützte Welle ist die Minderangabe 4 v. H. Den geringsten Fehler (1,5 v. H.) besitzt die einseitig eingespannte, endseitig freihängende Welle.

Zusammenfassung. Die DUNKERLEYsche Gleichung kann also zur Bestimmung der kritischen Drehzahl für solche Belastungsfälle (ähnlich den Abb. 61a, b, c und d) dienen, bei denen die Genauigkeit des Verfahrens durch Vergleich mit dem Eigenwert bekannt ist. Neben besonderer Einfachheit zeichnet sie sich durch den kurzen, zur Lösung benötigten Zeitaufwand aus. Sie wird dort anzuwenden sein, wo die Betriebsdrehzahl nicht allzu nahe an die kritische Drehzahl gelegt wird und wenn Längskräfte sowie Kreiselmomente fehlen. Auch in den zuletzt genannten Fällen wird sie zu einer ersten Festlegung der Wellenabmessungen mit Vorteil herangezogen, um als Ausgangspunkt für die später angeführten genaueren Methoden zu dienen.

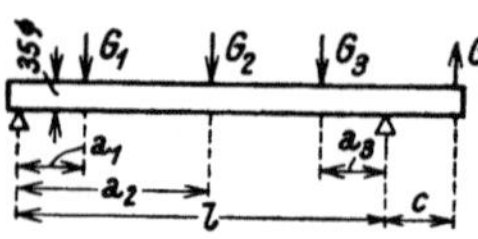

Abb. 62. Mehrfach belastete Welle; zu Beispiel 3.

$a_1 = a_3 = 9$ cm, $a_2 = 26$ cm, $l = 52$ cm, $c = 8$ cm.

Beispiel 3.

Es soll die erste kritische Drehzahl eines in Kugellagern gestützten Läufers nach Abb. 62 ermittelt werden. Die Welle wird durch ein Scheibengewicht von 19 kg und durch das Gewicht einer elastischen Kupplungshälfte belastet. Das Wellengewicht wird in Einzellasten aufgeteilt, die teilweise zu den Gewichten geschlagen, bzw. gesondert eingeführt sind. Unter Zuhilfenahme von Glg. (22) und (23) oder des Nomogramms auf S. 65 erhält man mit einem Wellendurchmesser von $d = 3{,}5$ cm und $E = 2{,}1\ 10^6$ kg/cm² für den verwendeten S.-M. Stahl nach Tabelle 1/3 ein $\Sigma f_s = 0{,}00618$ cm, da alle Auslenkungen mit ihrem Absolutbetrag einzusetzen sind.

Tabelle 1/3.[1]

Rechenschema zur Bestimmung der Auslenkungen.

Last Nr.	G kg	m kg cm⁻¹ sek²	a/l	c/l	G/d kg/cm	l/d	f_s cm
1	1,36	0,00139	0,173	—	0,389	14,85	0,000845
2	20,2	0,0206	0,500	—	5,87	14,85	0,00383
3	1,36	0,00139	0,173	—	0,389	14,85	0,000845
4	8	0,00815	—	0,154	2,28	14,85	0,000663
							$\Sigma f_s = 0{,}00618$

[1] In der Tabellennumerierung ist die erste Zahl die Nummer der Tabelle des Beispieles, die zweite Zahl die Nummer des Beispieles.

Nach Glg. (34b), die nach Abb. 61b auch für dieses Beispiel Gültigkeit besitzt, wird

$$\omega_{kr} \approx 1{,}04 \left(\frac{g}{\Sigma f_s}\right)^{1/2} = 415/\text{sek}.$$

Die kritische Drehzahl ist

$$n_{kr} = \frac{30\,\omega_{kr}}{\pi} = 3965\ \text{U/min}.$$

Aus der Gegenüberstellung dieses Wertes mit dem Ergebnis von Beispiel 1 ist ersichtlich, daß die Kupplungs- und Wellenmasse einen merklichen Einfluß auf ω_{kr} hat. Die Betriebsdrehzahl des Läufers $n = 2900$ U/min. Das Verhältnis

$$\frac{n_{kr}}{n} = \frac{3965}{2900} = 1{,}37$$

ist nach Abschnitt X reichlich bemessen.

3. Mittelwertverfahren zur Bestimmung der ersten kritischen Drehzahl.

a) Das Verfahren von A. STODOLA.

Anwendung: Für zweifach gelagerte Wellen mit mehreren Massen zwischen den Lagern und mit nur einer fliegenden Masse am Antriebsstummel.

Genauigkeit: Die Lösung kann durch Wiederholung des Verfahrens unter Verwendung der jeweils erhaltenen fliehkraftelastischen Linie der Eigenlösung bei außerordentlich schneller Konvergenz bis zur Zeichenschärfe angenähert werden. Der Vorteil dieses Verfahrens liegt besonders darin, daß zur Kontrolle die Annahme dem Ergebnis vergleichbar ist.

Verfahren: Masse allein. Für die Bestimmung der fliehkraftelastischen Auslenkung der Welle wird eine dem tatsächlich zu erwartenden Verlauf entsprechende Auslenkungslinie angenommen, die den Randbedingungen des betreffenden Lagerungsfalles genügen muß (z. B. gewichtselastische Linie, Sinusfunktionen u. dgl.). Mit den Ordinaten b_i dieser gewählten elastischen Linie unter den einzelnen Massen bestimmt man ihre Fliehkräfte

$$F_0 = m_i b_i \omega_0^2, \tag{a}$$

wobei die Hilfsdrehschnelle ω_0 zweckmäßig mit 10 oder 100/sek gewählt wird. Unter der Wirkung dieser Fliehkräfte wird nun graphisch nach MOHR die fliehkraftelastische Linie ermittelt (Abschn. VI). Dann hat die so erhaltene Auslenkung y_i unter der i-ten Masse, hervorgebracht durch die Masse aller n Scheiben nach Glg. (a) von III, 1 die Größe

$$y_i = \omega_0^2 \sum^{n} \alpha_{ik} m_k b_k. \tag{b}$$

Aus dem Ergebnis von I, 1, daß in der ersten kritischen Drehzahl bei zentrisch sitzenden Scheiben bei jeder Auslenkung Gleichgewicht zwischen der Fliehkraft und der elastischen Wellenkraft besteht und die Auslenkungen innerhalb des Geltungsbereiches des HOOKEschen Gesetzes linear mit den Fliehkräften wachsen, folgt bei Verhältnisgleichheit zwischen der angenommenen und der ermittelten Auslenkungslinie

$$\omega_{kr}^2 = \omega_0^2 \frac{b_h}{y_h}. \tag{39}$$

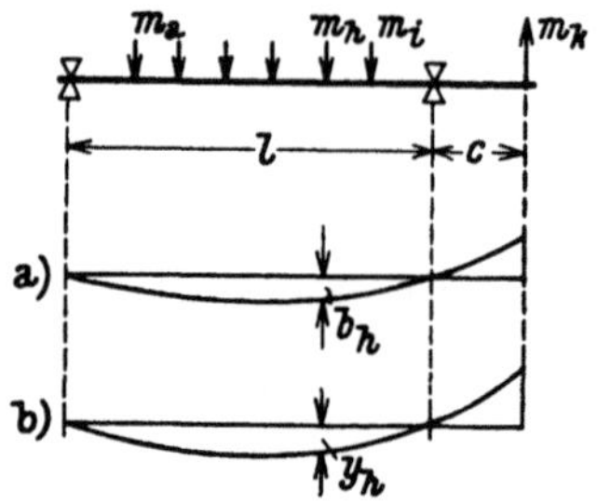

Abb. 63. Belastung einer kugelig gelagerten Welle durch mehrere Massen.

a) angenommene Wellenauslenkung, b) aus den Fliehkräften $F_0 = m_i\, b_i\, \omega_0^2$ ermittelte Wellenauslenkung.

Darin sind b_h und y_h die Auslenkungen der angenommenen, bzw. der fliehkraftelastischen Linie unter einer (h-ten) Masse (Abb. 63). Das Ergebnis ist nur dann genau, wenn das Verhältnis b/y unter allen Massen gleich ist. Dies ist bei einer einigermaßen gut geschätzten Ausgangslinie in befriedigendem Maße der Fall. Sind jedoch größere Abweichungen vorhanden, so ist die Rechnung unter Zugrundelegung der ermittelten fliehkraftelastischen Linie zu wiederholen. Das Verfahren konvergiert sehr rasch, so daß im allgemeinen nicht mehr als zwei Ermittlungen erforderlich sind. Dadurch ist eine Kontrolle und eine bis zur Zeichenschärfe zu steigernde Genauigkeit des Ergebnisses möglich.

Masse und Kreiselmoment. Soll die Kreiselwirkung starrer Scheiben im Gleichlauf berücksichtigt werden, so bestimmt man für jede Scheibe getrennt das Kreiselmoment nach Glg. (7):

$$K_{gli} = (q_i - 1)\, B_i \omega_0^2 \delta_i. \tag{7}$$

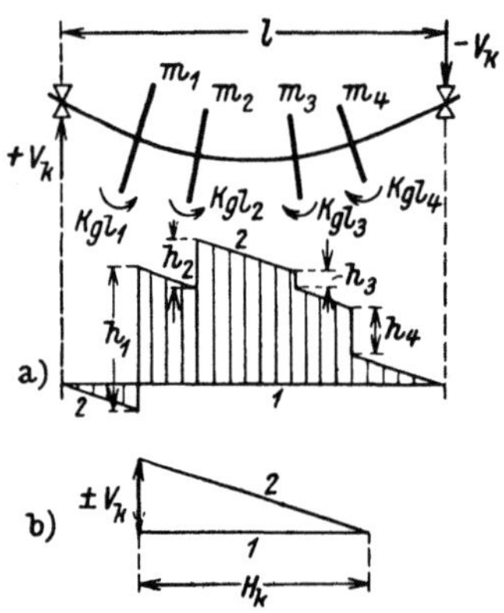

Abb. 64. Graphische Ermittlung der gesamten Kreiselmomentenfläche.

Darin ist δ_i der Bogen, welchen die Tangente an die angenommene Auslenkungslinie im Scheibenbefestigungspunkt mit der Lagerverbindungsgeraden einschließt. Kann $\sin\delta \neq \delta$ gesetzt werden, so ist in (7) statt δ die Funktion $\sin\delta$ einzuführen. Nach Abb. 12 werden in den Lagern durch ein Kreiselmoment Auflagerkräfte $+K_{gl}/l$ bzw. $-K_{gl}/l$ hervorgerufen, deren Beträge gleich groß sind, jedoch entgegengesetzte Richtung haben. Durch diese ist der Verlauf des Kreiselmomentes längs l mit $\pm K_{gl}\, x/l$ gegeben; x ist von beiden Auflagern zu zählen, umfaßt also die Bereiche $x = 0$ bis a, bzw. $x = 0$ bis $l - a$. Sind mehrere Kreiselmomente vorhanden, so könnte man die Kreiselmomentflächen der Scheiben einzeln entwerfen (unter Berücksichtigung, daß im Gleichlauf der größere Teil der Kreiselmomentenfläche negativ einzuführen ist, Abb. 12 und 39) und addieren. Einfacher ist es jedoch, wenn man die Lagerreaktionen $V_k = \Sigma K_{gl}/l$ durch alle Kreiselmomente ermittelt, welche für die Belastung nach Abb. 64 die Größe

$$V_k = \frac{\Sigma K_{gl}}{l} = \frac{\pm K_{gl1} \pm K_{gl2} \mp K_{gl3} \mp K_{gl4}}{l} \tag{c}$$

besitzen.[1] Trägt man sie in einen Kräfteplan ein (Abb. 64b) und wählt den Polabstand H_k zweckmäßig in gleicher Größe und mit demselben Kräftemaßstab bewertet wie im Fliehkraftplan, so hat die Ordinate des Kreiselmomentes im Maßstab der Zeichnung an der Scheibe den Betrag

$$h = \frac{K_{gl}}{i\,H_k}\,[\text{cm}],$$

wenn i den Verkleinerungsmaßstab der Längenabmessungen der Welle bedeutet. Aus diesem Kräfteplan ($\pm V_k$) überträgt man den Polstrahl 1 von Lager zu Lager, den Polstrahl 2 vom linken Lager bis zur Scheibe m_1. An dieser Stelle ändert sich die Ordinate der Kreiselmomentenfläche sprunghaft um den Betrag des Kreiselmomentes der ersten Scheibe

$$h_1 = \frac{K_{gl1}}{i\,H_k}\,[\text{cm}]$$

nach oben. Vom Endpunkt dieser Ordinate wird jetzt wieder eine Parallele zu 2 gezogen bis zur Scheibe m_2, dort die Ordinate

$$h_2 = \frac{K_{gl2}}{i\,H_k}\,[\text{cm}]$$

aufgetragen usw. Zwischen den Scheiben bleibt also die Begrenzungsgerade der Kreiselmomentenfläche immer zum Polstrahl 2 parallel, während an den Scheibenstellen die den K_{gl} entsprechenden Höhen h abgetragen werden. Trifft eine solche, zu 2 parallele Gerade auf eine Scheibe, die sich zwischen dem tiefsten Punkt der gewählten Auslenkungslinie und dem rechten Auflager befindet, so muß die Richtung der einzutragenden h_i an diesen Scheibenstellen umgekehrt werden (in Abb. 64a an den Scheiben m_3 und m_4). Die Parallele zu 2 vom Endpunkt der Ordinate h_n an der letzten Scheibenstelle muß die Lagersenkrechte im gleichen Punkte schneiden, durch den der Polstrahl 1 hindurchgeht. Sonderfall: Falls auf einer glatten, endseitig kugelig gelagerten Welle mit $2n$ senkrecht aufgekeilten, starren Scheiben je zwei Scheiben gleiches Massenträgheitsmoment besitzen und symmetrisch zu den Lagern angeordnet sind, so erzeugen die Kreiselmomente des Gleichlaufes keine Auflagerkräfte; die Kreiselmomentenfläche ist nur zwischen den Scheiben vorhanden und wird durch Parallele zur Grundlinie (Lagerverbindungsgerade) begrenzt.

Nun kann nach MOHR in gleicher Weise wie durch die Fliehkraftmomentenfläche die Auslenkung η_i durch die Kreiselmomente allein bestimmt werden (wobei bei abgesetzten Wellen ΣK_{gl} auf J_r zu reduzieren ist). Diese hat unter der h-ten Masse nach Glg. (c) von Abschnitt III, 1 die Größe ($i = h,\ k = 1,\ 2,\ \ldots,\ i,\ \ldots,\ n$)

$$\eta_h = \omega_0^2 \sum^{n} (q_k - 1)\, B_k \delta_k \beta_{ik} = \sum^{n} \beta_{ik}\, K_{glk}, \tag{d}$$

wenn β_{ik} die Auslenkung durch ein Einheitsmoment bezeichnet (S. 56). Die Beziehung für η_h stellt lediglich die analytische Form der graphisch

[1] Die oberen Vorzeichen gelten für die linke, die unteren Vorzeichen für die rechte Auflagerreaktion.

erhaltenen Auslenkung vor, wird also nicht zur Berechnung verwendet. Mit der fliehkraftelastischen Auslenkung y_h und der Auslenkung η_h durch das Kreiselmoment erhält man die kritische Gleichlaufdrehschnelle aus

$$\omega_{gl}^2 = \omega_0^2 \frac{b_h}{y_h - \eta_h}, \tag{39a}$$

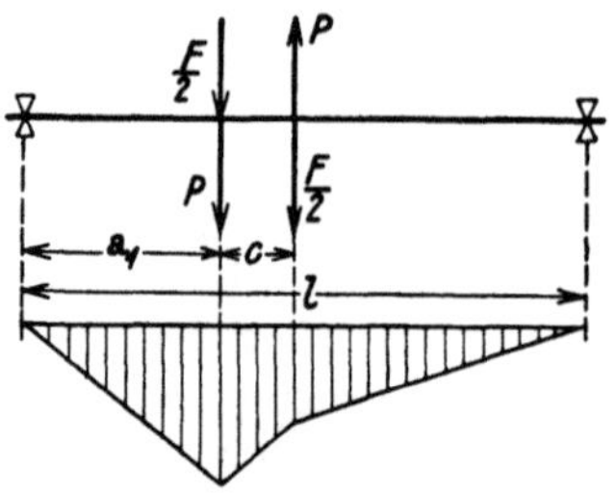

Abb. 65. Die Bestimmung des resultierenden Momentes aus den Fliehkräften und dem Ersatz-Kräftepaar des Kreiselmomentes für eine auf Tragringen sitzende Scheibe.

wenn das Verhältnis $b/(y - \eta)$ unter allen Massen gleich ist; sonst ist das Verfahren zu wiederholen. Es ist hier auf graphischem Wege der gleiche Berechnungsvorgang eingeschlagen wie im Abschnitt I, 2.

Einfacher ist es, wenn man, wie vorher angegeben, die Kreiselmomentenfläche ΣK_{gl} entwirft und die resultierende Momentenfläche

$$M_{res} = M + \Sigma K_{gl} \tag{e}$$

aus der Fliehkraft- und Kreiselmomentenfläche bildet (Abb. 39). Erst mit dieser wird nach Reduktion auf ein bestimmtes Querschnittsträgheitsmoment in bekannter Weise die Auslenkungslinie y graphisch ermittelt. Besteht Verhältnisgleichheit zwischen b und y, so erhält man aus Glg. (39)

$$\omega_{gl}^2 = \omega_0^2 \frac{b_h}{y_h}. \tag{39b}$$

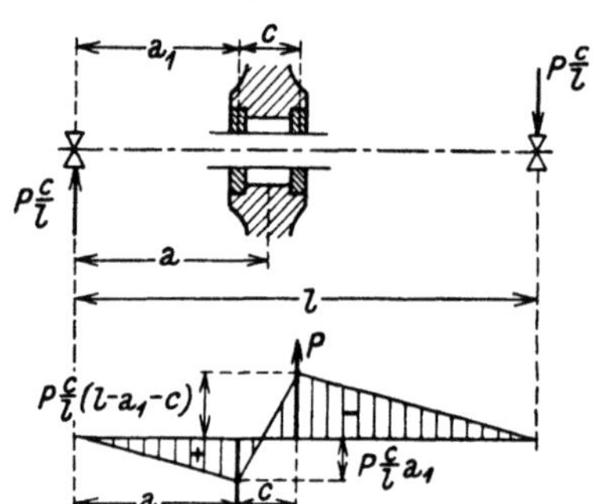

Abb. 66. Die Verteilung des Kreiselmomentes längs der Welle und Ersatz desselben durch ein Kräftepaar für eine auf Tragringen sitzende Scheibe ($a_1 < a$).

Die Räder von Dampfturbinen werden vielfach an den Nabenenden auf schmale Tragringe aufgesetzt, sind also im mittleren Nabenteil ohne Berührung mit der Welle. Das Kreiselmoment läßt sich daher bei diesen Ausführungen durch ein Kräftepaar ersetzen, dessen Hebelarm gleich ist der Mittelentfernung c der Tragringe voneinander. In diesen Fällen führt man die Kräfte des Kräftepaares $Pc = K_{gl}$ mit ihren Richtungen direkt in den Kräfteplan der Fliehkräfte ein und erhält ohne Zwischenrechnung die resultierende Momentenfläche (Abb. 65). Diese wird bei abgesetzten Wellen auf konstantes J_r reduziert. Wird jedoch der Verlauf der Kreiselmomentenfläche aufgezeichnet, so ergibt sich derselbe für eine Scheibe wie in Abb. 66 dargestellt. Aus dem Vergleich der Kreiselmomentenflächen der Abb. 12 und 66 geht hervor, daß durch die Tragringe die Kreiselwirkung der Scheibe auf die Welle vermindert wird.

M a s s e und L ä n g s k r a f t. Sind Längskräfte zu berücksichtigen, so ist zu unterscheiden, ob diese von außen her durch die Welle geleitet werden (Propellerschub) oder ob sie an den Radscheiben des Läufers beim

Umlauf entstehen. Im ersten Falle ergibt sich zur Fliehkraftmomentenfläche der Radscheiben noch die Momentenfläche durch die Längskraft, deren Ordinate in der Entfernung x vom Auflager die Größe

$$M_Z = -Zb \quad \text{oder} \quad M_D = +Db,$$

unter der Fliehkraft F die Größe

$$M_Z = -Zb_1 \quad \text{oder} \quad M_D = +Db_1$$

besitzt, wie in Abb. 19 dargestellt ist (für y ist b gesetzt). Auflagerreaktionen treten durch diese Längskraft nicht auf. Die Vorzeichen gelten unter der Voraussetzung, daß die Fliehkraftmomentenfläche positiv gerechnet wird.

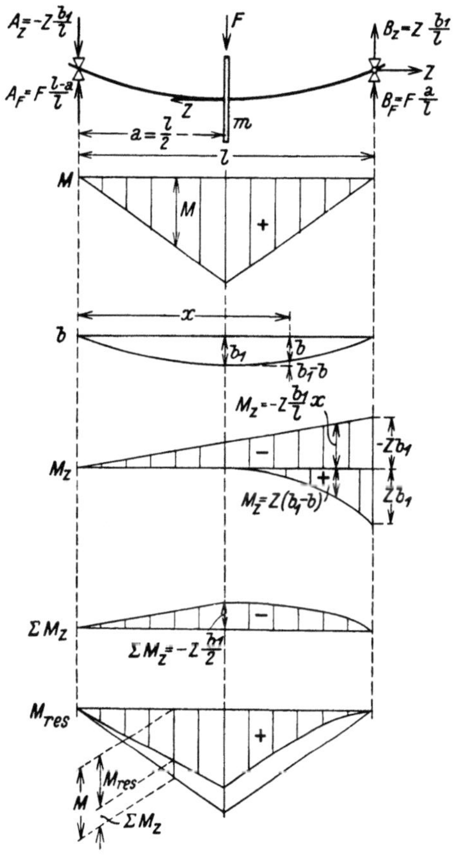

Abb. 67. Ermittlung des resultierenden Momentes von Flieh- und Zugkraft beim gleichzeitigen Auftreten beider an der Scheibe.

Entstehen die Längskräfte als hydraulische Kräfte an den einzelnen Radscheiben, so ist der Verlauf des Momentes $\Sigma M_{Z,D}$ für eine Zugkraft (—) oder Druckkraft (+) der Abb. 67 zu entnehmen. Die Längskraftmomentenfläche ist dann die Summe aus dem Moment der vorhandenen Auflagerreaktionen (Zb_1/l), vermindert um das Moment der Zugkraft. Im Felde $x = 0$ bis $x = a$ ist

$$\Sigma M_Z = -\frac{Zb_1}{l}\,x, \qquad \text{(f)}$$

im Felde $x = a$ bis $x = l$ ist

$$\Sigma M_Z = -\frac{Zb_1}{l}\,x + Z\,(b_1 - b). \qquad \text{(g)}$$

Sie besteht daher aus einem linear bis zu $x = a$ mit x ansteigenden und für $x > a$ einem proportional zu b fallenden Ast. Da kugelige Lagerung angenommen wurde, sind Einspannmomente nicht vorhanden. Für die Druckkraftmomentenfläche gelten die entgegengesetzten Vorzeichen.

Während nach Abb. 19 bei durchlaufender Längskraft das maximale Längskraftmoment für $a = l/2$ die Größe $M_Z = -Zb_1$ besitzt, ist beim Entstehen der Längskraft an der Scheibe für $a = l/2$ das größte Moment nur $M_Z = -Zb_1/2$. Für eine Druckkraft gilt der gleiche Momentenverlauf, jedoch im positiven (zur Fliehkraftmomentenfläche additiven) Sinne. Das resultierende Moment folgt dann durch Überlagerung zu

$$M_{res} = M + \Sigma M_{Z,D}, \tag{h}$$

wie in Abb. 67 entwickelt ist. Treten Längskräfte an mehreren Scheiben auf, so sind die einzelnen ΣM-Flächen zu addieren.

Mit der resultierenden und bei abgesetzten Wellen reduzierten Momentenfläche wird, wie vorstehend beschrieben, die Auslenkung und nach Glg. (39) die kritische Drehschnelle ermittelt. Sind größere Abweichungen beim Vergleich der ermittelten zur angenommenen Auslenkungslinie vorhanden, so ist die Rechnung sinngemäß zu wiederholen.

In den Abb. 19 und 67 ist die Längskraft parallel zur Lagerverbindungsgeraden angenommen. Dies trifft nun bei Anordnungen nach Abb. 67 nicht durchwegs zu, da die hydraulischen Drücke, die sich zur Längskraft addieren, im allgemeinen senkrecht zur Scheibenmittelebene stehen. Der Fehler, den man jedoch durch diese Vereinfachung begeht, liegt weit innerhalb der Genauigkeit, mit der die Größe der Längskraft erfaßt werden kann. Auch ist sie vielfach von Belastungsschwankungen abhängig. Für praktische Rechnungen wird man daher (auch wegen der kleinen Wellenauslenkungen) meist die obige Annahme zugrunde legen.

Masse und Querkraft. Bei kurzen oder schwer belasteten Wellen ist auch die zusätzliche Auslenkung y_q durch die Querkräfte nach der MOHRschen Methode zu untersuchen (Abschn. VI, S. 140). Die kritische Drehschnelle wird dann

$$\omega_{kr}^2 = \omega_0^2 \frac{b_h}{y_h - y_{qh}}. \tag{39 c}$$

Zusammenfassung. Die einzeln geschilderten Einflüsse können auch gleichzeitig auftreten. Es besteht dann keine Schwierigkeit, die kritische Drehschnelle nach dem Vorstehenden zu ermitteln. Der versteifende Einfluß von Naben, höhere Wellentemperatur u. dgl. ist nach den Abschnitten VII und XII zu berücksichtigen. Das geschilderte Verfahren ist auf die zweifach endseitig gelagerte Welle mit Erfolg anwendbar, wenn sich am überhängenden Antriebsstummel nur wenige Massen (z. B. die Kupplung) befinden. Für einseitig oder beidseitig überhängende Wellen mit vielen Massen besteht i. allg. keine Konvergenz; hierfür sind die unter b) und d) angeführten Verfahren heranzuziehen.

Beispiel 4.

Für einen nach Abb. 68 zweifach kugelig einstellbar gelagerten Läufer soll die kritische Drehzahl bestimmt werden. Das Wellengewicht ist in Einzellasten aufgeteilt, die zu den Scheibengewichten geschlagen, bzw. gesondert eingeführt sind. Am fliegenden Antriebsende ist eine elastische Kupplungshälfte aufgekeilt. Damit ergeben sich die in der Abb. 68 und in der Tabelle 1/4 eingetragenen 12 Lasten.

Maßstäbe	Zeichnung		Wirklichkeit
Längen	1 cm	=	10 cm
Angenommene Auslenkung	1 cm	=	1 cm
Kräfte..	1 cm	=	10 kg

Tabelle 1/4.

$E = 2{,}1\ 10^6$ kg/cm², $J_r = 322$ cm⁴, $\omega_0 = 10$/sek.

Last Nr.	G kg	m kg cm⁻¹ sek²	J cm⁴	b cm	F_0 kg	y cm	b/y	Abweichung von b/y_{mittel} in v. H.
1	12	0,0122	201	1,42	1,73	0,00675	210,5	+0,5
2	42	0,0429	322	2,14	9,2	0,0103	208	—0,7
3	42	0,0429	322	2,35	10,1	0,0114	206	—1,6
4	50	0,051	322	2,52	12,85	0,0122	206,3	—1,5
5	52	0,053	322	2,63	13,9	0,0127	207	—1,2
6	63	0,0642	322	2,65	17	0,0128	207	—1,2
7	60	0,0612	322	2,6	15,9	0,0124	209,2	0
8	60	0,0612	322	2,47	15,1	0,0118	209,2	0
9	65	0,0662	322	2,27	15,1	0,0108	210	0
10	70	0,0714	322	2	14,3	0,00945	212	+1
11	10	0,0102	201	1,35	1,4	0,0063	214	+2
12	40	0,0408	87,6	—1,55	6,3	—0,0072	215	+2,5
							$b/y_{\text{mittel}} = \frac{2514}{12} = 209{,}5$	

Horizontalzug H_1	10 cm =	100 kg
Momentenordinaten (10 H_1)	1 cm =	1000 cmkg
Momentenfläche ($Mi\Delta x$)	1 cm² =	10000 cm²kg
Momentenflächenbelastung	1 cm =	20000 cm²kg
Horizontalzug H_2............................	17,42 cm =	348500 cm²kg
Fliehkraftelastische Auslenkung y	1 cm =	0,005 cm

Angenommen ist die statische Auslenkungslinie mit den Beträgen b nach Tabelle 1/4. Die Fliehkräfte $F_0 = m\, b\, \omega_0^2$, mit der Hilfsdrehschnelle $\omega_0 = 10$/sek errechnet, sind in einen Fliehkraftplan eingetragen, dessen Horizontalzug H_1 = 100 kg = 10 cm gewählt wird.[1] Die damit gebildete Momentenfläche wird auf das konstante Querschnittsträgheitsmoment $J_r = 322$ cm⁴ bezogen. Das Moment M

[1] Die Belastungspläne sind nur im Beispiel 14 gezeichnet; in den übrigen Beispielen sind nur die Maßstäbe angeführt. Die Abbildungen zu allen Beispielen sind gegenüber den Originalzeichnungen im Maßstab 1 : 2 verkleinert.

in jedem Punkte der Wellenachse ist nach den Beziehungen des Abschnittes VI, 1 zu bestimmen. Dort ist auch die graphische Ermittlung der Auslenkungslinie eingehend beschrieben. Die reduzierte Momentenfläche wird nach MOHR als Belastung angenommen und die fliehkraftelastische Auslenkung ermittelt.

In der Tabelle 2/4 sind die aus der Zeichnung entnommenen Momententeilbelastungsflächen eingetragen, die dem Momentenflächenbelastungsplan zugrunde gelegt sind. Die fliehkraftelastische Auslenkung soll $p = 200$ fach vergrößert erhalten werden. Nach Glg. (69) wird der Horizontalzug $H_2 = E J_r / i p$. $= 348500$ cm²kg $= 17{,}42$ cm, wenn der Maßstab der Momentenflächenbelastung berücksichtigt wird. Damit ist die fliehkraftelastische Auslenkung unter jeder Masse bekannt. Zur Überprüfung der Güte der Lösung wird das Verhältnis b/y

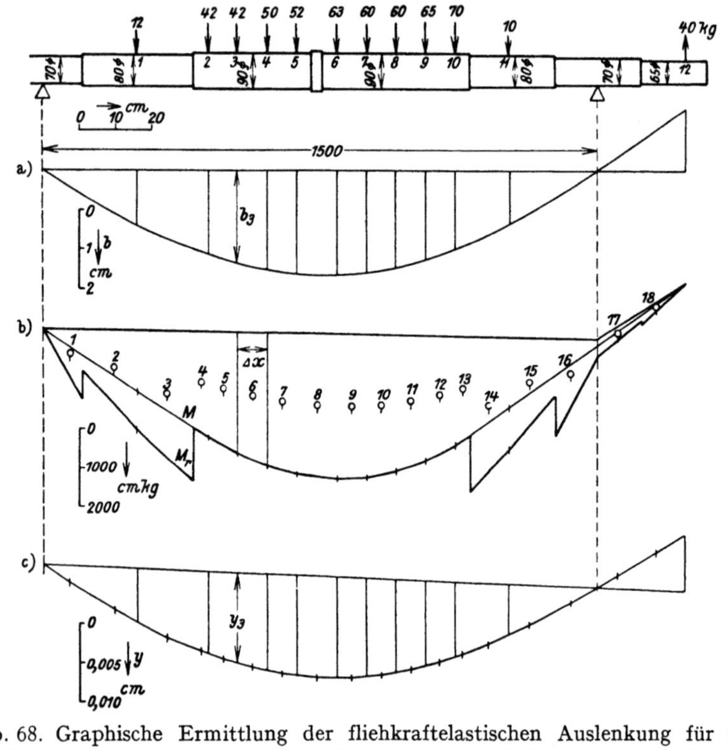

Abb. 68. Graphische Ermittlung der fliehkraftelastischen Auslenkung für einen kugelig gelagerten Läufer; zu Beispiel 4 nach dem Verfahren von A. STODOLA.

und die Abweichung der einzelnen Werte vom Mittelwert b/y_{mittel} berechnet (vorletzte und letzte Spalte der Tabelle 1/4). Daraus ist ersichtlich, daß die größte Abweichung vom Mittelwert mit 2,5 v. H. am überhängenden Ende vorhanden ist.

Die Beträge der Ausgangslinie wurden am überhängenden Ende zu groß, in der Nähe des endseitigen Lagers etwas zu klein angenommen. Die Abweichungen sind aber verhältnismäßig klein, so daß sich nach Glg. (39) die kritische Drehschnelle zu

$$\omega_{kr} = 10\,(209{,}5)^{1/2} = 144{,}5/\text{sek}$$

und

$$n_{kr} = 1380 \text{ U/min}$$

errechnet. Wollte man die Übereinstimmung von b/y für alle Lastpunkte verbessern, so müßte die erhaltene fliehkraftelastische Linie einem neuen Rechnungsgang zugrundegelegt werden. Infolge der Kleinheit der Abweichungen vom Mittelwert wird jedoch das neue Ergebnis nicht wesentlich von der obigen Lösung abweichen. Deshalb und aus dem Grunde, weil auch keine neuen Gesichtspunkte bei der Wiederholung auftreten, ist hier darauf verzichtet.

Die erhaltene kritische Drehzahl ist sehr niedrig. Nach Glg. (12) und Abb. 14 ist eine größte statische Durchbiegung von zirka 0,05 cm zu erwarten. Für einen praktischen Anwendungsfall müßte untersucht werden, ob diese große Durchbiegung noch zulässig ist oder ob eine wesentliche Vergrößerung des Wellenquerschnittes vorgenommen werden soll.

b) Das Verfahren von v. Borowicz.

Anwendung: Für Wellen mit überhängenden, mehrfach belasteten Enden.

Genauigkeit: Durch Einführung eines Beiwertes zur gewichtselastischen Linie, die ihrerseits zur Ermittlung der fliehkraftelastischen Auslenkung dient, wird schon im ersten Rechnungsschritt praktisch ausreichende Genauigkeit erzielt.

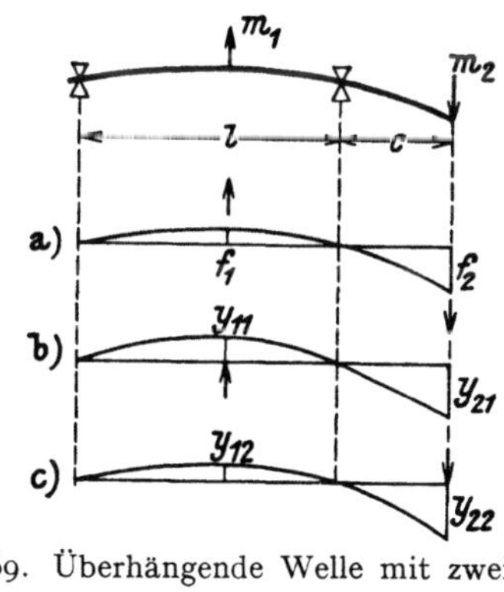

Abb. 69. Überhängende Welle mit zwei Massen.

Verfahren: v. Borowicz hat das Verfahren von A. Stodola auch auf Wellen mit überhängenden Enden sowie mit mehrfacher Lagerung übertragen. Zur Ermittlung der fliehkraftelastischen Linie wird die gewichtselastische Auslenkung herangezogen. Allgemein wird für die Belastung nach Abb. 69 die statische Aus-

[1] i = Verkleinerungsmaßstab der Längsabmessungen der Welle (Abschnitt VI, 1).

Tabelle 2/4.

Nr.	1	2	3	4	5	6	7	8	9
ΔF cm²	1,025	2,63	4,7	1	2,25	2,54	2,74	3,94	2,9
$M_r\, i\, \Delta x$[1] cm² kg	10250	26300	47000	10000	22500	25400	27400	39400	29000

Nr.	10	11	12	13	14	15	16	17	18
ΔF cm²	2,81	2,62	2,33	1,03	3,5	2,61	1,55	0,366	0,18
$M_r\, i\, \Delta x$[1] cm² kg	28100	26200	23300	10300	35000	26100	15500	3660	1800

lenkungslinie a) ermittelt, welche den sich in ihrer Wirkung unterstützenden Massen m_1 und m_2 entspricht.[1] Mit diesen Auslenkungen f_1 und f_2 werden in gleicher Weise zwei fliehkraftelastische Linien b) und c) ermittelt, wenn an Stelle der Massen $m_1 = G_1/g$ und $m_2 = G_2/g$ die Fliehkräfte

$$F_1 = \frac{G_1}{g} f_1 \omega_0^2$$

und

$$F_2 = \frac{G_2}{g} f_2 \omega_0^2$$

je für sich allein wirkend gedacht werden. Die Hilfsdrehschnelle ω_0 wird zweckmäßig mit 10 oder 100/sek angenommen.

Die gesamte fliehkraftelastische Auslenkung ergibt sich aus der Summe der Einzelauslenkungen von b) und c) zu

$$y_1 = y_{11} + y_{12},$$
$$y_2 = y_{21} + y_{22}.$$

Entsprechend der Beziehung (39) würde für die kritische Drehschnelle

$$\omega_{kr}^2 = \omega_0^2 \frac{f_1}{y_1} = \omega_0^2 \frac{f_2}{y_2} \tag{a}$$

zu setzen sein, wenn die Ausdrücke rechts von ω_{kr}^2 gleich groß wären. Dies ist jedoch im allgemeinen nicht zutreffend. Wird zur gewünschten Übereinstimmung f_2 in (a) mit dem vorerst noch unbekannten Beiwert λ vervielfacht, so ändern sich damit die fliehkraftelastischen Auslenkungen y_{12} und y_{22}, hervorgerufen durch F_2, im gleichen Verhältnis, weil diese Fliehkraft jetzt die Größe $F_2 = \lambda (f_2 \omega_0^2 G_2/g)$ besitzt und die Auslenkungen den Fliehkräften linear sind. Aus diesem Grunde sind die fliehkraftelastischen Auslenkungslinien b) und c) der Abb. 69 getrennt zu entwickeln. Die in die Glg. (39) einzusetzenden fliehkraftelastischen Auslenkungen sind jetzt

$$\left.\begin{aligned} y_1 &= y_{11} + \lambda y_{12}, \\ y_2 &= y_{21} + \lambda y_{22}, \end{aligned}\right\} \tag{b}$$

woraus entsprechend Glg. (39)

$$\omega_{kr}^2 = \omega_0^2 \frac{f_1}{y_{11} + \lambda y_{12}} = \omega_0^2 \frac{\lambda f_2}{y_{21} + \lambda y_{22}} \tag{40}$$

folgt. Der Beiwert λ ergibt sich aus

$$\frac{f_1}{y_{11} + \lambda y_{12}} = \frac{\lambda f_2}{y_{21} + \lambda y_{22}}$$

zu

$$\lambda_{I,II} = \frac{-b \pm \sqrt{b^2 + 4ac}}{2a}. \tag{41}$$

Darin bestehen die Festwerte a, b und c aus den graphisch bestimmten statischen und dynamischen Auslenkungen nach Abb. 69[2] zu

---

[1] Mit Berücksichtigung der Lastrichtungen nach dem Überschreiten der Auflager.

[2] In der gleichen Richtung liegende f_k und y_{ik} erhalten gleiche Vorzeichen; z. B. bei einer Welle mit einem überhängenden Ende die zwischen den Lagern be-

$$a = f_2 y_{12},$$
$$b = f_2 y_{11} - f_1 y_{22}, \qquad (41a)$$
$$c = f_1 y_{21}.$$

Von den beiden reellen Wurzeln für λ ist zur Bestimmung der ersten kritischen Drehschnelle nur der positive Wert von (41) wichtig, weil er die größte Auslenkung und das kleinste ω_{kr} ergibt.

Soll auch die Kreiselwirkung der Scheiben berücksichtigt werden, so ist jede fliehkraftelastische Linie (Abb. 69b und c) unter der gleichzeitigen Wirkung der Fliehkräfte der Massen und ihrer Kreiselmomente zu entwerfen, was nach einem der angegebenen Verfahren von Abschnitt III, 3a geschehen kann. Mit diesen y_{ik}, die dann bereits die Kreiselwirkung der Scheiben beinhalten, ist nach den Glgn. (41), (41a) und (40) der Beiwert λ und die kritische Drehschnelle zu ermitteln.

Die Güte der Lösung kann verbessert werden, wenn man die erhaltenen fliehkraftelastischen Auslenkungen $y_k = y_{ik} + \lambda y_{kk}$ nach (b) einem neuen Rechnungsschritt zugrundelegt. Im allgemeinen ist dies jedoch nicht erforderlich. Mit dieser Methode kann auch die kritische Drehschnelle einer endseitig gelagerten Welle berechnet werden; dann ist es nur notwendig, die einzuführenden Fliehkräfte der Massen zu zwei Kraftgruppen zusammenzuziehen, was für die Bestimmung der ersten kritischen Drehschnelle willkürlich geschehen kann, weil alle Massen sich unterstützen. Bei Wellen mit überhängendem Ende und mehrfacher Belastung sind die zwischen den Lagern angreifenden Massen zur ersten, die am überhängenden Ende befindlichen Massen zur zweiten Kraftgruppe zu zählen. Im übrigen ist die Rechnung wie im Beispiel der Abb. 69 vorzunehmen; an Stelle einer Masse tritt die Kraftgruppe. Zur Bestimmung des Beiwertes λ ist eine beliebige Auslenkung ($>$ 0) innerhalb jeder Kraftgruppe zu wählen und in diesen Ebenen auch die y_{ik} zu entnehmen.

Zusammenfassung. Das geschilderte Verfahren erweitert die STODOLAsche Methode auf überhängende und mehrfach gelagerte Wellen. Infolge der graphischen Ermittlung von drei elastischen Linien ist der Zeitaufwand größer, doch ist i. allg. das Ergebnis dem Eigenwert bereits so angenähert, daß eine Wiederholung überflüssig wird.[1]

Beispiel 5.

Von dem in Abb. 70 dargestellten Läufer soll die kritische Drehzahl bestimmt werden. Die Stahlwelle ist auf der linken Seite in einem starren Kamm- und Gleitlager gehalten, am antriebsseitigen Ende kugelig einstellbar gelagert. Zwischen den Lagern sind neun Massen, am fliegenden Ende eine Masse vorhanden. Durch

findlichen f_k und y_{ik} positives, die am überhängenden Ende befindlichen negatives Vorzeichen.

[1] Nach einer freundlichen Mitteilung von Herrn Prof. Dr.-Ing. Dr. R. GRAMMEL hat es sich inzwischen herausgestellt, daß das Verfahren von v. BOROWICZ bei der Bestimmung der kritischen Drehschnelle zweiter Ordnung divergent ist; in Abschnitt IV wurden daher nur solche Verfahren aufgenommen, deren Konvergenz einwandfrei feststeht.

die einseitige Einspannung ist das System einfach statisch unbestimmt. Für die Ermittlung der statischen und dynamischen Auslenkungen ist daher nach Abschnitt VI, 2 zu verfahren. Danach teilt sich die Aufgabe in die Bestimmung der Auslenkung bei kugeliger Lagerung und in die Bestimmung der Auslenkung durch ein angenommenes Einspannmoment. Durch geeignete Überlagerung der so erhaltenen Auslenkungen erhält man die resultierende Auslenkungslinie.

a) Ermittlung der statischen Auslenkungslinie.

Zuerst wird die statische Auslenkungslinie für kugelige Lagerung unter der Wirkung aller Massen ermittelt, wobei die Richtung der Masse am fliegenden Antriebsende nach Abb. 43 eingeführt wird.

Tabelle 1/5.

$J_r = 322$ cm^4, $E = 2{,}1 \; 10^6$ kg/cm^2.

Last Nr.	G kg	m kg cm^{-1} sek^2	J cm^4	f_{11} cm	f_{22} cm	h_{11} cm	h_{22} cm	$\varphi\, h_{11}$ cm	$\varphi\, h_{22}$ cm	f_1 cm	f_2 cm
1	42	0,0429	322	0,043	—	—0,019	—	—0,0252	—	0,0178	—
2	42	0,0429	322	0,0472	—	—0,0196	—	—0,0259	—	0,0213	—
3	50	0,051	322	0,0504	—	—0,0196	—	—0,0259	—	0,0245	—
4	52	0,053	322	0,0528	—	—0,0192	—	—0,0254	—	0,0274	—
5	63	0,0642	322	0,053	—	—0,0183	—	—0,0242	—	0,0288	—
6	60	0,0612	322	0,052	—	—0,017	—	—0,0225	—	0,0295	—
7	60	0,0612	322	0,0495	—	—0,0156	—	—0,0206	—	0,0289	—
8	65	0,0663	322	0,0455	—	—0,0137	—	—0,0181	—	0,0274	—
9	70	0,0715	322	0,04	—	—0,0119	—	—0,0157	—	0,0243	—
10	40	0,0408	87,6	—	— 0,031	—	0,0076	—	0,01	—	—0,021

Maßstäbe	Zeichnung	Wirklichkeit
Längen	1 cm =	10 cm
Kräfte	1 cm =	50 kg
Horizontalzug H_1	10 cm =	500 kg
Momentenordinate	1 cm =	5000 cmkg
Momentenfläche	1 cm^2 =	50000 cm^{2}kg
Momentenflächenbelastung	1 cm =	100000 cm^{2}kg
Horizontalzug H_2	13,53 cm =	1353000 cm^{2}kg
Statische Auslenkung	1 cm =	0,02 cm

Damit erhält man die Auslenkungen f_{11} und f_{22} der Tabelle 1/5 für kugelige Lagerung.

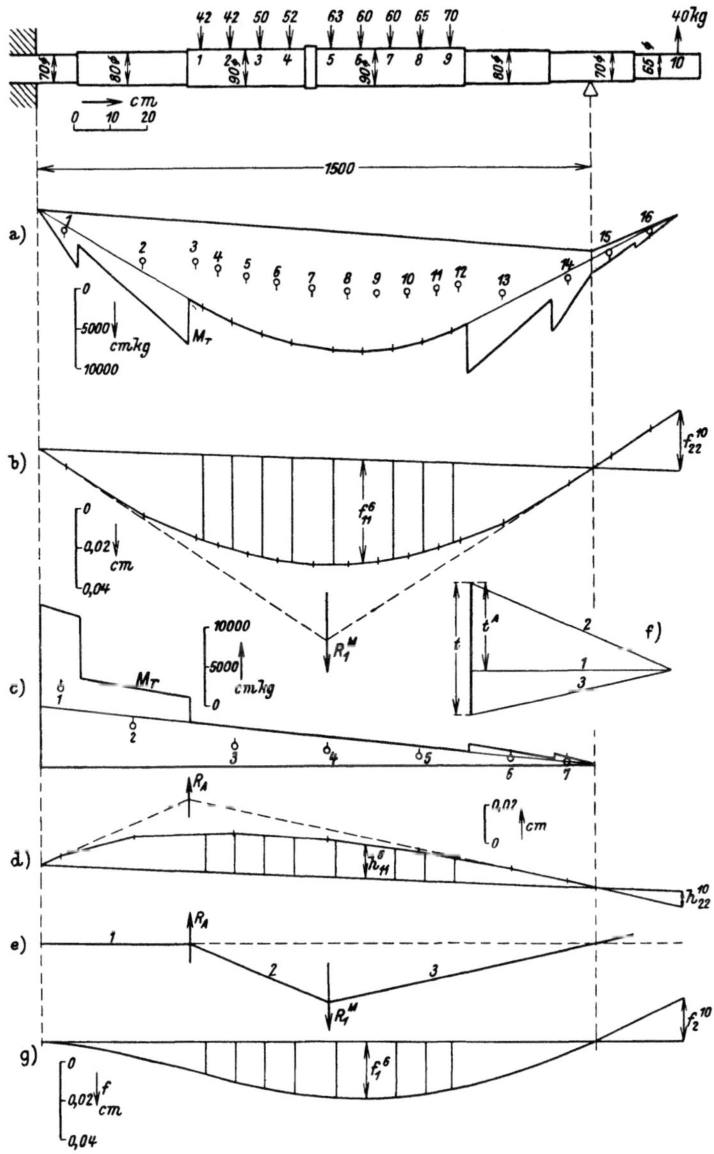

Abb. 70. Graphische Ermittlung der statischen Auslenkungslinie für einen einseitig eingespannten, im zweiten Lager kugelig gelagerten Läufer durch alle Massen; zu Beispiel 5 nach dem Verfahren von v. Borowicz.

Dann wird ein Einspannmoment von 7500 cmkg am linken Lager angenommen, das geradlinig zum rechten Lager abnimmt. Nach Reduktion auf $J_r = 322$ cm^4 und Unterteilung der Momentenfläche in Einzelflächen werden nach Mohr die Auslenkungen h_{11} und h_{22} ermittelt.

Tabelle 2/5. Momentenflächen für kugelige Lagerung; Abb. 70a.

Nr.	1	2	3	4	5	6	7	8	9	10	11	12	13	14	15	16
ΔF cm²	0,77	5,85	0,82	1,84	2,06	2,23	3,21	2,34	2,29	2,15	1,93	0,85	5,2	1,45	0,456	0,21
$M_r i \Delta x$ cm²kg	38500	292000	41000	92000	103000	111500	160500	117000	114500	107500	96500	42500	260000	72500	22800	10500
R^M cm²kg	$R_1^M = 1649000$ cm²kg														$R_2^M = 33300$ cm²kg	

Tabelle 3/5. Momentenflächen für das Einspannmoment; Abb. 70c.

Nr.	1	2	3	4	5	6	7
ΔF cm²	4,35	5,92	2,4	1,775	1,15	0,86	0,165
$M_r i \Delta x$ cm²kg	217500	296000	120000	88700	57500	43000	8250
R_A	$R_A = 830950$ cm²kg						

Die Maßstäbe sind die gleichen wie vorher angegeben.

Mit den Resultierenden R_1^M und R_A der Momentenflächen zwischen den Lagern läßt sich die wahre Größe der Auslenkungsverminderung durch das Einspannmoment nach Glg. (72) ermitteln. Die Lage der Momentenflächenresultierenden ist durch die Tangenten an die Auslenkungslinie in den beiden Lagern gegeben. Durch einen angenommenen Seilzug zwischen den Lagern und diesen Resultierenden gemäß Abschnitt VI, 2 erhält man nach dem Zeichnen des zugehörigen Kräfteplans (Abb. 70f) mit den zeichnerischen Werten $t^A = 2{,}2$ cm, $t = 3{,}3$ cm aus Glg. (72) den Berichtigungsbeiwert

$$\varphi = \frac{t^A}{t} \frac{R_1^M}{R_A} = \frac{2{,}2}{3{,}3} \frac{1\,649\,000}{830\,950} = 1{,}325.$$

Werden die Auslenkungen h_{ik} mit diesem Beiwert vervielfacht, so erhält man mit Glg. (73a und b)

$$f_1 = |f_{11}| - \varphi\, |h_{11}|,$$

$$f_2 = -\,|f_{21}| + \varphi\, |h_{22}|$$

die statischen Auslenkungen, die in der Abb. 70g und in der Tabelle 1/5 eingetragen sind.

b) Ermittlung der fliehkraftelastischen Auslenkungslinie für Massen nur zwischen den Lagern (Abb. 71).

Für die Hilfsdrehschnelle $\omega_0 = 31{,}6/\text{sek}$ sind die Fliehkräfte zur Ermittlung der fliehkraftelastischen Auslenkung durch die „Kraftgruppe zwischen den Lagern" in der Tabelle 4/5 angegeben. Für die Ermittlung der Auslenkung y_{ik} wird wieder zuerst die Auslenkung η_{ik} bei kugeliger Lagerung und dann die Auslenkung h_{ik} durch das Einspannmoment ermittelt. Durch geeignete Überlagerung wird die resultierende fliehkraftelastische Auslenkung y_{ik} durch die Kraftgruppe zwischen den Lagern erhalten.

Tabelle 4/5.

$\omega_0^2 = 1000/\text{sek}^2$, $J_r = 322\ \text{cm}^4$, $E = 2{,}1\ 10^6\ \text{kg/cm}^2$.

Last Nr.	m kgcm^{-1}sek^2	f_1 cm	F kg	η_{11} cm	η_{21} cm	$1{,}625\,\frac{h_{11}}{50}$ cm	$1{,}625\,\frac{h_{22}}{50}$ cm	y_{11} cm	y_{21} cm
1	0,0429	0,0178	0,764	0,00108	—	0,000618	—	0,000462	—
2	0,0429	0,0213	0,915	0,001185	—	0,000637	—	0,000548	—
3	0,051	0,0245	1,25	0,001265	—	0,000637	—	0,000628	—
4	0,053	0,0274	1,45	0,00131	—	0,000625	—	0,000685	
5	0,0642	0,0288	1,85	0,00133	—	0,000595	—	0,000735	—
6	0,0612	0,0295	1,8	0,0013	—	0,000552	—	0,000748	—
7	0,0612	0,0289	1,76	0,00123	—	0,000507	—	0,000723	—
8	0,0663	0,0274	1,82	0,001125	—	0,000445	—	0,000680	—
9	0,0715	0,0243	1,73	0,001	—	0,000387	—	0,000613	—
10	—	—	—	—	—0,000725	—	—0,000247	—	—0,000478

Für die fliehkraftelastische Linie bei kugeliger Lagerung werden folgende Maßstäbe zugrunde gelegt:

Maßstäbe	Zeichnung	Wirklichkeit
Längen	1 cm =	10 cm
Kräfte..	1 cm =	1 kg
Horizontalzug H_1	10 cm =	10 kg

Momentenordinate	1 cm = 100 cmkg
Momentenfläche	1 cm² = 1 000 cm²kg
Momentenflächenbelastung	1 cm = 2 000 cm²kg
Horizontalzug H_2	16,9 cm = 33 800 cm²kg
Fliehkraftelastische Auslenkung (Abb. 71 c)	1 cm = 0,0005 cm

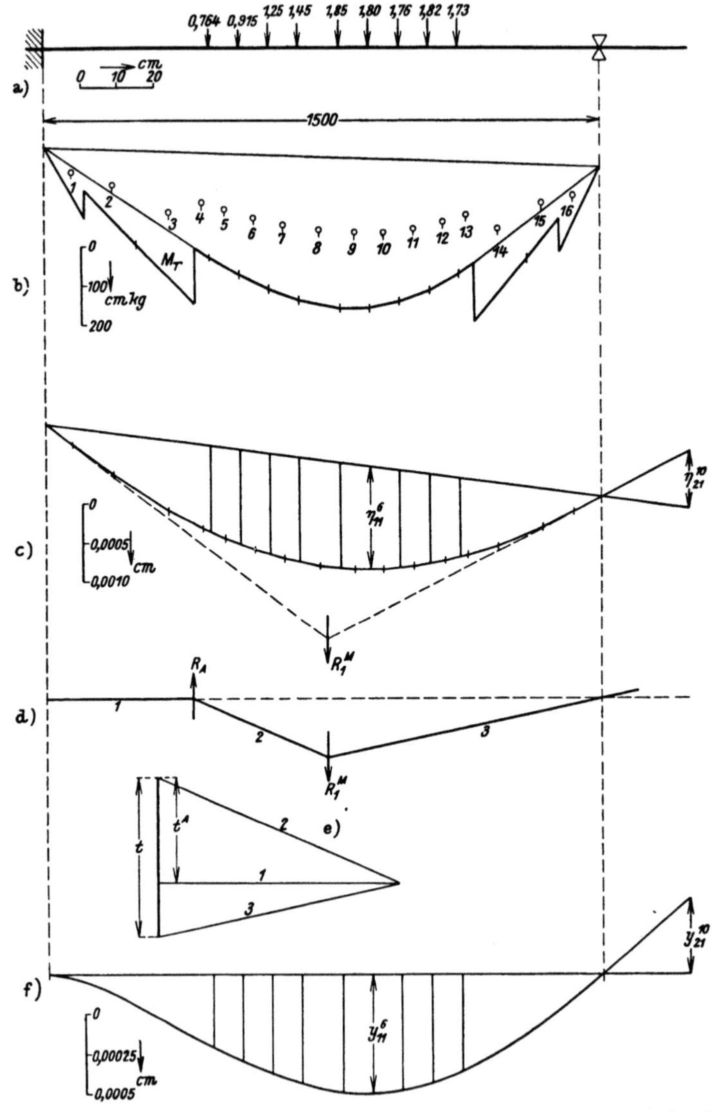

Abb. 71. Graphische Ermittlung der fliehkraftelastischen Auslenkung für den Läufer nach Abb. 70 durch die Fliehkräfte der Massen zwischen den Lagern.

Damit ist die fliehkraftelastische Auslenkung η_{ik} bei kugeliger Lagerung bekannt (Tabelle 4/5).

Tabelle 5/5. Momentenflächen (Abb. 71b).

Nr.	1	2	3	4	5	6	7	8	9	10	11	12	13	14	15	16
ΔF cm^2	0,97	2,38	4,96	1,01	2,28	2,58	2,81	4,1	3,03	2,94	2,74	2,44	1,07	4,5	1,66	1,24
$M_r\, i\, \Delta x$ cm^2kg	970	2380	4960	1010	2280	2580	2810	4100	3030	2940	2740	2440	1070	4500	1660	1240
R^M	$R_1^M = 40710\ cm^2kg$															

Tabelle 6/5.

$\omega_0^2 = 1000/sek^2$, $J_r = 322\ cm^4$, $E = 2{,}1\ 10^6\ kg/cm^2$.

Last Nr.	m $kgcm^{-1}$ sek^2	f_2 cm	F kg	$\frac{0{,}526}{500} h_{11}$ cm	$\frac{0{,}526}{500} h_{22}$ cm	η_{12} cm	η_{22} cm	y_{12} cm	y_{22} cm
1	—	—	—	— 0,00002	—	0,0000364	—	0,0000164	—
2	—	—	—	— 0,0000206	—	0,000041	—	0,0000204	—
3	—	—	—	— 0,0000206	—	0,000045	—	0,0000244	—
4	—	—	—	— 0,0000205	—	0,0000485	—	0,000028	—
5	—	—	—	— 0,000018	—	0,00005	—	0,000032	—
6	—	—	—	— 0,0000179	—	0,000052	—	0,000034	—
7	—	—	—	— 0,0000164	—	0,000052	—	0,0000356	—
8	—	—	—	— 0,0000144	—	0,0000505	—	0,0000361	—
9	—	—	—	— 0,0000125	—	0,0000475	—	0,000035	—
10	0,0408	0,021	0,86	—	0,000008	—	— 0,0000725	—	— 0,0000645

Die Arbeit für das Aufsuchen der Auslenkungsverminderung durch ein angenommenes Einspannmoment kann entfallen, weil dafür die bereits unter a) erhaltene Auslenkung herangezogen werden kann, wenn man sie auf den gleichen Momentenmaßstab bezieht wie unter b). Unter a) war 1 cm = 5000 cmkg, jetzt ist 1 cm = 100 cmkg; die Momentenflächenresultierende R_A und die Auslenkungen h_{ik} der Abb. 70d sind daher durch 50 zu dividieren. Man erhält

$$R_A = \frac{830\,950}{50} = 16\,620 \text{ cm}^2\text{kg}.$$

Mit dem Seilzug zwischen den Resultierenden $R_1{}^M$ und R_A und dem Übertragen der Seilstrahlen in den Kräfteplan erhält man den neuen Berichtigungsbeiwert wieder nach Glg. (72)

$$\varphi_{11} = \frac{2,7}{4,07} \frac{40\,710}{16\,620} = 1,625.$$

Bildet man $\varphi h_{ik}/50$, so erhält man nach Glg. (73a und b) die resultierenden Auslenkungen y_{ik} der Tabelle 4/5:

$$y_{11} = |\eta_{11}| - \frac{\varphi_{11}}{50} |h_{11}|,$$

$$y_{21} = -|\eta_{21}| + \frac{\varphi_{11}}{50} |h_{22}|.$$

c) Ermittlung der fliehkraftelastischen Auslenkungslinie durch die Masse am fliegenden Antriebsstummel (Abb. 72).

Hier wird in gleicher Weise vorgegangen wie unter b).

Maßstäbe	Zeichnung	Wirklichkeit
Längen	1 cm =	10 cm
Kräfte	1 cm =	0,1 kg
Horizontalzug H_1	10 cm =	1 kg
Momentenordinate	1 cm =	10 cmkg
Momentenfläche	1 cm² =	100 cm²kg
Momentenflächenbelastung	1 cm =	100 cm²kg
Horizontalzug H_2	27,04 cm =	2704 cm²kg
Fliehkraftelastische Auslenkung (Abb. 72b)	1 cm =	0,00004 cm

Tabelle 7/5. Momentenflächen (Abb. 72a).

Nr.	1	2	3	4	5	6	7	8	9	10
ΔF cm²	0,22	1,73	1,31	1,92	2,48	2,98	5,6	5,97	5,04	2,28
$M_r\, i\, \Delta x$ cm²kg	22	173	131	192	248	298	560	597	504	228
R^M	$R_1{}^M = 2221$ cm²kg								$R_2{}^M = 732$ cm²kg	

Damit sind η_{12} und η_{22} bekannt.

Für die Auslenkungen durch das Einspannmoment übernimmt man wieder die Auslenkungen von a), wobei man wegen Maßstabsgleichheit R_A und h_{ik} durch 5000/10 = 500 dividieren muß. Man erhält

$$R_A = \frac{830\,950}{500} = 1662 \text{ cm}^2\text{kg}.$$

Mit dem Seilpolygon und dem Kräfteplan wird (Abb. 72d)

$$\varphi_{22} = \frac{1,75}{4,44} \cdot \frac{2221}{1662} = 0,526.$$

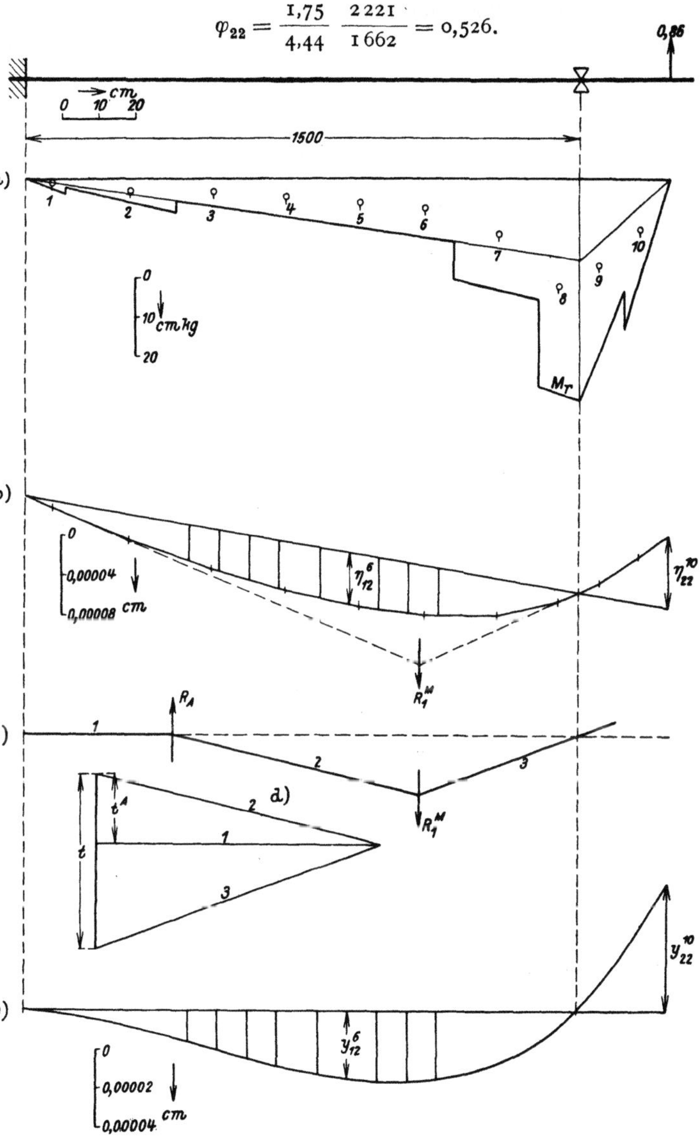

Abb. 72. Graphische Ermittlung der fliehkraftelastischen Auslenkung für den Läufer nach Abb. 70 durch die Fliehkraft der Masse am fliegenden Ende.

Die resultierenden Auslenkungen durch die Masse am fliegenden Ende sind

$$y_{12} = |\eta_{12}| - \frac{\varphi_{22}}{500} |h_{11}|,$$

$$y_{22} = -|\eta_{22}| + \frac{\varphi_{22}}{500} |h_{22}|.$$

Zur Berechnung der kritischen Drehschnelle wird Glg. (40) herangezogen. Für die Bestimmung des Beiwertes λ nach Glg. (41) sind noch die Festwerte nach (41a) zu ermitteln. Zu diesem Zwecke entnimmt man den Abb. 70g, 71f und 72e in gleichen Ebenen die Auslenkungen, z. B.

$$f_1^6 = 2{,}95 \cdot 10^{-2}\,\text{cm}, \qquad f_2^{10} = -2{,}1 \cdot 10^{-2}\,\text{cm},$$

$$y_{11}^6 = 7{,}48 \cdot 10^{-4}\,\text{cm}, \qquad y_{12}^6 = 0{,}3406 \cdot 10^{-4}\,\text{cm},$$

$$y_{21}^{10} = -4{,}78 \cdot 10^{-4}\,\text{cm}, \qquad y_{22}^{10} = -0{,}645 \cdot 10^{-4}\,\text{cm}.$$

Damit wird nach (41a)

$$a = -2{,}1 \cdot 0{,}3406 \cdot 10^{-6} = -0{,}715 \cdot 10^{-6}\,\text{cm}^2,$$

$$b = -2{,}1 \cdot 7{,}48 \cdot 10^{-6} + 2{,}95 \cdot 0{,}645 \cdot 10^{-6} = -13{,}8 \cdot 10^{-6}\,\text{cm}^2,$$

$$c = -2{,}95 \cdot 4{,}78 \cdot 10^{-6} = -14{,}1 \cdot 10^{-6}\,\text{cm}^2.$$

$$\lambda_{I,II} = \frac{13{,}8 \mp \sqrt{190{,}44 + 40{,}3}}{-2 \cdot 0{,}715},$$

$$\lambda_I = +0{,}972,$$

$$\lambda_{II} = -20{,}25.$$

Die kritische Drehschnelle erster Ordnung wird mit λ_I nach Glg. (40) und $\omega_0^2 = 10^3/\text{sek}^2$ mit den Auslenkungen zwischen den Lagern

$$\omega_{kr}^2 = 10^3 \frac{2{,}95 \cdot 10^2}{7{,}48 + 0{,}972 \cdot 0{,}3406} = 3{,}78 \cdot 10^4,$$

$$\omega_{kr} = 194{,}4/\text{sek},$$

$$n_{kr} = 1860\ U/\text{min}.$$

Zur Kontrolle wird mit den Auslenkungen am fliegenden Ende

$$\omega_{kr}^2 = 10^3 \frac{-2{,}1 \cdot 0{,}972 \cdot 10^2}{-4{,}78 - 0{,}972 \cdot 0{,}645} = 3{,}78 \cdot 10^4,$$

$$\omega_{kr} = 194{,}4/\text{sek},$$

$$n_{kr} = 1860\ \text{U/min}.$$

Rechnet man überschlagsmäßig die kritische Drehschnelle nach Glg. (12) mit $f_{\max} = 0{,}0295$ cm (Abb. 70g) und $\varkappa = 1{,}08$, so wird

$$\omega_{kr} = \left[1{,}08 \frac{981}{0{,}0295}\right]^{1/2} = 189{,}7/\text{sek}$$

und

$$n_{kr} = 1810\ \text{U/min}.$$

Die Glg. (12) gibt also mit $\varkappa = 1{,}08$ eine gute Lösung.

c) Das y-Verfahren von R. Grammel.

Anwendung: Für endseitig gelagerte Wellen und für Wellen mit überhängenden Enden bei mehrfacher Belastung.

Genauigkeit: Die kritische Drehschnelle wird meist zu groß errechnet. Die Abweichung vom Eigenwert ist aber kleiner als nach der Beziehung von S. Dunkerley und liegt vielfach innerhalb der Zeichengenauigkeit, mit der die gewichtselastische Linie ermittelt wird. Für endseitig gelagerte Wellen ist die Genauigkeit praktisch vollständig ausreichend, für Wellen mit überhängenden Enden bei mehrfacher Belastung noch vielfach genügend.

Verfahren: Masse allein. Werden die n Glg. (a) von III, 1 mit $m_1 g = G_1$, $m_2 g = G_2$ usw. multipliziert und addiert, so ergibt sich

$$\begin{aligned} g m_1 y_1 &= \omega^2 (\alpha_{11} G_1 m_1 y_1 + \alpha_{12} G_1 m_2 y_2 + \ldots), \\ g m_2 y_2 &= \omega^2 (\alpha_{21} G_2 m_1 y_1 + \alpha_{22} G_2 m_2 y_2 + \ldots), \\ g m_3 y_3 &= \omega^2 (\alpha_{31} G_3 m_1 y_1 + \alpha_{32} G_3 m_2 y_2 + \ldots), \\ &\cdot \quad \cdot \quad \cdot \\ &\cdot \quad \cdot \quad \cdot \end{aligned} \tag{a}$$

und aus der Summe von (a) unter Berücksichtigung $\alpha_{ik} = \alpha_{ki}$, ($\alpha_{12} = \alpha_{21}$, $\alpha_{13} = \alpha_{31}$ usw.)[1]

$$\begin{aligned} g(m_1 y_1 + m_2 y_2 + m_3 y_3 + \ldots) = \omega^2 [& m_1 y_1 (\alpha_{11} G_1 + \alpha_{12} G_2 + \alpha_{13} G_3 + \ldots) \\ & + m_2 y_2 (\alpha_{21} G_1 + \alpha_{22} G_2 + \alpha_{23} G_3 + \ldots) \\ & + \ldots\ldots\ldots\ldots)]. \end{aligned} \tag{b}$$

Darin sind die Klammerwerte

$$\begin{aligned} (\alpha_{11} G_1 + \alpha_{12} G_2 + \alpha_{13} G_3 + \ldots) &= f_1, \\ (\alpha_{21} G_1 + \alpha_{22} G_2 + \alpha_{23} G_3 + \ldots) &= f_2, \\ \cdot \qquad\qquad &\cdot \\ \cdot \qquad\qquad &\cdot \end{aligned}$$

gleich der gesamten statischen Auslenkung unter den einzelnen Massen, hervorgebracht durch die Wirkung aller Massen. Glg. (b) besteht also auch in der Form

$$g \sum^n m_k y_k = \omega^2 \sum^n m_k y_k f_k.$$

Die kritische Drehschnelle ist dann

$$\omega_{kr}^2 = g \frac{\sum^n m_k y_k}{\sum^n m_k y_k f_k}. \tag{42}$$

Wird in Anlehnung an die Ergebnisse der Abschnitte I und II in erster Näherung Proportionalität zwischen der gewichtselastischen Linie[2] und der fliehkraftelastischen Linie vorausgesetzt, so kann man in Glg. (42) für das unbekannte $y_k = \varkappa f_k$ setzen und erhält die bereits von G. KULL angegebene Beziehung

$$\omega_{kr}^2 = g \frac{\Sigma G f}{\Sigma G f^2} = g \frac{G_1 f_1 + G_2 f_2 + G_3 f_3 + \ldots}{G_1 f_1^2 + G_2 f_2^2 + G_3 f_3^2 + \ldots}, \tag{43}$$

die sich dadurch auszeichnet, daß nach der Ermittlung der gewichtselastischen Linie[2] die kritische Drehschnelle mit großer Genauigkeit festliegt. Auch hier kann

$$\omega_{kr}^2 = \frac{g}{f_0} \tag{33c}$$

geschrieben werden, wenn f_0 den reziproken Bruch der Glg. (43) vorstellt.

---

[1] Zu beachten ist, daß $f_{ik} \neq f_{ki}$, da z. B. $f_{12} = a_{12} G_2$, dagegen $f_{21} = a_{21} G_1 \equiv \alpha_{12} G_1$.

[2] Mit Berücksichtigung der Kraftrichtungen nach Abb. 42 und 43.

In (43) kann im Zähler $\Sigma m f$ als die zweifache Arbeit der Massen, im Nenner $\Sigma m f^2$ als die zweifache Arbeit der Fliehkräfte $m f$ für $\omega_0^2 = 1$ aufgefaßt werden.

Masse und Kreiselmoment. Sind Kreiselmomente zu berücksichtigen, so erhält man die der Glg. (43) entsprechende Beziehung, indem man die Glg. (e) von Abschnitt III, 1 mit $m_i g = G_i$ vervielfacht:

$$\begin{aligned} g m_1 y_1 &= \omega^2 (\alpha_{11} G_1 m_1 y_1 + \alpha_{12} G_1 m_2 y_2 + \ldots) - \omega^2 [\beta_{11} G_1 B_1 \delta_1 (q_1 - 1) \\ &\quad + \beta_{12} G_1 B_2 \delta_2 (q_2 - 1) + \ldots], \\ g m_2 y_2 &= \omega^2 (\alpha_{21} G_2 m_1 y_1 + \alpha_{22} G_2 m_2 y_2 + \ldots) - \omega^2 [\beta_{21} G_2 B_1 \delta_1 (q_1 - 1) \\ &\quad + \beta_{22} G_2 B_2 \delta_2 (q_2 - 1) + \ldots], \\ &\vdots \qquad\qquad \vdots \qquad\qquad \vdots \end{aligned} \tag{c}$$

Summiert man diese Gleichungen wieder unter Berücksichtigung von $\alpha_{ik} = \alpha_{ki}$, $\beta_{ik} = \alpha_{ki}'$, $\beta_{ki} = \alpha_{ik}'$, $\beta_{ii} = \alpha_{ii}'$, so wird

$$\begin{aligned} g \sum^n m_k y_k = \omega^2 \{ & m_1 y_1 (\alpha_{11} G_1 + \alpha_{12} G_2 + \alpha_{13} G_3 + \ldots) \\ & + m_2 y_2 (\alpha_{21} G_1 + \alpha_{22} G_2 + \alpha_{23} G_3 + \ldots) \\ & + \,.\,.\, (\ldots\ldots\ldots\ldots\ldots\ldots) \\ & - [B_1 \delta_1 (q_1 - 1)(\alpha_{11}' G_1 + \alpha_{12}' G_2 + \alpha_{13}' G_3 + \ldots) \\ & + B_2 \delta_2 (q_2 - 1)(\alpha_{21}' G_1 + \alpha_{22}' G_2 + \alpha_{23}' G_3 + \ldots) \\ & + \,.\,.\, (\ldots\ldots\ldots\ldots\ldots\ldots\ldots\ldots)] \}. \end{aligned} \tag{d}$$

Unter Berücksichtigung, daß die Teilsummen der Klammerwerte

$$\begin{aligned} f_1 &= (\alpha_{11} G_1 + \alpha_{12} G_2 + \alpha_{13} G_3 + \ldots), \\ f_2 &= (\alpha_{21} G_1 + \alpha_{22} G_2 + \alpha_{23} G_3 + \ldots), \\ &\cdot \qquad\qquad \cdot \end{aligned}$$

der gewichtselastischen Auslenkung an der betrachteten Stelle, bzw. der Neigung derselben gegen die Lagerverbindungsgerade

$$\begin{aligned} \varphi_1 &= (\alpha_{11}' G_1 + \alpha_{12}' G_2 + \alpha_{13}' G_3 + \ldots), \\ \varphi_2 &= (\alpha_{21}' G_1 + \alpha_{22}' G_2 + \alpha_{23}' G_3 + \ldots), \\ &\cdot \qquad\qquad \cdot \end{aligned}$$

hervorgebracht durch alle Lasten, gleich sind, erhält man

$$g \sum^n m_k y_k = \omega^2 \sum^n m_k y_k f_k - \omega^2 \sum^n B_k \delta_k \varphi_k (q_k - 1). \tag{e}$$

Bei angenommener Proportionalität zwischen f_k und y_k ergibt sich die R. GRAMMELsche Gleichung für den synchronen Gleichlauf

$$\omega_{gl}^2 = g \frac{\sum^n G_k f_k}{\sum^n G_k f_k^2 - \sum^n B_k \varphi_k^2 (q_k - 1)}, \tag{44}$$

worin B_k die äquatorialen Massenträgheitsmomente der Scheiben und φ_k den Bogen darstellt, welchen die Tangente an die gewichtselastische Auslenkungslinie im betrachteten Scheibenbefestigungspunkt mit der Lagerverbindungsgeraden einschließt.

Vergleich. Die Genauigkeit der Glg. (43) soll an den Beispielen der Abb. 61a, b, c und d im Vergleich mit der FÖPPLschen Glg. (33a) geprüft werden.

Die Belastung nach Abb. 61a ist symmetrisch zu den Lagern. Infolgedessen wird mit $m_1 = m : f_{11} = f_{22}, f_{12} = f_{21}$ und das Ergebnis von (43) geht in die Lösung von (33a) über. Für diesen Fall gibt also Glg. (43) exakte Lösungen. Für die Welle nach Abb. 61b wird die kritische Drehzahl nach (43) für $\varphi = 0{,}05$ bis $\varphi = 0{,}5$ um 1 bis 2,5 v. H. zu groß gerechnet.

Für die einseitig überhängende Welle nach Abb. 61c ist für $\varphi = 0{,}1$ bis 1 der größte Fehler $+ 0{,}3$ v. H.

Für die beidseitig überhängende Welle nach Abb. 61d wird für $\varphi = 0{,}1$ bis 1 die kritische Drehzahl um ca. 2 v. H. zu groß errechnet.

Andere Belastungsfälle für den Vergleich sind die glatten, nur durch ihre Eigenmasse belasteten Wellen des Abschnittes II. Untersucht sei eine endseitig kugelig gelagerte, glatte Welle nach Abb. 53. Bei der Anwendung von Glg. (43) ist zu beachten, daß f die statische Auslenkung unter der Masse μdx beim gleichzeitigen Wirken der gesamten Wellenmasse μl vorstellt. Deshalb ist, wenn μ = Masse der Längeneinheit, die Durchbiegung an der Stelle x vom Auflager[1]

$$f = \frac{g\,\mu\, l\, l^3}{24\,EJ}\left(\frac{x}{l} - 2\frac{x^3}{l^3} + \frac{x^4}{l^4}\right).$$

Die zweifache Arbeit der Gewichte ist

$$\Sigma G f = g\int_0^l \mu\, dx\, f = g^2\,\frac{\mu^2 l^4}{24\,EJ}\int_0^l\left(\frac{x}{l} - 2\frac{x^3}{l^3} + \frac{x^4}{l^4}\right)dx = g^2\,\frac{\mu^2 l^5}{120\,EJ};$$

die zweifache Arbeit der Fliehkräfte $\mu dx f$ bei $\omega_0^2 = 1$ ist

$$\Sigma G f^2 = g^3\,\frac{\mu^3 l^8}{(24\,EJ)^2}\int_0^l\left(\frac{x}{l} - 2\frac{x^3}{l^3} + \frac{x^4}{l^4}\right)dx = \frac{31}{630}\,\frac{g^3 \mu^3 l^9}{(24\,EJ)^2}.$$

Damit wird nach (43) die kritische Drehschnelle

$$\omega_K{}^2 = 97{,}55\,\frac{EJ}{\mu\, l^4}.$$

Der Eigenwert ist nach Glg. (29), Abschnitt II, 1

$$\omega_{kr}{}^2 = \pi^4\,\frac{EJ}{\mu\, l^4},$$

der Verhältniswert

$$\frac{\omega_K}{\omega_{kr}} = \left(\frac{97{,}55}{\pi^4}\right)^{1/2} = 1{,}0008.$$

Für die Lagerungsfälle nach

	Abb. 52	53	54	55
wird $\dfrac{\omega_K}{\omega_{kr}} =$	1,003	1,0008	1,0006	1,001.

[1] „Hütte", Bd. I, 26. Aufl., S. 615, Belastungsfall 8.

Aus diesen Zahlen geht ebenfalls hervor, daß die kritische Drehschnelle nach der KULLschen Beziehung um ein Geringes zu groß errechnet wird.

Zusammenfassung. Aus der gewichtselastischen Linie allein kann bereits für endseitig gelagerte Wellen auf einfache und schnelle Art die kritische Drehzahl mit einer Genauigkeit errechnet werden, die allen praktischen Anforderungen genügt. Auch die Kreiselwirkung der Scheiben ist leicht zu berücksichtigen, ohne daß die Aufteilung der Kreiselmomente beachtet werden muß. Für Wellen mit überhängenden Enden ist das Ergebnis in vielen Fällen ausreichend.

Beispiel 6.

Die erste kritische Drehzahl des Läufers nach Abb. 91 ist zu bestimmen. Der Läufer ist außer durch das Wellengewicht noch durch fünf Scheiben und eine elastische Kupplungshälfte belastet und zweifach kugelig gelagert. Die statischen Auslenkungen des Läufers sind aus dem Beispiel 14 des Abschnittes VI, 1 entnommen. Für die Anwendung der Glg. (43) ergibt sich daher folgendes Rechenschema:

Tabelle 1/6.

Last Nr.	G kg	$10^3 f$ cm	$10^6 f^2$ cm²	$10^3 Gf$ kg cm	$10^6 Gf^2$ kg cm²	B kg cm sek²	$10^4 \varphi$	$10^8 \varphi^2$	$10^8 B \varphi^2$ für $q = 2$
1	1,5	1,05	1,1	1,58	1,65	—	—	—	—
2	1,5	2,90	8,4	4,35	12,6	—	—	—	—
3	10	4,05	16,4	40,5	164,0	0,9	1,0	1,0	0,9
4	10	4,60	21,2	46	212,0	0,9	0,388	0,15	0,135
5	10	4,65	21,6	46,5	216,0	0,9	0,263	0,069	0,062
6	10	4,15	17,2	41,5	172,0	0,9	0,95	0,902	0,812
7	15	3,19	10,3	47,85	154,5	1,9	1,35	1,825	3,47
8	3,5	1,35	1,82	4,72	6,37	—	—	—	—
9	10	1,55	2,4	15,5	24,0	—	—	—	—
				$\Sigma Gf = 248{,}5 \; 10^{-3}$	$\Sigma Gf^2 = 963{,}12 \; 10^{-6}$				$\Sigma B\varphi^2 = \frac{5{,}379}{10^8}$

Die kritische Drehschnelle (ohne Berücksichtigung der Kreiselwirkung) ist nach (43)

$$\omega_{kr} = \left[\frac{981 \; 248{,}5 \; 10^3}{963{,}12}\right]^{1/2} = 503 \;/\text{sek}$$

und

$$n_{kr} = 4800 \text{ U/min.}$$

Zur Berücksichtigung der Kreiselwirkung des Gleichlaufes nach Glg. (44) ist in Tabelle 1/6 für $q = 2$ das negative Glied $\Sigma B\varphi^2 = 5{,}379\ 10^{-8}$ errechnet. Im Vergleich zur Größenordnung von $\Sigma G f^2$ ist dieses Glied hier belanglos. Die Betriebsdrehzahl $n = 3650$ U/min ist nach Abschnitt X noch zulässig.

d) Das Verfahren von G. ZERKOWITZ.

Anwendung: Für endseitig gelagerte Wellen oder solchen mit überhängenden Enden und beliebiger Belastung.

Genauigkeit: In den Grundformen exakt genau, gibt es auch bei mehrfacher Belastung durch das Einführen von Massengruppen nach Festlegung der Form der elastischen Linie praktisch vollkommen ausreichende Genauigkeit.

Verfahren: In der Beziehung von R. GRAMMEL

$$\omega_{kr}^2 = g\,\frac{\Sigma\, G\, y}{\Sigma\, G\, y\, f} = g\,\frac{\Sigma\, m_k\, y_k}{\Sigma\, m_k\, y_k f_k} \tag{42}$$

ist noch offen, welche Werte für y_k einzusetzen sind. Die von G. KULL gemachte Annahme über Proportionalität zwischen y_k und f_k gibt besonders bei überhängenden Wellen nicht genau mit dem Eigenwert übereinstimmende Ergebnisse. Für solche Belastungsfälle soll das folgende Verfahren dienen. Der Einfachheit halber wird es an einer gewichtslosen Welle, welche durch zwei Massen belastet ist, dargestellt.

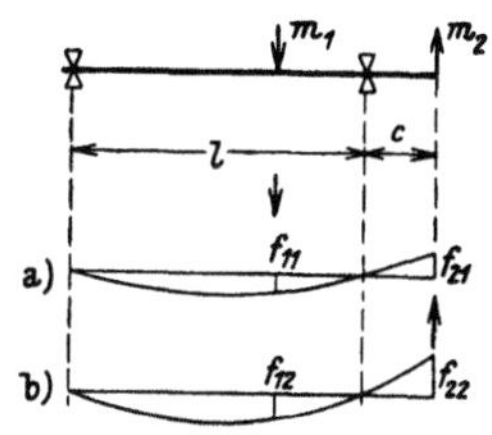

Abb. 73. Überhängende, kugelig gelagerte Welle mit zwei Massen.

Nach der Abb. 73 sind die gewichtselastischen gesamten Auslenkungen (bei Beachtung des auf S. 39 Gesagten) unter den Lasten, die als f_k in die Beziehung (42) eingehen

$$\begin{aligned} f_1 &= \alpha_{11} g m_1 + \alpha_{12} g m_2 = f_{11} + f_{12}, \\ f_2 &= \alpha_{21} g m_1 + \alpha_{22} g m_2 = f_{21} + f_{22}, \end{aligned} \tag{a}$$

während sich die fliehkraftelastischen Auslenkungen nach III, 1 zu

$$\begin{aligned} y_1 &= \alpha_{11} m_1 y_1 \omega^2 + \alpha_{12} m_2 y_2 \omega^2, \\ y_2 &= \alpha_{21} m_1 y_1 \omega^2 + \alpha_{22} m_2 y_2\, \omega^2 \end{aligned} \tag{b}$$

bestimmen. (a) und (b) werden im allgemeinen nicht in allen Punkten der Welle verhältnisgleich sein. Setzt man in (b) für

$$\omega^2 = \omega_{kr}^2 = \frac{g}{f_0} \tag{33c}$$

und $\alpha_{11} m_1 g = f_{11}$, $\alpha_{12} m_2 g = f_{12}$ usw., so wird

$$\begin{aligned} f_0 y_1 &= f_{11} y_1 + f_{12} y_2, \\ f_0 y_2 &= f_{21} y_1 + f_{22} y_2. \end{aligned} \tag{c}$$

Dividiert man beiderseits durch y_1, so stellt der Verhältniswert $y_2/y_1 = \lambda$ den Formbeiwert der fliehkraftelastischen Linie vor und man erhält

$$\begin{aligned} f_0 &= f_{11} + \lambda f_{12}, \\ \lambda f_0 &= f_{21} + \lambda f_{22}. \end{aligned} \tag{d}$$

Die beiden Unbekannten f_0 und λ ergeben sich daraus zu

$$f_{0I,II} = {}^1/_2\,(f_{11} + f_{22}) \pm {}^1/_2\sqrt{(f_{11} - f_{22})^2 + 4\,f_{12} f_{21}}, \tag{45}$$

$$\lambda_{I,II} = \frac{-(f_{11} - f_{22}) \pm \sqrt{(f_{11} - f_{22})^2 + 4\,f_{12}\,f_{21}}}{2\,f_{12}}. \tag{46}$$

In diesem einfachen Falle erhält man ein exakt richtiges Ergebnis [Glg. (33b)]; mit der gleichwertigen Auslenkung f_0 ist nach (33c) die kritische Drehschnelle, mit λ die Gestalt der fliehkraftelastischen Linie bestimmt. Es sind zwei kritische Drehschnellen möglich. Hier interessiert die tiefste Lösung [in (45) und (46) die $+\sqrt{}$).

Sind auf einer beliebig gelagerten Welle drei Einzelmassen m_1, m_2 und m_3 vorhanden, so erhält man entsprechend den Ansätzen (d)

$$\begin{aligned} \varphi f_0 &= \varphi f_{11} + f_{12} + \psi f_{13}, \\ f_0 &= \varphi f_{21} + f_{22} + \psi f_{23}, \\ \psi f_0 &= \varphi f_{31} + f_{32} + \psi f_{33}. \end{aligned} \tag{e}$$

Darin ist die Masse m_2 als Bezugsmasse eingeführt, wodurch sich die Formbeiwerte $y_1/y_2 = \varphi$, $y_2/y_2 \equiv 1$ und $y_3/y_2 = \psi$ ergeben. Voraussetzung ist, daß die Auslenkung der Bezugsmasse $\neq 0$ ist. Die gleichwertige Auslenkung f_0 errechnet sich daraus unter Zuhilfenahme der bekannten f_{ik} als tiefste Lösung von

$$f_0^3 - A_1\,f_0^2 + A_2\,f_0 - A_3 = 0 \tag{f}$$

mit

$$\begin{aligned} A_1 &= f_{11} + f_{22} + f_{33}, \\ A_2 &= f_{11}\,f_{22} + f_{11}\,f_{33} + f_{22}\,f_{33} - f_{12}\,f_{21} - f_{13}\,f_{31} - f_{23}\,f_{32}, \\ A_3 &= f_{11}\,f_{22}\,f_{33} + f_{21}\,f_{13}\,f_{32} + f_{31}\,f_{12}\,f_{23} - f_{11}\,f_{23}\,f_{32} - f_{22}\,f_{13}\,f_{31} - f_{33}\,f_{12}\,f_{21}. \end{aligned} \tag{g}$$

Mit f_0 sind die Formbeiwerte der fliehkraftelastischen Linie

$$\varphi = \frac{f_0\,f_{13} + f_{12}\,f_{23} - f_{13}\,f_{22}}{f_0\,f_{23} - f_{11}\,f_{23} + f_{13}\,f_{21}}, \qquad \psi = \frac{\varphi\,(f_0 - f_{11}) - f_{12}}{f_{13}} \tag{h}$$

gegeben. Daraus ist ersichtlich, daß zur Festlegung der fliehkraftelastischen Linie gegenüber dem Zweimassensystem bereits die gleichwertige Auslenkung f_0 erforderlich ist.

Aufteilung in zwei Massengruppen. Sitzen auf der Welle mehrere Massen, welche unter Umständen durch Lager voneinander getrennt sind, so zieht man zweckmäßig eine Anzahl Massen zu Massengruppen zusammen. Dabei ist zu beachten, daß zur Bestimmung von f_0 außer den f_{ik} noch die Kenntnis des Beiwertes λ notwendig ist. Der Zusammenhang zwischen f_0 und λ soll an dem angeführten Beispiel mit zwei Massen erläutert werden.

Nach Glg. (33c) und (42) ist

$$f_0 = \frac{\Sigma\,G\,y\,f}{\Sigma\,G\,y} = \frac{G_1\,y_1\,f_1 + G_2\,y_2\,f_2}{G_1\,y_1 + G_2\,y_2}. \tag{i}$$

Setzt man in dem Beispiel der Abb. 73 $y_1 = f_0$ und $y_2 = \lambda f_0$ (was zulässig ist, weil $y_2/y_1 = \lambda$ bestehen bleibt), so erhält man aus (d)

$$\begin{aligned} y_1 &= f_{11} + \lambda f_{12}, \\ y_2 &= f_{21} + \lambda f_{22}. \end{aligned} \tag{k}$$

Werden nun (a) und (k) in (i) eingesetzt, so folgt für die gleichwertige Auslenkung

$$f_0 = \frac{G_1 (f_{11} + \lambda f_{12}) (f_{11} + f_{12}) + G_2 (f_{21} + \lambda f_{22}) (f_{21} + f_{22})}{G_1 (f_{11} + \lambda f_{12}) + G_2 (f_{21} + \lambda f_{22})}. \tag{47}$$

Glg. (45) und (47) haben das gleiche numerische Ergebnis. λ ist nach Glg. (46) zu errechnen Diese Darstellungsart bezieht also die Form der fliehkraftelastischen Linie in den Ansatz ein und gestattet dadurch die Anwendung des geschilderten Verfahrens auch bei beliebiger Massenverteilung und Lagerung.

Zu diesem Zwecke vereinigt man in einem solchen allgemeinen Fall der nach Abb. 74 belasteten Welle die zwischen den Lagern befindlichen Massen *a*, *b*, *c*, ... zu einer Massengruppe (1), die am freitragenden Ende sitzenden Massen *p*, *q*, *r*, ... zur zweiten Massengruppe (2). Dann ermittelt sich die gleichwertige Auslenkung nach Glg. (47)

$$f_0 = \frac{Z}{N} \tag{48}$$

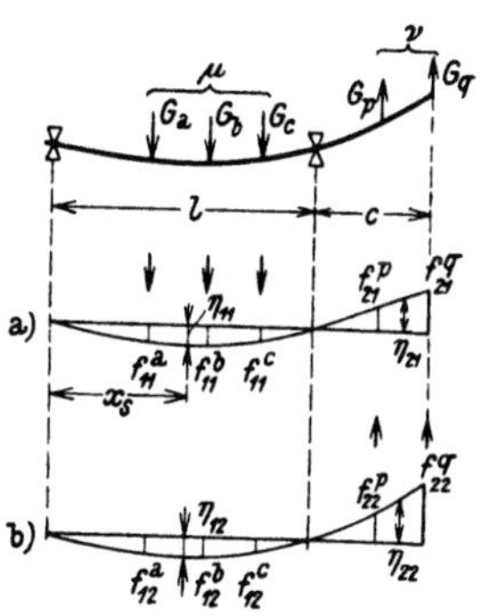

Abb. 74. Einseitig überhängende Welle mit Belastung durch zwei Massengruppen.

mit

$$\begin{aligned} Z = \overset{\mu}{\Sigma} [G_a (f_{11}{}^a + \lambda f_{12}{}^a) (f_{11}{}^a + f_{12}{}^a) + G_b (f_{11}{}^b + \lambda f_{12}{}^b) (f_{11}{}^b + f_{12}{}^b) + \ldots.] \\ + \overset{\nu}{\Sigma} [G_p (f_{21}{}^p + \lambda f_{22}{}^p) (f_{21}{}^p + f_{22}{}^p) + \ldots.], \end{aligned} \tag{48a}$$

$$\begin{aligned} N = \overset{\mu}{\Sigma} [G_a (f_{11}{}^a + \lambda f_{12}{}^a) + G_b (f_{11}{}^b + \lambda f_{12}{}^b) + \ldots.] + \overset{\nu}{\Sigma} [G_p (f_{21}{}^p + \lambda f_{22}{}^p) \\ + G_q (f_{21}{}^q + \lambda f_{22}{}^q) + \ldots.]. \end{aligned}$$

Für die zur Bestimmung des Formbeiwertes $\lambda \equiv \lambda_I$ nach Glg. (46) zugrunde zu legenden Auslenkungen muß eine Festlegung getroffen werden, da die unter den Massen ermittelten Auslenkungen f_{ik} zur Gänze nicht verwendbar sind. Der Zusammenhang mit dem Beispiel der Abb. 73 (zwei Massen) und der hierfür exakt richtigen Glg. (46) und (47) bleibt gewahrt, wenn man zur Auflösung von λ die Auslenkungen in den Schwerpunkten der Massengruppen (mit η_{ik} bezeichnet) heranzieht. Es wird also

$$\lambda = \frac{-(\eta_{11} - \eta_{22}) + \sqrt{(\eta_{11} - \eta_{22})^2 + 4\, \eta_{12}\, \eta_{21}}}{2\, \eta_{12}}. \tag{49}$$

Mit dieser Annahme stimmt nach G. ZERKOWITZ die Lösung am besten mit der Wirklichkeit überein. Bei der Beschränkung auf zwei Massen ($i, k = 1, 2$) fallen, wie gefordert werden muß, η_{ik} und f_{ik} zusammen. In der Fußnote von $f_{ik}{}^\mu$ gibt i an, in welcher Massengruppe die Auslenkung liegt, während k anzeigt, durch welche Massengruppe die Auslenkung erzeugt wurde. Der hochgestellte allgemeine Buchstabe μ, ν zeigt an, unter welcher Last der angegebenen Massengruppe sich die Auslenkung f_{ik} befindet.

Bei der praktischen Auswertung wird wie folgt vorgegangen: Nach der Zusammenfassung der einzelnen Massen in Massengruppen ermittelt man die Auslenkungen, die unter allen Massen durch die Wirkung der betrachteten Massengruppe hervorgerufen werden (Abb. 74a). Darauffolgend wird das gleiche Verfahren wiederholt unter Zugrundelegung der zweiten Massengruppe als alleinige Belastung (Abb. 74b). Damit sind die f_{ik} unter allen Massen bekannt. Nach

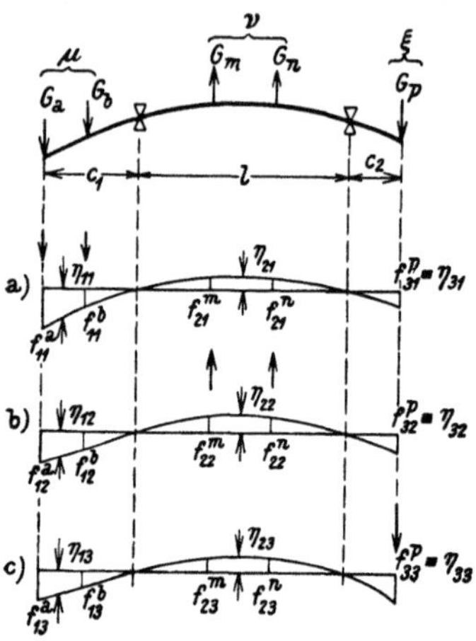

Abb. 75. Beidseitig überhängende Welle mit Belastung durch drei Massengruppen.

$$x_s = \frac{\Sigma\, m\, x}{\Sigma\, m} \tag{l}$$

bestimmt man die Lage der Massenschwerpunkte der einzelnen Massengruppen und entnimmt in diesen Ebenen den statischen Auslenkungslinien die Werte η_{ik}. Nach Glg. (49) wird λ und nach Glg. (48) die gleichwertige Auslenkung f_0 ermittelt, womit nach (33c) die kritische Drehschnelle ω_{kr} festliegt.

Aufteilung in drei Massengruppen. Bei Wellen mit belasteten, überhängenden Enden ordnet man die Massen in drei Massengruppen (Abb. 75). In gleicher Weise wie bei zwei Massengruppen werden die gewichtselastischen Auslenkungen f_{ik} unter allen Massen ermittelt, welche durch die Wirkung je einer Massengruppe hervorgebracht werden. Zur Bestimmung der Formbeiwerte sind die Auslenkungen η_{ik} in den Schwerpunkten der Massengruppen heranzuziehen. Die dazu verwendbaren Glgn. (h) enthalten aber noch die gleichwertige Auslenkung f_0. Da diese als letztes Ergebnis folgt, so ist eine ideelle gleichwertige Auslenkung η_0 einzuführen, die dann vorhanden wäre, wenn geeignete Massen im Schwerpunkt jeder Massengruppe angreifen (Dreimassensystem). Dann erhält man η_0 entsprechend (f) aus

$$\eta_0^3 - A_1 \eta_0^2 + A_2 \eta_0 - A_3 = 0, \tag{50}$$

worin die Koeffizienten A_1, A_2 und A_3 den Ausdrücken (g) entsprechen, wenn man darin die f_{ik} durch η_{ik} ersetzt. Damit errechnen sich die Formbeiwerte

$$\left.\begin{aligned} \varphi &= \frac{\eta_0\,\eta_{13} + \eta_{12}\,\eta_{23} - \eta_{13}\,\eta_{22}}{\eta_0\,\eta_{23} - \eta_{11}\,\eta_{23} + \eta_{13}\,\eta_{21}}, \\ \psi &= \frac{\varphi\,(\eta_0 - \eta_{11}) - \eta_{12}}{\eta_{13}}. \end{aligned}\right\} \tag{51}$$

Die gleichwertige Auslenkung erhält man, wenn in die Glgn. (e) für $\varphi f_0 = y_1$, $f_0 = y_2$ und $\psi f_0 = y_3$ gesetzt wird, nach Einsetzen von

$$Z = \sum^{\mu} G_\mu (\varphi f_{11}^\mu + f_{12}^\mu + \psi f_{13}^\mu)(f_{11}^\mu + f_{12}^\mu + f_{13}^\mu) + \sum^{\nu} G_\nu (\varphi f_{21}^\nu + f_{22}^\nu + \psi f_{23}^\nu)$$
$$(f_{21}^\nu + f_{22}^\nu + f_{23}^\nu) + \sum^{\xi} G_\xi (\varphi f_{31}^\xi + f_{32}^\xi + \psi f_{33}^\xi)(f_{31}^\xi + f_{32}^\xi + f_{33}^\xi), \quad (48\text{c})$$
$$N = \sum^{\mu} G_\mu (\varphi f_{11}^\mu + f_{12}^\mu + \psi f_{13}^\mu) + \sum^{\nu} G_\nu (\varphi f_{21}^\nu + f_{22}^\nu + \psi f_{23}^\nu)$$
$$+ \sum^{\xi} G_\xi (\varphi f_{31}^\xi + f_{32}^\xi + \psi f_{33}^\xi)$$

in die Glg. (48). Die kritische Drehschnelle bestimmt sich wieder nach (33c).

Zusammenfassung. Wie schon einleitend bemerkt, kommt das Verfahren von G. ZERKOWITZ bei der Bestimmung der ersten kritischen Drehschnelle für Wellen mit überhängenden Enden in Betracht, wenn an diesen mehrere Massen sitzen. Für die Belastung durch mehrere Massen zwischen den Lagern und nur einer fliegenden Masse genügen zur Bestimmung der ersten kritischen Drehschnelle die unter III, 3a und b angegebenen Verfahren vollauf den gestellten Ansprüchen. Graphisch sind zwei, unter Umständen auch drei statische Auslenkungslinien zu ermitteln. Hierfür ist der Zeitaufwand mitunter geringer als beim Verfahren von v. BOROWICZ. Notwendig ist das Verfahren bei Wellen mit beiderseits überhängenden Enden und Belastung in allen drei Feldern. Für Wellen mit zwei Massen bei beliebiger Lagerung fällt nach der Ableitung das Ergebnis mit der FÖPPLschen Lösung zusammen, so daß die Genauigkeit auch bei vielen Massen allen Anforderungen entspricht.

Beispiel 7.

Gegeben ist ein Läufer nach Abb. 76, welcher am fliegenden Wellenende zwei Scheiben trägt. Die Belastungsgewichte sind in der Abb. 76 angeführt. Als Wellenwerkstoff ist Chrom-Nickelstahl vorgesehen.

Zur Ermittlung der ersten kritischen Drehzahl werden die Massen zwischen den Lagern zur Massengruppe 1, die am fliegenden Ende befindlichen Massen zur Massengruppe 2 zusammengefaßt. Zur Berechnung der gleichwertigen Auslenkung f_0 sind die beiden statischen Auslenkungslinien für die alleinige Belastung der Welle durch die Massengruppe 1 bzw. 2 ermittelt (Abb. 76b und d). Die zur graphischen Konstruktion erforderlichen Zahlenwerte sowie die Ergebnisse sind in den folgenden Tabellen eingetragen.

Belastung durch die Massengruppe 1.

Maßstäbe	Zeichnung		Wirklichkeit
Längen	1 cm	=	10 cm
Kräfte	1 cm	=	5 kg
Horizontalzug H_1	4 cm	=	20 kg
Momentenordinate	1 cm	=	200 cmkg
Momentenfläche	1 cm²	=	2000 cm²kg
Momentenflächenbelastung	1 cm	=	4000 cm²kg
Horizontalzug H_2	9 cm	=	36000 cm²kg
Statische Auslenkung	1 cm	=	0,0002 cm

Tabelle 1/7.

Massengruppe	Last Nr.	G kg	J cm^4	$10^4 f_{11}$ cm	$10^4 f_{12}$ cm	$10^4 f_{22}$ cm	$10^4 f_{21}$ cm	$10^4 y_1$ cm	$10^4 y_2$ cm
1	a	4,5	322	0,62	1	—	—	5,57	—
	b	13	858,5	2	3,4	—	—	18,8	—
	c	36	1198,4	3,22	6,3	—	—	34,42	—
	d	17	858,5	2,16	6	—	—	31,86	—
	e	6	596,7	0,58	2	—	—	10,48	—
2	p	8	596,7	—	—	3,4	0,78	—	17,58
	q	5	322	—	—	11,9	2,2	—	61,2
	r	14	180	—	—	25	3,8	—	127,4
	s	26	87,6	—	—	38,2	5,12	—	194
	t	29	63,6	—	—	52,5	6,36	—	266,4

Belastung durch die Massengruppe 2.

Maßstäbe	Zeichnung		Wirklichkeit
Längen	1 cm	=	10 cm
Kräfte	1 cm	=	10 kg
Horizontalzug H_1	10 cm	=	100 kg
Momentenordinate	1 cm	=	1000 cmkg
Momentenfläche	1 cm^2	=	10000 cm^2kg
Momentenflächenbelastung	1 cm	=	10000 cm^2kg
Horizontalzug H_2	18 cm	=	180000 cm^2kg
Statische Auslenkung	1 cm	=	0,001 cm

Tabelle 2/7 und 3/7. Momentenflächen:

Massengruppe 1 ($J_r = 858{,}5$ cm^4).

Nr.	1	2	3	4	5	6	7	8	9	10
ΔF cm^2	0,28	0,8	2,4	3,6	5,29	4,84	2,68	1,82	1,48	0,52
$M_r\, i\, \Delta x$ cm^2kg	560	1600	4800	7200	10580	9680	5360	3640	2960	1040

Nun bestimmt man nach (l) die Lage des Gesamtschwerpunktes der Massengruppen 1 und 2 und entnimmt in diesen Ebenen (Abb. 76b und d) die Werte η_{ik}

Massengruppe 2. ($J_r = 858{,}5\ \mathrm{cm}^4$).

Nr.	1	2	3	4	5	6	7	8	9	10	11	12	13	14
ΔF cm²	0,735	2,21	2,62	3	2,25	2,84	2,02	2,4	3,76	4,7	1,88	1,28	0,96	0,36
$M_r\, i\, \Delta x$ cm²kg	7350	22100	26200	30000	22500	28400	20200	24000	37600	47000	18800	12800	9600	3600

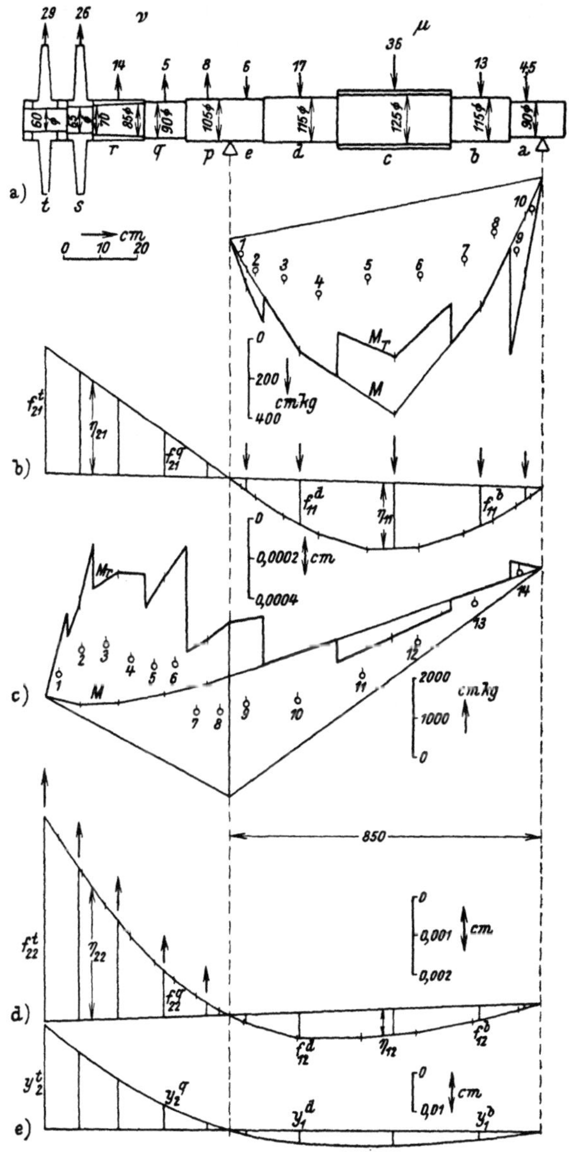

Abb. 76. Graphische Ermittlung der statischen Auslenkungslinien für einen kugelig gelagerten Läufer mit belastetem, fliegendem Ende; zu Beispiel 7 nach dem Verfahren von G. ZERKOWITZ.

ohne Rücksicht auf ihr Vorzeichen:

$\eta_{11} = 3{,}26\ 10^{-4}\,\mathrm{cm}$, $\eta_{12} = 6{,}4\ 10^{-4}$, cm,

$\eta_{21} = 4{,}68\ 10^{-4}\,\mathrm{cm}$, $\eta_{22} = 34\ 10^{-4}\,\mathrm{cm}$.

Damit errechnet sich nach Glg. (49) der Formbeiwert der fliehkraftelastischen Linie[1]

$$\lambda = \frac{-(3{,}26 - 34) + \sqrt{(3{,}26 - 34)^2 + 4\;4{,}68\;6{,}4}}{2\;6{,}4} = 4{,}95.$$

Mit dem Formbeiwert λ läßt sich für die Ausdrücke (48a) folgendes Rechenschema aufstellen:

Tabelle 4/7.

Nr.	G_μ kg	$10^{-4}(f_{11}^\mu + f_{12}^\mu)$	$10^{-4}(f_{11}^\mu + \lambda f_{12}^\mu)$	$10^{-4} G_\mu (f_{11}^\mu + \lambda f_{12}^\mu)(f_{11}^\mu + f_{12}^\mu)$	$10^{-4} G_\mu (f_{11}^\mu + \lambda f_{12}^\mu)$
a	4,5	1,62	5,57	0,0040	25,05
b	13	5,4	18,8	0,132	244,3
c	36	9,52	34,42	1,18	1240
d	17	8,16	31,86	0,4415	541
e	6	2,58	10,48	0,0162	62,88
Nr.	G_ν kg	$10^{-4}(f_{21}^\nu + f_{22}^\nu)$	$10^{-4}(f_{21}^\nu + \lambda f_{22}^\nu)$	$10^{-4} G_\nu (f_{21}^\nu + \lambda f_{22}^\nu)(f_{21}^\nu + f_{22}^\nu)$	$10^{-4} G_\nu (f_{21}^\nu + \lambda f_{22}^\nu)$
p	8	4,18	17,58	0,0588	140,5
q	5	14,1	61,2	0,4315	306
r	14	28,8	127,4	5,15	1785
s	26	43,32	194	21,85	5050
t	29	58,86	266,4	45,5	7720

Daraus erhält man nach Glg. (48a)

$$Z = 10^{-4}\;74{,}764, \qquad N = 10^{-4}\;17114$$

und die gleichwertige Auslenkung nach (48) zu

$$f_0 = \frac{74{,}764}{17114} = 4{,}37\;10^{-3}.$$

Die kritische Drehschnelle wird nach (33c)

$$\omega_{kr} = \left[\frac{981\;10^3}{4{,}37}\right]^{1/2} = 474/\text{sek}$$

und

$$n_{kr} = 4520\;U/\text{min}.$$

Zuletzt soll noch die fliehkraftelastische Auslenkungslinie y nach Glg. (k)

$$y_1^\mu = f_{11}^\mu + \lambda f_{12}^\mu,$$

$$y_2^\nu = f_{21}^\nu + \lambda f_{22}^\nu$$

---

[1] Für die Bestimmung des Formbeiwertes λ sind alle Auslenkungen positiv einzusetzen, da λ als Verhältnis der absoluten Beträge y_2/y_1 definiert wurde. Das Gleiche gilt für die Auslenkungen f_{ik}.

entworfen werden (Abb. 76e). Die Werte derselben sind in der Tabelle 4/7 bereits eingetragen, so daß sich nur die Übertragung in die Zeichnung ergibt. Als Maßstab hierfür ist angenommen: 1 cm der Zeichnung = 0,01 cm tatsächliche Auslenkung. In der Zeichnung ist noch zu beachten, daß y_2^{ν} entgegengesetzt zu y_1^{μ} aufgetragen werden muß.

Als Vergleich soll auch nach der KULLschen Beziehung (43) die kritische Drehzahl bestimmt werden. Die gesamten statischen Auslenkungen sind

$$f_1 = f_{11} + f_{12}, \quad f_2 = f_{21} + f_{22},$$

wobei die Einzelauslenkungen f_{ik} der Tabelle 1/7 zu entnehmen sind. Dann wird nach (43)

$$\omega_{kr} = \left[g \frac{\Sigma G (f_{ik} + f_{kk})^2}{\Sigma G (f_{ik} + f_{kk})}\right]^{1/2} = \left[981 \frac{3{,}913 \; 10^3}{16{,}637}\right]^{1/2} = 480{,}5/\text{sek},$$

$$n_{kr} = 4595 \text{ U/min}.$$

Die kritische Drehzahl nach KULL ist um zirka 2 v. H. größer als nach ZERKOWITZ.

e) Das y^2-Verfahren von R. GRAMMEL.

Anwendung: Für Wellen mit mehrfacher Belastung zwischen den Lagern und am überhängenden Ende. Besonders zweckmäßig kann die Kreiselwirkung berücksichtigt werden.

Genauigkeit: Die Genauigkeit kann durch wiederholte Anwendung des Verfahrens unter Zugrundelegung der erhaltenen fliehkraftelastischen Linie so gesteigert werden, daß das Ergebnis mit dem Eigenwert praktisch übereinstimmt bei schneller Konvergenz. Besonders beim Vorhandensein von Kreiselmomenten ist eine zahlenmäßige Kontrolle über die Zulässigkeit der Annahme möglich.

Verfahren: Masse allein. Multipliziert man die Glgn. (a) des Abschnittes III, 1 mit $m_i y_i$ und addiert sie, so erhält man unter Beachtung von $\alpha_{ik} = \alpha_{ki}$

$$\begin{aligned} m_1 y_1^2 + m_2 y_2^2 + m_3 y_3^2 + \ldots = \omega^2 [&m_1 y_1 (\alpha_{11} m_1 y_1 + \alpha_{12} m_2 y_2 + \ldots \\ &+ \alpha_{1i} m_i y_i + \ldots) + m_2 y_2 (\alpha_{21} m_1 y_1 + \alpha_{22} m_2 y_2 + \ldots + \alpha_{2i} m_i y_i + \ldots) \\ &\quad \cdot \qquad \cdot \\ &+ m_i y_i (\alpha_{i1} m_1 y_1 + \alpha_{i2} m_2 y_2 + \ldots + \alpha_{ii} m_i y_i + \ldots) \\ &\quad \cdot \qquad \cdot \qquad]. \end{aligned} \tag{a}$$

Die Teilsummen auf der rechten Seite von (a)

$$\begin{aligned} \eta_1 &= \alpha_{11} m_1 y_1 + \alpha_{12} m_2 y_2 + \ldots + \alpha_{1i} m_i y_i + \ldots, \\ \eta_2 &= \alpha_{21} m_1 y_1 + \alpha_{22} m_2 y_2 + \ldots + \alpha_{2i} m_i y_i + \ldots, \\ &\cdot \qquad \cdot \qquad \cdot \\ &\cdot \qquad \cdot \qquad \cdot \\ \eta_i &= \alpha_{i1} m_1 y_1 + \alpha_{i2} m_2 y_2 + \ldots + \alpha_{ii} m_i y_i + \ldots, \\ &\cdot \qquad \cdot \qquad \cdot \end{aligned}$$

stellen die fliehkraftelastischen Auslenkungen vor durch das Wirken der gesamten, auf $\omega_0^2 = 1/\text{sek}^2$ reduzierten Fliehkräfte. Damit wird aus (a)

$$\sum^n m y^2 = \omega^2 \sum^n m y \eta. \tag{b}$$

Die kritische Drehschnelle ist dann bei Voraussetzung zentrischer Massen (S. 4) verhältnisgleich den Summenausdrücken, also

$$\omega_{kr}^2 = \frac{\sum^n m\, y^2}{\sum^n m\, y\, \eta}. \tag{52}$$

A. STODOLA hat die Glg. (52) mit Hilfe der Formänderungsarbeit abgeleitet, wobei die fliehkraftelastische Linie mit ω_0^2 errechnet ist ($\eta\, \omega_0^2 = \zeta$), so daß also in (52) noch ω_0^2 einzuführen ist. Die Beziehung (52) lautet dann unter dieser Voraussetzung

$$\omega_{kr}^2 = \omega_0^2 \frac{\sum^n m\, y^2}{\sum^n m\, y\, \zeta}. \tag{52a}$$

Wichtig ist jetzt, welche Werte für die Auslenkung y einzusetzen sind. Hierfür wird eine den Randbedingungen entsprechende Auslenkungslinie y angenommen und mit den Fliehkräften $m y$ oder $m y \omega_0^2$ die zugehörige fliehkraftelastische Auslenkungslinie ermittelt. Nach (52) oder (52a) ist dann die kritische Drehschnelle bestimmt. Zur Kontrolle kann das Verfahren wiederholt werden unter Zugrundelegung der erhaltenen fliehkraftelastischen Auslenkungen. In den meisten Fällen ist jedoch das Ergebnis des ersten Schrittes praktisch ausreichend.

Masse und Kreiselmoment. Multipliziert man in Abschnitt III, 1 die Glgn. (e) mit $m_i y_i$, die Glgn. (f) mit $(q_i - 1) B_i \delta_i$, so erhält man nach dem Einsetzen der Ausdrücke für F_i und K_{gli} (für die Präzession im Gleichlauf, S. 15) und nach Summierung aller Beziehungen (e) bzw. (f) mit $\alpha_{ik} = \alpha_{ki}$, $\beta_{ik} = \alpha_{ki}'$, $\beta_{ki} = \alpha_{ik}'$, $\beta_{ii} = \alpha_{ii}$, $\beta_{ik}' = \beta_{ki}'$ nach S. 58

$$\begin{aligned} m_1 y_1^2 + \ldots + m_i y_i^2 + \ldots \\ = \omega^2 [m_1 y_1 (\alpha_{11} m_1 y_1 + \alpha_{12} m_2 y_2 + \ldots + \alpha_{1i} m_i y_i + \ldots) \\ + m_2 y_2 (\alpha_{21} m_1 y_1 + \alpha_{22} m_2 y_2 + \ldots + \alpha_{2i} m_i y_i + \ldots) \\ + \ldots\ldots\ldots)] \\ - \omega^2 [(q_1 - 1) B_1 \delta_1 (\alpha_{11}' m_1 y_1 + \alpha_{12}' m_2 y_2 + \ldots + \alpha_{1i}' m_i y_i + \ldots) \\ + (q_2 - 1) B_2 \delta_2 (\alpha_{21}' m_1 y_1 + \alpha_{22}' m_2 y_2 + \ldots + \alpha_{2i}' m_i y_i + \ldots) \\ + \ldots\ldots\ldots)], \end{aligned} \tag{c}$$

$$\begin{aligned} (q_1 - 1) B_1 \delta_1^2 + \ldots + (q_i - 1) B_i \delta_i^2 + \ldots \\ = \omega^2 [(q_1 - 1) B_1 \delta_1 (\alpha_{11}' m_1 y_1 + \alpha_{12}' m_2 y_2 + \ldots + \alpha_{1i}' m_i y_i + \ldots) \\ + (q_2 - 1) B_2 \delta_2 (\alpha_{21}' m_1 y_1 + \alpha_{22}' m_2 y_2 + \ldots + \alpha_{2i}' m_i y_i + \ldots) \\ + \ldots\ldots\ldots)] \\ - \omega^2 [(q_1 - 1) B_1 \delta_1 (\beta_{11}' (q_1 - 1) B_1 \delta_1 + \beta_{12}' (q_2 - 1) B_2 \delta_2 + \ldots \\ + \beta_{1i}' (q_i - 1) B_i \delta_i + \ldots) \\ + (q_2 - 1) B_2 \delta_2 (\beta_{21}' (q_1 - 1) B_1 \delta_1 + \beta_{22}' (q_2 - 1) B_2 \delta_2 + \ldots \\ + \beta_{2i}' (q_i - 1) B_i \delta_i + \ldots) \\ + \ldots\ldots\ldots)]. \end{aligned} \tag{d}$$

Darin sind die Teilsummen

$$\begin{aligned} \eta_1 &= \alpha_{11} m_1 y_1 + \alpha_{12} m_2 y_2 + \ldots + \alpha_{1i} m_i y_i + \ldots, \\ \eta_2 &= \alpha_{21} m_1 y_1 + \alpha_{22} m_2 y_2 + \ldots + \alpha_{2i} m_i y_i + \ldots, \\ &\cdot \qquad \cdot \\ &\cdot \qquad \cdot \end{aligned}$$

die fliehkraftelastischen Auslenkungen unter der Wirkung aller, auf $\omega_0^2 = 1$ reduzierten Fliehkräfte $m y$,

$$\psi_1 = x_{11}' m_1 y_1 + \alpha_{12}' m_2 y_2 + \ldots + \alpha_{1i}' m_i y_i + \ldots,$$
$$\psi_2 = \alpha_{21}' m_1 y_1 + \alpha_{22}' m_2 y_2 + \ldots + \alpha_{2i}' m_i y_i + \ldots,$$
$$\vdots \qquad\qquad \vdots$$

die Neigungen der fliehkraftelastischen Linie durch alle auf $\omega_0^2 = 1$ reduzierten Fliehkräfte $m y$ und

$$\chi_1 = \beta_{11}' (q_1 - 1) B_1 \delta_1 + \beta_{12}' (q_2 - 1) B_2 \delta_2 + \ldots + \beta_{1i}' (q_i - 1) B_i \delta_i + \ldots,$$
$$\chi_2 = \beta_{21}' (q_1 - 1) B_1 \delta_1 + \beta_{22}' (q_2 - 1) B_2 \delta_2 + \ldots + \beta_{2i}' (q_i - 1) B_i \delta_i + \ldots,$$
$$\vdots \qquad\qquad \vdots$$

die Neigungen der Auslenkungslinie, die durch das Wirken der gesamten auf $\omega_0^2 = 1$ reduzierten Kreiselmomente $(q - 1) B \delta$ unter jeder Masse hervorgebracht werden.

Die Ausdrücke (c) und (d) können auch

$$\sum^n m y^2 = \omega^2 \sum^n m y \eta - \omega^2 \sum^n (q - 1) B \delta \psi, \tag{c}$$

$$\sum^n (q - 1) B \delta^2 = \omega^2 \sum^n (q - 1) B \delta \psi - \omega^2 \sum^n (q - 1) B \delta \chi \tag{d}$$

geschrieben werden, während sich die Teilsummen mit

$$\eta = \sum^n \alpha_{ik} m_k y_k = \sum^n \alpha_{ki} m_k y_k,$$
$$\psi = \sum^n \alpha_{ik}' m_k y_k,$$
$$\chi = \sum^n \beta_{ik}' (q_k - 1) B_k \delta_k = \sum^n \beta_{ki}' (q_k - 1) B_k \delta_k$$

übersichtlich darstellen lassen. Setzt man der Einfachheit halber

$$\left.\begin{aligned} u &= \sum^n m y^2, \\ v &= \sum^n (q - 1) B \delta^2, \end{aligned}\right\} \text{ aus der angenommenen } y\text{-Linie gebildet,}$$

$$\left.\begin{aligned} a &= \sum^n m y \eta, \\ b &= \sum^n (q - 1) B \delta \psi, \end{aligned}\right\} \text{ aus den reduz. Fliehkräften } m y \text{ errechnet,}$$

$$c = \sum^n (q - 1) B \delta \chi, \quad \text{aus den reduz. Kreiselmomenten errechnet,}$$

also
$$u = \omega^2 (a - b), \quad v = \omega^2 (b - c),$$

so müssen, da beide Beziehungen (c) und (d) quadratische Bestimmungsgleichungen für ω sind, folgende Verhältniswerte bei Übereinstimmung von ω mit dem Eigenwert ω_{gl} erfüllt sein:

$$\frac{u}{v} = \frac{a}{b} = \frac{b}{c}.$$

Damit folgt

$$b = \sqrt{ac},$$

so daß

$$\frac{u}{v} = \sqrt{\frac{a}{c}} \quad \text{oder} \quad \frac{\sum^n m\, y^2}{\sum^n (q-1)\, B\, \delta^2} = \sqrt{\frac{\sum^n m\, y\, \eta}{\sum^n (q-1)\, B\, \delta\, \chi}}. \tag{e}$$

Mit Hilfe dieser streng richtigen Beziehung (e) kann die Zuverlässigkeit der angenommenen elastischen Linie y geprüft werden. Aus (c) kann jetzt die kritische Gleichlaufdrehzahl bestimmt werden; in der abgekürzten Schreibweise lautet (c) nach Einführen von $b = \sqrt{ac}$

$$u = \omega^2 a \left(1 - \sqrt{\frac{c}{a}}\right).$$

Setzt man noch für die Summenausdrücke in Glg. (52)

$$\omega_{kr}^2 = \frac{u}{a},$$

so wird die kritische Gleichlaufdrehschnelle

$$\omega_{gl}^2 = \omega_{kr}^2 \frac{1}{1 - \sqrt{\frac{c}{a}}} = \omega_{kr}^2 \frac{1}{1 - \sqrt{\frac{\sum (q-1)\, B\, \delta\, \chi}{\sum m\, y\, \eta}}}. \tag{53}$$

In den Entwicklungen für die Glg. (53) ist angegeben, daß η die fliehkraftelastische Auslenkung durch die gesamten auf $\omega_0^2 = 1$ reduzierten Fliehkräfte darstellt, während χ die Neigung der Auslenkungslinie durch das alleinige Wirken der gesamten auf $\omega_0^2 = 1$ bezogenen Kreiselmomente in den Massenbefestigungspunkten ist. Dies ist aber in (53) nicht mehr Voraussetzung, da bei bereits errechnetem ω_{kr} [ohne Kreiselwirkung, nach Glg. (52) oder (52a)] im Nenner das Verhältnis der beiden Summenausdrücke steht, so daß η und χ allgemein auch mit ω_0^2 ermittelt sein können. $q = A/B$ ist das Verhältnis der Massenträgheitsmomente der Scheiben.

Die Beziehung (53) gestattet nun nach R. GRAMMEL in Übereinstimmung mit Glg. (31) eine wichtige Voraussage. Ist in (53) das Verhältnis $c/a \geqq 1$, so wird die kritische Gleichlaufdrehschnelle erster Ordnung bereits ∞ oder imaginär. Dies ist der Fall bei kurzen Wellen mit Besetzung durch Scheiben mit sehr großen Massenträgheitsmomenten. Der Aufbau der Beziehung (53) erinnert an die Glg. (26), wenn man für $p^2 = 1/(1 - \sqrt{c/a})$ setzt.

Zusammenfassung. Das angegebene Verfahren ermöglicht eine Steigerung der Genauigkeit durch wiederholte Anwendung. Es ist besonders dann empfehlenswert, wenn Kreiselmomente zu berücksichtigen sind, da an Hand einer streng zutreffenden Bedingungsgleichung eine Kontrolle der Annahmen möglich ist.

Beispiel 8.

Es soll die kritische Drehzahl des Läufers nach Abb. 80 bestimmt werden. Bei Vernachlässigung der Kreiselwirkung können hiefür die Zahlenausdrücke α_{11} und β_{11} des Beispieles 10 direkt übernommen werden. Da dasselbe Beispiel zweimal gerechnet wurde, seien die Ergebnisse beider Schritte angeschrieben.

Erster Schritt (mit angenommener Auslenkungslinie als Ausgangsfunktion):

$$\Sigma m y^2 = 0{,}3775 \text{ kgcmsek}^2,$$
$$\Sigma m y \zeta = 14{,}394 \; 10^{-5} \text{ kgcmsek}^2 \text{ für}$$
$$\omega_0^2 = 100/\text{sek}^2$$

ermittelt.

Zweiter Schritt (mit der fliehkraftelastischen Linie des ersten Schrittes als Ausgangsfunktion):

$$\Sigma m y^2 = 0{,}4944 \text{ kgcmsek}^2,$$
$$\Sigma m y \zeta = 19{,}21 \; 10^{-5} \text{ kgcmsek}^2 \text{ für}$$
$$\omega_0^2 = 100/\text{sek}^2$$

ermittelt.

Nach (52a) ergibt sich dann die kritische Drehschnelle für den ersten Schritt zu

$$\omega_{kr} = 10 \sqrt{\frac{0{,}3775 \; 10^5}{14{,}394}} = 512/\text{sek},$$

für den zweiten Schritt zu

$$\omega_{kr} = 10 \sqrt{\frac{0{,}4944 \; 10^5}{19{,}21}} = 507/\text{sek}.$$

Die geringe Abweichung der beiden Lösungen zeigt die Zuverlässigkeit des Verfahrens. Gegenüber der Lösung des Beispieles 10 ist ω_{kr} im zweiten Schritt um 1 v. H. größer.

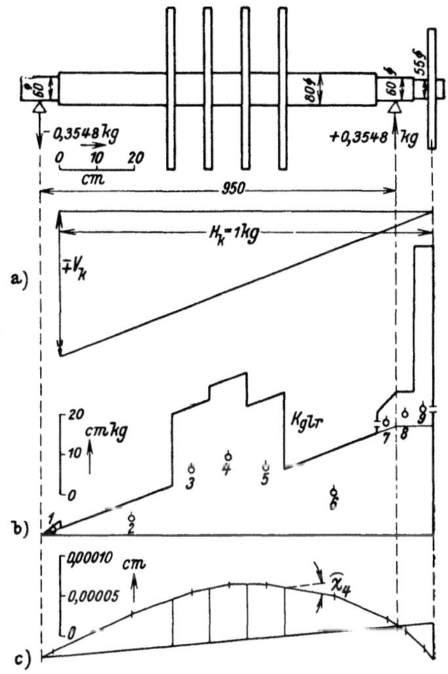

Abb. 77. Graphische Ermittlung der Auslenkung durch die Kreiselmomente der Scheiben für den Läufer nach Abb. 80; zu Beispiel 8 nach dem y^2-Verfahren von R. GRAMMEL.

Bei diesem Beispiel soll noch die Kreiselwirkung der Scheiben berücksichtigt werden (Abb. 77). Die äquatorialen Massen-Trägheitsmomente der Scheiben sind in der Tabelle 1/8 eingetragen. Zur Bestimmung der einzelnen Kreiselmomente bei der Hilfsdrehschnelle $\omega_0 = 10$/sek ist vorausgesetzt, daß für alle Scheiben $q = 2$, also $q - 1 = 1$ ist. Damit ergeben sich die Kreiselmomente nach Tabelle 1/8. Für die Neigungswinkel δ an die angenommene elastische Linie (Abb. 80a) des Beispieles 10 kann $\sin \delta = \delta$ gesetzt werden. Die Kreiselmomente der übrigen Wellenteile können vernachlässigt werden.

Die Reaktion im linken Lager ist

$$V_k = \frac{K_{gl1} + K_{gl2} - K_{gl3} - K_{gl4} - K_{gl5}}{l} = -0{,}3548 \text{ kg},$$

im rechten Lager

$$V_k = \frac{-K_{gl1} - K_{gl2} + K_{gl3} + K_{gl4} + K_{gl5}}{l} = +0{,}3548 \text{ kg}.$$

Tabelle 1/8.

$\omega_0 = 10/\text{sek}, \; J_r = 201 \text{ cm}^4, \; E = 2{,}1 \; 10^6 \text{ kg/cm}^2.$

Scheiben Nr.	m kgsek²cm⁻¹	B cm kgsek²	δ	K_{gl} cm kg	$\frac{K_{gl}}{l}$ kg	$10^4 B\delta^2$	$10^6 \chi$	$10^7 (q-1) B\delta\chi$
1	0,0255	4,5	0,037	16,65	0,1753	61,6	1,31	2,181
2	0,0255	4,5	0,007	3,15	0,0332	2,2	0,45	0,1416
3	0,0255	4,5	0,018	8,1	0,0853	14,6	0,3	0,243
4	0,0255	4,5	0,0405	18,22	0,192	73,8	1,47	2,68
5	0,0153	3	0,0906	27,18	0,286	246	5,6	15,2
					$10^4 \Sigma B\delta^2 = 398{,}2$		$10^7 \Sigma (q-1) B\delta\chi = 20{,}446$	

Mit diesen beiden Reaktionskräften und dem angenommenen Horizontalzug $H_k = 10$ cm ist der Kräfteplan bestimmt; durch Parallelverschieben der Polstrahlen kann die Kreiselmomentenfläche entworfen werden (Abb. 77b). Diesbezüglich sei auf Abschnitt III, 3a „Masse und Kreiselmoment" verwiesen. Nach der Reduktion der Kreiselmomentenfläche auf $J_r = 201$ cm⁴ wird die Auslenkungslinie nach MOHR graphisch ermittelt und an den Scheibenbefestigungsstellen die Neigung $\text{tg}\,\chi = \chi$ entnommen.

Maßstäbe	Zeichnung		Wirklichkeit
Längen	1 cm	=	10 cm
Kräfte	1 cm	=	0,1 kg
Horizontalzug H_k	10 cm	=	1 kg
Kreiselmomentenordinate h	1 cm	=	10 cm kg
Kreiselmomentenfläche	1 cm²	=	100 cm² kg
Momentenflächenbelastung	1 cm	=	100 cm² kg
Horizontalzug H_2	42,2 cm	=	42200 cm² kg
Auslenkung	1 cm	=	0,00005 cm

Tabelle 2/8. Kreiselmomentenflächen.

Nr.	1	2	3	4	5	6	7	8	9
ΔF cm²	0,087	2,14	3,18	3,86	3,37	5,2	4,15	4,29	6,07
$K_{glr}\, i\, \Delta x$ cm² kg	8,7	214	318	386	337	520	415	429	607

Damit kann nach Glg. (53) die kritische Gleichlaufdrehschnelle ω_{gl} berechnet werden:

$$\omega_{gl} = 507 \left(\frac{1}{1 - \sqrt{\frac{20{,}446 \; 10^6}{19{,}21 \; 10^7}}} \right)^{1/2} = 536/\text{sek}.$$

Zur Kontrolle für die Zulässigkeit der diesem Beispiel zugrunde gelegten y-Linie sei die Beziehung (e) herangezogen. Die einzelnen Verhältniswerte

$$\frac{\Sigma\, m\, y^2}{\Sigma\, B\, \delta^2} = \frac{0{,}4944\ 10^4}{398{,}2} = 12{,}4,$$

$$\sqrt{\frac{\Sigma\, m\, y\, \eta}{\Sigma\,(q-1)\, B\, \delta\, \chi}} = \sqrt{\frac{19{,}21\ 10^7}{20{,}44\ 10^5}} = 9{,}7$$

sind nicht gleich, wie vorgeschrieben. Deshalb müßte unter Zugrundelegung der neuen y-Linie (aus den Ordinaten der erhaltenen fliehkraftelastischen Linie und der durch die Kreiselmomente ermittelten Auslenkungslinie gebildet) das Rechnungsverfahren wiederholt werden. Diese Arbeit ist nach dem vorgeführten Beispiel leicht durchführbar; sie wurde hier unterlassen.

4. Auf die Formänderungsarbeit gegründetes Näherungsverfahren von V. BLAESS.

Bezeichnungen:

t_0	= Momentenflächenordinate, aus der Zeichnung abgenommen	cm
$\mathfrak{A}_F$	= Arbeit der Fliehkräfte	cm kg
$\mathfrak{A}_i$	= Formänderungsarbeit	cm kg
i	= Verkleinerungsmaßstab der Längenabmessungen	
p	= Vergrößerungsfaktor	

Anwendung: Für zweifach gelagerte Wellen mit mehreren Massen zwischen den Lagern und nur einer fliegenden Masse am Antriebsstummel.

Genauigkeit: Die Genauigkeit ist bei gut geschätzter Auslenkungslinie oder bei Zugrundelegung der statischen Auslenkung praktisch ausreichend.

Verfahren: Das BLAESSsche Verfahren beruht auf dem Satze, daß die Welle in der kritischen Drehschnelle im indifferenten Gleichgewicht rotiert, wenn die Massenschwerpunkte genau in der Drehachse liegen. Dann muß für jeden ausgelenkten Zustand Gleichgewicht zwischen der Arbeit der Fliehkräfte und der gesamten Formänderungsarbeit der Welle bestehen. Die Arbeit der Fliehkräfte ergibt sich im kritischen Zustand zu

$$\mathfrak{A}_F = \Sigma F\,\frac{b}{2} = {}^1/_2\,\Sigma\,\frac{G}{g}\,b^2\,\omega_{kr}^2, \tag{a}$$

die gesamte Formänderungsarbeit der Welle zu

$$\mathfrak{A}_i = {}^1/_2\int_0^l \frac{M^2}{EJ}\,dx. \tag{b}$$

Unbekannt ist in (a) die kritische Drehschnelle ω_{kr}, in (b) das Biegemoment M bei ω_{kr}; b mißt die angenommene Auslenkung der Welle im Massenbefestigungspunkt.

Zur Ermittlung des tatsächlichen Biegemomentes M der Fliehkräfte wird ein Hilfsmoment M_0 herangezogen, das durch Fliehkräfte $F_0 = m b \omega_0^2$ bei der Hilfsdrehschnelle ω_0 entsteht. Dieses Hilfsmoment hat allgemein in jedem Punkte der Wellenachse die Größe

$$M_0 = \varphi(\mathrm{G}, b, \omega_0, x) \tag{c}$$

und ist analytisch oder graphisch nach den Regeln der Statik leicht zu bestimmen. Da die Momente M und M_0 nur von den Fliehkräften herrühren und die angenommene Auslenkung b auch in der kritischen Drehschnelle in gleicher Größe möglich ist ($e = 0$), so kann das Moment M in der kritischen Drehschnelle aus M_0 zu

$$M = M_0 \left(\frac{\omega_{kr}}{\omega_0}\right)^2 \tag{d}$$

gebildet werden. Führt man dies in (b) ein, so wird

$$\mathfrak{A}_i = \frac{1}{2}\left(\frac{\omega_{kr}}{\omega_0}\right)^4 \int_0^l \frac{M_0^2}{EJ}\, dx. \tag{e}$$

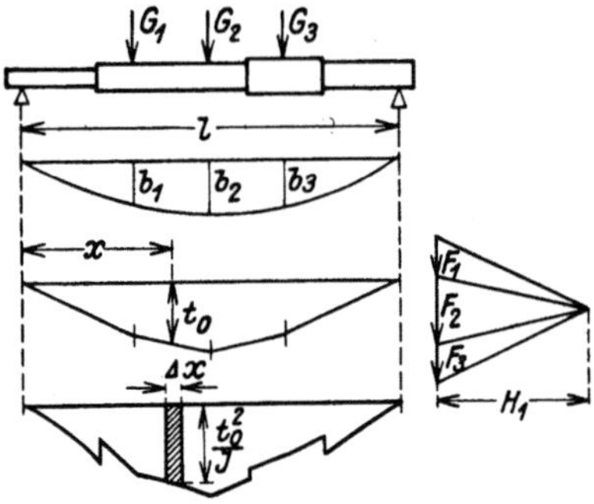

Abb. 78. Zweifach kugelig gelagerte Welle mit drei Massen.

Durch Gleichsetzen von (a) und (e) folgt die kritische Drehschnelle

$$\omega_{kr}^2 = \frac{\omega_0^4}{g} E \frac{\Sigma G b^2}{\int_0^l \frac{M_0^2}{J}\, dx}. \tag{54}$$

Für die Ermittlung der Formänderungsarbeit der Welle ist die graphische Methode vorzuziehen.

Mit den Fliehkräften, welchen ω_0 als Hilfsdrehschnelle zugrundegelegt ist, wird ein Fliehkraftplan gezeichnet (Abb. 78), dessen Horizontalzug $= H_1$ ist. Nach dem Übertragen der Polstrahlen begrenzt die Schlußlinie die Hilfsmomentenfläche M_0. Da die Längenabmessungen der Welle in der Zeichnung in i-facher Verkleinerung dargestellt sind, so hat (mit t_0 in Zentimetern aus der Zeichnung entnommenen Momentenflächenordinate) das Hilfsmoment M_0 in jedem Punkte der Wellenachse den Betrag

$$M_0 = i t_0 H_1.$$

Das Integral im Nenner von (54) kann daher auch

$$\int_0^l \frac{M_0^2}{J}\, dx = i^2 H_1^2 \int_0^l \frac{t_0^2}{J}\, dx \tag{f}$$

geschrieben werden. Nun bestimmt man längs der Wellenachse die Funktion t_0^2/J, woraus sich eine sägeartige Grenzlinie für die Fläche ergibt, welche als Ordinaten die auf das Wellenquerschnitt-Trägheitsmoment 1 bezogenen, zum Quadrat erhobenen zeichnerischen Ordinaten t_0 der Hilfsmomentenfläche M_0 enthält. Damit die notwendige Flächenbildung $\left(\int_0^l\right)$ möglichst genau durchführbar ist, wird man die Höhen t_0^2/J in p-facher Vergrößerung zeichnen. Für (f) kann daher

$$\int_0^l \frac{M_0^2}{J}\, dx \approx \frac{i^3}{p} H_1^2 \sum_0^l \frac{t_0^2}{J} \Delta x \tag{g}$$

gesetzt werden, wenn Δx eine kleine Länge längs der Wellenachse bedeutet und in Zentimetern aus der Zeichnung abgenommen wird (Abb. 78).[1] Die kritische Drehschnelle ist daher auch

$$\omega_{kr}^2 = \frac{\omega_0^4}{g} \frac{p E}{i^3 H_1^2} \frac{\Sigma G b^2}{\sum\limits_0^l \frac{t_0^2}{J} \Delta x} . \tag{54a}$$

Beispiel 9.

Es soll die kritische Drehzahl für den Läufer des Beispieles 4 nachkontrolliert werden. Übernommen werden die Ordinaten b der angenommenen Auslenkungslinie, weil sich in Beispiel 4 gute Übereinstimmung mit der fliehkraftelastischen Linie ergeben hat. Ebenso kann die Momentenfläche der Fliehkräfte $F_0 = m b \omega_0^2$ beibehalten werden ($\omega_0 = 10$/sek, $H_1 = 100$ kg), wenn die Längen im gleichen Maßstab ($i = 10$) verkleinert sind. Mit den Lasten G und den Auslenkungen b

Tabelle 1/9.

$E = 2,1 \; 10^6$ kg/cm², $\omega_0 = 10$/sek.

Last-Nr.	G kg	m kgcm⁻¹sek²	b cm	F kg	Gb^2 kgcm²	t_0 cm	J cm⁴	$100 \frac{t_0^2}{J}$ cm⁻²
1	12	0,0122	1,42	1,73	24,15	1,55	201	1,195
2	42	0,0429	2,14	9,2	192	2,64	322	2,16
3	42	0,0429	2,35	10,1	231,5	3,02	322	2,82
4	50	0,051	2,52	12,85	317	3,33	322	3,43
5	52	0,053	2,63	13,9	359	3,54	322	3,88
6	63	0,0642	2,65	17	441	3,65	322	4,13
7	60	0,0612	2,6	15,9	405	3,61	322	4,05
8	60	0,0612	2,47	15,1	365	3,43	322	3,66
9	65	0,0662	2,27	15,1	334	3,15	322	3,08
10	70	0,0714	2	14,3	280	2,72	322	2,3
11	10	0,0102	1,35	1,4	19	1,75	201	1,52
12	40	0,0408	1,55	6,3	96	0	87,6	0
					$\Sigma G b^2 = 3063,65$			

[1] Um bei der Integration die tatsächliche Wellenlänge zu berücksichtigen, muß Δx mit i vervielfacht werden, was in dem Faktor i^3 in (g) zum Ausdruck kommt.

kann in jedem Lastangriffspunkt Gb^2 bestimmt werden. Die aus dem Beispiel 4 entnommenen Werte sind in der Tabelle 1/9 angegeben.

Aus dieser entnimmt man $\sum^{12} Gb^2 = 3064$ cm²kg. Nun wird t_0^2/J bestimmt und in $p = 100$facher Vergrößerung in die Zeichnung, bzw. in die Tabelle 1/9 eingetragen.

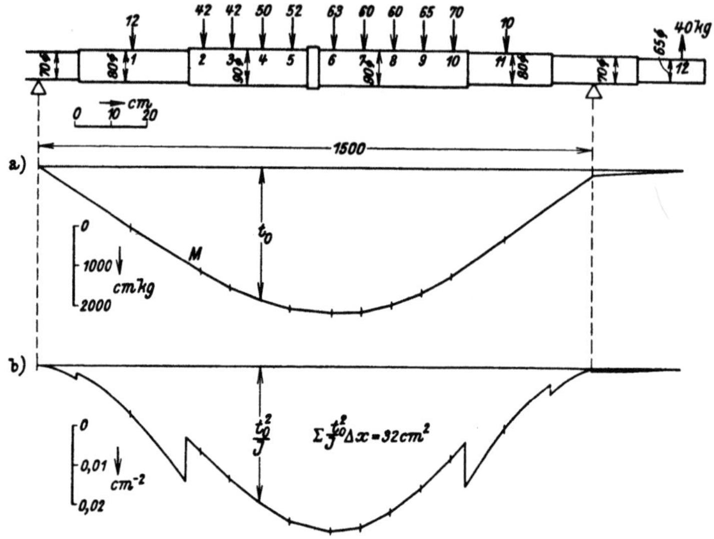

Abb. 79. Graphische Ermittlung von $\Sigma t_0^2 \Delta x/J$ für den Läufer nach Abb. 68; zu Beispiel 9 nach dem Verfahren von V. Blaess.

Maßstäbe	Zeichnung	Wirklichkeit
Längen	1 cm =	10 cm
Momentenordinate	1 cm =	1000 cmkg
t_0^2/J	1 cm =	0,01 cm⁻²

Zur Bildung der Summe $t_0^2 \Delta x/J$ längs der Welle werden aus der Abb. 79 die Ordinaten t_0^2/J in Zentimetern abgenommen, so daß die sägeartige Grenzlinie eine Fläche von

$$\sum_0^l \frac{t_0^2}{J} \Delta x = 32 \text{ cm}^2$$

einschließt.

Setzt man diese Werte in Glg. (54a) ein, so erhält man mit $p = 100$ und $E = 2{,}1$ 10^6 kg/cm² für

$$\omega_{kr}^2 = \frac{10^4}{981} \frac{100}{10^3} \frac{2{,}1\ 10^6}{10^3\ 100^2} \frac{3064}{32} = 20\,500$$

und die kritische Drehschnelle

$$\omega_{kr} = 143{,}2/\text{sek.}$$

Die kritische Drehzahl

$$n_{kr} = 1370 \text{ U/min}$$

ist in guter Übereinstimmung mit dem Ergebnis des Beispieles 4.

IV. Kritische Drehzahlen zweiter Ordnung von zweifach gelagerten, abgesetzten, mehrfach belasteten Wellen.

Im Anhang zu I. wurde schon darauf hingewiesen, daß bei mehrfach belasteten Wellen nach dem Überschreiten der ersten kritischen Drehschnelle ein ruhiger Lauf möglich ist, bis sie bei weiterer Steigerung der Geschwindigkeit in ein Gebiet kommen, in dem neuerliche starke Erschütterungen einen Betrieb unmöglich machen. Dieser Bereich umschließt die zweite kritische Drehzahl. Die zusätzliche Auslenkung der Welle besteht in diesem Zustande aus einem konkaven und einem konvexen Teil (Abb. 42b). Außer in den Lagern gibt es daher noch einen dritten Punkt der Wellenachse, welcher keine zusätzlichen Auslenkungen erfährt.[1] Dieser Punkt heißt in der Schwingungstechnik „Knotenpunkt". Die Ermittlung der kritischen Drehschnelle erster und zweiter Ordnung kommt nur für überkritisch laufende Wellen in Betracht.

Exakte Lösungen für höhere kritische Drehschnellen ergeben sich aus den Glgn. (b) des Abschnittes III, 1. Für das dort gegebene Beispiel einer glatten, masselosen Welle mit zwei Massen ist die zweite kritische Drehschnelle durch das negative Vorzeichen vor der Wurzel gegeben, hat also die Größe

$$\omega_{II}^2 = g \frac{2}{(f_{11} + f_{22}) - \sqrt{(f_{11} - f_{22})^2 + 4 f_{12} f_{21}}}. \qquad (33\,a)$$

Infolge der schon angegebenen Umständlichkeit kommt aber die exakte Ermittlung praktisch nicht in Betracht, sondern es werden auch hierfür Näherungsverfahren herangezogen. Wegen mangelnder Konvergenz bzw. langwierigen Probierens fallen die Näherungsverfahren des Abschnittes III aus.

In der ersten kritischen Drehschnelle ist die Lastrichtung durch die größte mögliche Auslenkung zur Erzielung der kleinsten kritischen Drehschnelle bestimmt. Dies ist bei gegenseitig unterstützender Wirkung aller Massen der Fall. Im kritischen Zustande zweiter Ordnung wirkt jedoch ein Teil der Massen dem anderen Teil entgegen und erzeugt auf diese Weise Auslenkungslinien nach Abb. 42b und 43b. Nach den Lastgrößen, ihrem Abstand von den Lagern und den elastischen Eigenschaften der Welle hat nur eine ganz bestimmte Aufteilung von gleichartig wirkenden Massen physikalischen Sinn. Dieser Zusammenhang einzelner, nebeneinanderliegender Massen ist im vorhinein unbekannt, also in geeigneter Weise anzunehmen. Von den Näherungsverfahren zur Bestimmung der kritischen Drehschnelle zweiter Ordnung muß nun gefordert werden, daß sie auch bei ungünstigen Annahmen schnell konvergieren, um schon in einem zweiten Schritt dem Eigenwert praktisch nahezukommen.

Die zusätzliche Auslenkung der Welle in der zweiten kritischen Drehschnelle hat eine größere spezifische Krümmung zur Folge. Die dadurch beeinflußten Kreiselmomente bewirken daher eine größere Abweichung der zweiten kritischen Drehschnelle von der zweiten Biegungsschwingungs-

[1] Die statische Durchbiegung ist für die Betrachtung wieder ohne Belang.

zahl. Durch die Verkürzung des Wellenstranges mit gleichartig wirkenden Massen wird auch der Einfluß der Querkraftdeformation größer als in der ersten kritischen Drehschnelle.

1. Das Verfahren von J. J. Koch.

Dieses Verfahren überträgt die schrittweise Verbesserung des Näherungsverfahrens von A. Stodola für die erste kritische Drehschnelle auf die Berechnung der kritischen Drehschnelle zweiter Ordnung. Für diesen Zweck wird die angenommene Ausgangsfunktion der elastischen Linie von der Eigenfunktion erster Ordnung befreit und mit den Differenzauslenkungen das Verfahren genau so durchgeführt wie unter III, 3a. Falls neue Schritte zur Verbesserung der erhaltenen Näherungslösung notwendig sind, muß auch in diesen immer wieder die Eigenfunktion erster Ordnung ausgeschieden werden, damit die Lösung nach ω_{II} konvergiert. Zur Abkürzung des Verfahrens können wieder Mittelwertbildungen herangezogen werden, wobei vorerst auf die kritische Drehschnelle erster Ordnung zurückgegriffen sei.

Die Auslenkung der Welle im kritischen Zustand erster Ordnung kann als Summe der Normalfunktionen ihrer i kritischen Eigenfunktionen aufgefaßt werden ($i = 1, 2, 3, \ldots$). In dieser Darstellung ergibt sich

$$y_{1(1)} = \alpha_1 \eta_1 + \alpha_2 \eta_2 + \alpha_3 \eta_3 + \ldots . \tag{a}$$

Jedes Glied stellt die normierte Eigenfunktion i-ter Ordnung der Welle vor.[1] Läßt man die mit $y_{1(1)}$ ausgebogene Welle mit der Hilfsdrehschnelle $\omega_0 = 1/\text{sek}$ umlaufen, so erzeugen die auf $\omega_0^2 = 1$ reduzierten Fliehkräfte $m y_{1(1)}$ die fliehkraftelastische Auslenkung $y_{1(2)}$. Sind, wie vorausgesetzt, in $y_{1(1)}$ die normierten Funktionen $\eta_1, \eta_2, \eta_3, \ldots$ bereits Eigenlösungen 1., 2., 3., ... Ordnung, so haben in der erhaltenen fliehkraftelastischen Auslenkungslinie $y_{1(2)}$ die Reihenglieder die Größe $\frac{\alpha_i \eta_i}{\omega_i^2}$, so daß[2]

$$y_{1(2)} = \alpha_1 \frac{\eta_1}{\omega_I^2} + \alpha_2 \frac{\eta_2}{\omega_{II}^2} + \alpha_3 \frac{\eta_3}{\omega_{III}^2} + \ldots . . \tag{b}$$

Vernachlässigt man in (b) in erster Näherung die kritischen Drehschnellen zweiter und dritter Ordnung ($\omega_{III}^2 \gg \omega_I^2$, $\omega_{II}^2 > \omega_I^2$) und in (a) die nur geringen Anteil nehmenden Summenglieder $\alpha_2 \eta_2, \alpha_3 \eta_3, \ldots$, so reduzieren sich (a) und (b) auf

$$y_{1(1)} \approx \alpha_1 \eta_1 , \tag{c}$$

$$y_{1(2)} \approx \alpha_1 \frac{\eta_1}{\omega_I^2} . \tag{d}$$

$\omega_I^2 y_{1(2)}$ wird besser mit $\alpha_1 \eta_1$ übereinstimmen als $y_{1(1)}$; für Näherungslösungen wird sich das errechnete ω_{kr} dem Eigenwert ω_I um so mehr

[1] Die normierte Funktion erhält man aus der Eigenfunktion, wenn man diese so mit einer Konstanten vervielfacht, daß $\varkappa^2 \int_0^l [f(b)]^2 m \, dx = \int_0^l \eta^2 m \, dx = 1$ wird.

[2] Die Fußnote 1 oder I kennzeichnet die Ordnung der kritischen Drehschnelle, die Fußnote (1), (2), (3), ... die Anzahl der bereits durchgeführten Rechnungsschritte.

nähern, je öfter das angegebene Verfahren wiederholt wird (vgl. das Verf. von A. STODOLA). Zur Abkürzung dieses Näherungsverfahrens läßt sich nun eine ähnliche Mittelwertbildung wie in III, 3e verwenden.

Zwei zu zwei Eigenwerten ($\omega_i \neq \omega_k$) gehörige normierte Eigenfunktionen gehorchen der Beziehung

$$\int_0^l \eta_i \, \eta_k \, \mu \, dx = 0, \qquad (i \neq k), \tag{e}$$

d. h. sie sind orthogonal zueinander. Zum Beweis für diese Behauptung wird die Glg. (c) des Abschnittes II, 1 herangezogen.

Sind η_i und η_k zwei zu zwei verschiedenen Eigenwerten ω_i und ω_k gehörende Eigenlösungen der Differentialgleichung (c), so schreibt sich diese:

$$(EJ\eta_i'')'' - \mu\,\omega_i^2 \eta_i = 0, \tag{f}$$

$$(EJ\eta_k'')'' - \mu\omega_k^2 \eta_k = 0, \tag{g}$$

worin μ = Masse der Längeneinheit. Aus (f) folgt

$$\mu\,\eta_i = \frac{1}{\omega_i^2} (EJ\eta_i'')''. \tag{h}$$

Wird nun $\mu\eta_i$ in (e) durch die rechte Seite von (h) ersetzt, so erhält man

$$\int_0^l \eta_i \, \eta_k \, \mu \, dx = \frac{1}{\omega_i^2} \int_0^l (EJ\eta_i'')'' \, \eta_k \, dx. \tag{i}$$

Durch viermalige partielle Integration folgt

$$\int_0^l \eta_i \, \eta_k \, \mu \, dx = \frac{1}{\omega_i^2} \left(EJ\eta_i'''\eta_k - EJ\eta_i''\eta_k' + EJ\eta_i'\eta_k'' - EJ\eta_i\eta_k'''\right)\Big|_0^l + \frac{1}{\omega_i^2} \int_0^l (EJ\eta_k'')''\eta_i \, dx. \tag{k}$$

Berücksichtigt man, daß $EJ\eta''' = Q$, $EJ\eta'' = M$ und nach (g) für $(EJ\eta_k'')'' = \mu\omega_k^2 \eta_k$ geschrieben werden kann, so ist (k) auch

$$\int_0^l \eta_i \, \eta_k \, \mu \, dx = \frac{1}{\omega_i^2} \left(Q_i \, \eta_k - M_i \, \eta_k' + M_k \, \eta_i' - Q_k \, \eta_i\right)\Big|_0^l + \frac{\omega_k^2}{\omega_i^2} \int_0^l \eta_i \, \eta_k \, \mu \, dx. \tag{l}$$

Für die Wellenlagerung gelten nun die Randbedingungen:

Lagerung links	Lagerung rechts	$x = 0$	$x = l$
kugelig einstellbar	kugelig einstellbar	$\eta_0 = 0, \quad M_0 = 0$	$\eta_l = 0, \quad M_l = 0$
eingespannt	eingespannt	$\eta_0 = 0, \quad \eta_0' = 0$	$\eta_l = 0, \quad \eta_l' = 0$
eingespannt	kugelig einstellbar	$\eta_0 = 0, \quad \eta_0' = 0$	$\eta_l = 0, \quad M_l = 0$

In allen diesen Fällen wird der erste Summenausdruck für die Grenzen $x = 0$ und l gleich Null, so daß sich (l) auf

$$\int_0^l \eta_i \eta_k \mu \, dx = \frac{\omega_k^2}{\omega_i^2} \int_0^l \eta_i \eta_k \mu \, dx \tag{m}$$

vereinfacht. Da aber infolge $i \neq k$ das Verhältnis $\frac{\omega_k^2}{\omega_i^2} \lessgtr 1$ ist, so muß in (m)

$$\int_0^l \eta_i \eta_k \mu \, dx = 0 \tag{n}$$

sein, womit die obige Behauptung bewiesen ist.

Für die bei praktischen Beispielen vorliegende Belastung durch Einzelmassen lautet die Normierungs- und die Orthogonalitätsbedingung

$$\Sigma m \eta_i \eta_k = \begin{matrix} 1 \text{ für } i = k \\ 0 \text{ für } i \neq k \end{matrix}. \tag{o}$$

Bildet man nun unter den Bedingungen (o) mit (a) und (b) die Ausdrücke

$$\Sigma y_{1(1)} y_{1(2)} m = \Sigma (\alpha_1 \eta_1 + \alpha_2 \eta_2 + \alpha_3 \eta_3 + \ldots)$$
$$\left(\alpha_1 \frac{\eta_1}{\omega_I^2} + \alpha_2 \frac{\eta_2}{\omega_{II}^2} + \alpha_3 \frac{\eta_3}{\omega_{III}^2} + \ldots\right) m$$
$$= \frac{\alpha_1^2}{\omega_I^2} \Sigma \eta_1^2 m + \frac{\alpha_2^2}{\omega_{II}^2} \Sigma \eta_2^2 m + \frac{\alpha_3^2}{\omega_{III}^2} \Sigma \eta_3^2 m + \ldots, \tag{p}$$

$$\Sigma y_{1(2)}^2 m = \frac{\alpha_1^2}{\omega_I^4} \Sigma \eta_1^2 m + \frac{\alpha_2^2}{\omega_{II}^4} \Sigma \eta_2^2 m + \frac{\alpha_3^2}{\omega_{III}^4} \Sigma \eta_3^2 m + \ldots, \tag{q}$$

so erhält man unter Vernachlässigung der Glieder dritter Ordnung (wegen ihrer Kleinheit), wenn (p) durch (q) dividiert wird:

$$\frac{\Sigma m y_{1(1)} y_{1(2)}}{\Sigma m y_{1(2)}^2} = \omega_I^2 \frac{1 + \left(\frac{\omega_I}{\omega_{II}}\right)^2 \left(\frac{\alpha_2}{\alpha_1}\right)^2}{1 + \left(\frac{\omega_I}{\omega_{II}}\right)^4 \left(\frac{\alpha_2}{\alpha_1}\right)^2}. \tag{r}$$

Da die Glieder (ω_I/ω_{II}), (α_2/α_1) — an sich klein — noch in höheren Potenzen vorkommen, so können sie vernachlässigt werden, so daß man für die kritische Drehschnelle erster Ordnung die Beziehung

$$\omega_I^2 \approx \frac{\Sigma m y_{1(1)} y_{1(2)}}{\Sigma m y_{1(2)}^2} \tag{55}$$

erhält. Legt man nun $y_{1(2)}$ einem neuen Rechnungsschritt zugrunde, dessen Ergebnis $y_{1(3)}$ ist, so erhält man für die Beziehung (r)

$$\frac{\Sigma m y_{1(2)} y_{1(3)}}{\Sigma m y_{1(3)}^2} = \omega_I^2 \frac{1 + \left(\frac{\omega_I}{\omega_{II}}\right)^6 \left(\frac{\alpha_2}{\alpha_1}\right)^2}{1 + \left(\frac{\omega_I}{\omega_{II}}\right)^8 \left(\frac{\alpha_2}{\alpha_1}\right)^2}, \tag{55a}$$

worin neben den Gliedern höherer als zweiter Ordnung im Nenner wieder $(\omega_I/\omega_{II})^8 (\alpha_2/\alpha_1)^2$ gegen 1 vernachlässigt werden kann. Setzt man den

Zähler angenähert gleich 1, so ist der Fehler im zweiten Schritt nur noch von der Größenordnung $(\omega_I/\omega_{II})^6\,(\alpha_2/\alpha_1)^2$. Das Mittelwertverfahren (55) konvergiert also sehr rasch. Die angegebene Entwicklung zeigt gleichzeitig, daß die Beziehung von der Form (55) eine obere Grenze für die kritische Drehschnelle ergibt.

Für die praktische Auswertung ist zu sagen, daß $y_{1(1)}$ in (a) nur den mathematischen Ausdruck der angenommenen Auslenkungslinie darstellt, d. h. $y_{1(1)}$ wird so angenommen, daß sie den Randbedingungen genügt. $y_{1(2)}, y_{1(3)}, \ldots$ sind die nach den unter Abschnitt VI bekannten Verfahren ermittelten fliehkraftelastischen Auslenkungen für $\omega_0^2 = 1/\text{sek}^2$.

Die Beziehung (55) ist auch für die kritische Drehschnelle zweiter Ordnung zu verwenden. Zu diesem Zwecke muß die Eigenfunktion erster Ordnung bereits mit genügender Genauigkeit bekannt sein. Die Übereinstimmung sei nach dem n—1-ten Rechnungsschritt vorhanden, d. h. bei $y_{1(n)}$. Dann wird $\omega_I^2 y_{1(n)}$ mit $\alpha_1\eta_1$ [vgl. Glg. (d)] schon so gut übereinstimmen, daß α_1 aus der Beziehung

$$\alpha_{1(1)} = \Sigma m\, y_{1(1)}\eta_1 \tag{56}$$

errechnet werden kann.[1] Damit ist aber das Glied $\alpha_{1(1)}\eta_1$ bekannt. Zur Bestimmung der Eigenfunktion zweiter Ordnung geht man mit Hilfe der ursprünglichen Funktion $y_{1(1)}$ von einer Auslenkungslinie

$$Y_{(1)} = y_{1(1)} - \alpha_{1(1)}\eta_1 \tag{57}$$

aus, welche also das Glied $\alpha_{1(1)}\eta_1$ nicht mehr enthält. Mit den Ordinaten dieser Linie erhält man im ersten Rechnungsschritt mit den auf $\omega_0^2 = 1$ reduzierten Fliehkräften die Näherung $y_{2(2)}$, so daß aus

$$\omega_{II}^2 = \frac{\Sigma m\, Y_{(1)}\, y_{2(2)}}{\Sigma m\, y_{2(2)}^2} \tag{55b}$$

die kritische Drehschnelle zweiter Ordnung errechnet werden kann. Der Beiwert α_2 ergibt sich aus

$$\alpha_2 = \Sigma m\, \eta_{2(2)}\, Y_{(1)}, \tag{58}$$

worin $\eta_{2(2)}$ die normierte (angenäherte) Eigenfunktion zweiter Ordnung des ersten Rechnungsschrittes darstellt. Diese Näherung wird im allgemeinen nicht genügen; man muß daher die erhaltene Auslenkungslinie zweiter Ordnung einem neuen Rechnungsschritt zugrunde legen. Dies ist aber nicht direkt zulässig, weil das zuerst ermittelte $\alpha_1\eta_1$ nicht exakt mit der ersten Eigenfunktion übereinstimmt. Deshalb wird mit Hilfe des bereits bekannten η_1 und dem aus dem ersten Rechnungsschritt bekannten $y_{1(2)}$ der Beiwert

$$\alpha_{1(2)} = \Sigma m\, y_{1(2)}\, \eta_1 \tag{56a}$$

[1] Setzt man in (55) wie bei (d) für $y_{1(2)} \approx \frac{\alpha_1}{\omega_I^2}\,\eta_1$, so ergibt sich

$$\omega_I^2 = \frac{\alpha_1 \Sigma m\, y_{1(1)}\, \eta_1}{\alpha_1^2 \Sigma m\, \eta_1^2}\,\frac{\omega_I^4}{\omega_I^2}$$

und daraus mit $\Sigma m \eta^2 = 1$ der Beiwert

$$\alpha_1 = \Sigma m\, y_{1(1)}\, \eta_1.$$

errechnet.[1] $y_{2(2)}$ wird um $\alpha_{1(2)}\eta_1$ vermindert und das geschilderte Verfahren in einem zweiten Rechnungsschritt mit

$$Y_{(2)} = y_{2(2)} - \alpha_{1(2)}\eta_1 \tag{57a}$$

wiederholt. Mit den so erhaltenen $y_{2(3)}$ wird

$$\omega_{II}^2 = \frac{\Sigma\, m\, Y_{(2)}\, y_{2(3)}}{\Sigma\, m\, y_{2(3)}^2} \tag{55c}$$

schon besser mit dem Eigenwert zweiter Ordnung übereinstimmen. Wenn große Abweichungen zwischen ω_{II} des ersten und zweiten Rechnungsschrittes vorhanden sind, ist das Verfahren zu wiederholen. Zu beachten ist dabei, daß $\alpha_{1(n)}\eta_1$ bei jedem neuen Schritt bestimmt, bzw. von der erhaltenen Funktion $y_{2(n)}$ abzuziehen ist, damit die neue Ausgangsfunktion nach η_{II} bzw. ω_{II} konvergiert.

Zusammenfassung. Infolge der der Rechnung zugrunde zu legenden Differenzauslenkungen muß sehr genau gearbeitet werden. Durch den Vergleich der ursprünglichen Auslenkungslinie mit der erhaltenen fliehkraftelastischen Linie ist eine Kontrolle möglich. Weil die Ordinaten der fliehkraftelastischen Linie im Zähler und Nenner vorkommen, ist das Ergebnis aus (55) auch bei einer ungünstig angenommenen Ausgangslinie im allgemeinen so angenähert an den Eigenwert, daß ein zweiter Schritt unterbleiben kann. Für das Aufsuchen des zweiten Eigenwertes ist jedoch die genaue Kenntnis der ersten Eigenfunktion erforderlich, so daß dabei die schrittweise Verbesserung von y nicht erspart bleibt.

2. Das Verfahren von A. Traenkle.

Bezeichnungen:

f	= angenommene Auslenkung	cm
y	= abgeleitete fliehkraftelastische Auslenkung	cm
φ	$= df/dx =$ Neigungswinkel der angenommenen Auslenkungslinie f	
ψ	$= dy/dx =$ Neigungswinkel der fliehkraftelastischen Auslenkungslinie y	
V_F	= Arbeit der Fliehkräfte	cmkg
V_K	= Arbeit der Kreiselmomente	cmkg
$\mathfrak{A}_P$	= gleichwertige Formänderungsarbeit der Fliehkräfte	cmkg
$\mathfrak{A}_K$	= gleichwertige Formänderungsarbeit der Kreiselmomente	cmkg
λ	= Freiwert	
z	$= (\omega_{kr}/\omega_0)^2 =$ Eigenwert	
$\alpha_{ik}, \beta_{ik}, \gamma_{ik}, \delta_{ik}$	= Beiwerte	

Im Gegensatze zu den übrigen Verfahren sind die hier benutzten Beiwerte α_{ik}, β_{ik}, γ_{ik} und δ_{ik} Abkürzungen für Teilsummen, also keine Einflußzahlen.

---

[1] In (56) ist $y_{1(1)}$ laut der Annahme einzusetzen, während die angenähert erhaltene Eigenfunktion $y_{1(n)}$ zu normieren ist, also in einem solchen Maßstab gemessen werden muß, daß η_1 der Bedingung $\Sigma m \eta_1^2 = 1$ genügt. Dieser η_1-Maßstab ist allen folgenden Rechnungsschritten zugrundezulegen, während vor jedem neuen Schritt $\alpha_{1(n)}$ neu zu berechnen ist. In $\alpha_{1(n)}$ ist also auch der Maßstab für $y_{1(n)}$ berücksichtigt.

Anwendung: Für zweifach gelagerte Wellen mit mehreren Massen zwischen den Lagern und nur wenigen Massen am Antriebsstummel.

Genauigkeit: Durch die Möglichkeit, die angenommenen und die ermittelten elastischen Linien zu vergleichen, wird, wie beim Verfahren von A. STODOLA, das Ergebnis der Eigenlösung bis zur Zeichenschärfe angenähert. Das Verfahren konvergiert sehr rasch.

Die RITZsche Extremumsbedingung. Dieses Verfahren, in der im Schrifttum angeführten Arbeit als Methode II bezeichnet, verwendet die RITZsche Extremumsbedingung zur Lösung von Variationsaufgaben des Gleichgewichtes. Das RITZsche Verfahren beruht auf der Minimumeigenschaft der Eigenfunktionen: von allen Funktionen, die die natürlichen Verschiebungen eines vorgelegten Systems bei gleichzeitiger Erfüllung der vorhandenen Randbedingungen beschreiben können, ist diejenige der Eigenfunktion, für die die gesamte Formänderungsarbeit der inneren und äußeren Kräfte zu einem Minimum wird. Für die hier vorliegenden Aufgaben wird dies durch die Beziehung

$$\mathfrak{A}_i - \mathfrak{A}_a = 0$$

ausgedrückt. Nun sind die Eigenfunktionen von belasteten Wellen nur für einfache Fälle in geschlossener Form darstell- und auswertbar; bei allgemeinen Aufgaben können sie — wie bereits aus den vorangegangenen Abschnitten ersichtlich ist — nur durch schrittweise Annäherungen gefunden werden. Um diese Arbeit abzukürzen, also bereits mit der Ausgangsfunktion ein zuverlässiges Ergebnis zu erhalten, bedient man sich der RITZschen Extremumsbedingung. Sie besagt, daß die angenommene Ausgangsfunktion der Eigenfunktion gleicher Ordnung unter gegebenen Bedingungen dann möglichst genau angenähert ist, wenn das Gesamtpotential bei der Variation ein Extremum wird, also

$$J = \text{Extremum}\,(\mathfrak{A}_i - \zeta\mathfrak{A}_a). \tag{a}$$

Zur zweckmäßigen Erfüllung dieser Rechenvorschrift soll das RITZsche Verfahren näher erläutert werden.

Im vorliegenden Fall wird die unbekannte Eigenfunktion (fliehkraftelastische Linie) durch eine Reihenentwicklung vom gegebenen Grade n, z. B. von der Form

$$w_n = \lambda_1 f_1(x) + \lambda_2 f_2(x) + \ldots. + \lambda_n f_n(x) \tag{b}$$

ersetzt, deren Glieder die vorgeschriebenen Randbedingungen einzeln erfüllen. Mit (b) bildet man die Potentialausdrücke für die Arbeit der inneren und äußeren Kräfte. Es besteht nun die Aufgabe, die Freiwerte λ_i der angenommenen $f_i(x)$ durch die RITZsche Extremumsbedingung zu bestimmen, damit w_n die gesuchte Eigenfunktion im vorgeschriebenen Bereich möglichst gut wiedergibt. Zu diesem Zwecke ersetzt man in dem zu variierenden Integral

$$J = \int\limits_0^l \varphi(w, w', w'', \ldots)\, dx$$

die unbekannte Funktion $\varphi(w, w', w'', \ldots)$ durch $\varphi(w_n, w_n', w_n'', \ldots)$, wodurch das angenäherte Integral

$$J_n = \int_0^l \varphi(w_n, w_n', w_n'', \ldots)\, dx$$

eine Funktion der Freiwerte λ_i wird. Die λ_i werden daraus durch die Ritzsche Extremumsbedingung

$$\frac{\partial J_n}{\partial \lambda_1} = 0, \quad \frac{\partial J_n}{\partial \lambda_2} = 0, \ldots \frac{\partial J_n}{\partial \lambda_n} = 0 \tag{c}$$

bestimmt. Sollen diese in λ_i linearen Gleichungen eine Lösung besitzen, so muß ihre Determinante zu Null werden, wodurch sich die um einen Grad höhere Lösungsgleichung für die Eigenwerte ergibt. Mittels der Eigenwerte bestimmt man dann aus dem Gleichungssystem (c) die λ_i. Nach Einsetzen derselben in (b) ist die Ansatzfunktion der Eigenfunktion so gut, als es mit dem gewählten Ansatz möglich ist, angenähert und — wenn dies genügt — die gestellte Aufgabe gelöst.

Die Herleitung der Ritzschen Extremumsbedingung in der Form (a) nach H. Lorenz sei kurz angegeben. Die Kirchhoffsche Beziehung $\mathfrak{A}_i - \mathfrak{A}_a = 0$ ist im Gleichgewichtszustand eine Bedingungsgleichung für die Freiwerte λ_i der Ansatzfunktion (b). Falls (b) nur einen Freiwert enthält, ist dieser durch den Kirchhoffschen Satz bestimmt. Im allgemeinen Falle mehrerer Freiwerte kann daher λ_1 durch alle übrigen λ als bestimmt gelten. Diese Freiwerte sind dann so zu bestimmen, daß die Formänderungsarbeit ein Minimum wird. Aus dieser Forderung lassen sich folgende Beziehungen aufstellen:

$$\frac{\partial \mathfrak{A}_i}{\partial \lambda_2} + \frac{\partial \mathfrak{A}_i}{\partial \lambda_1}\frac{\partial \lambda_1}{\partial \lambda_2} = 0, \qquad \frac{\partial \mathfrak{A}_a}{\partial \lambda_2} + \frac{\partial \mathfrak{A}_a}{\partial \lambda_1}\frac{\partial \lambda_1}{\partial \lambda_2} = 0,$$
$$\frac{\partial \mathfrak{A}_i}{\partial \lambda_3} + \frac{\partial \mathfrak{A}_i}{\partial \lambda_1}\frac{\partial \lambda_1}{\partial \lambda_3} = 0, \qquad \frac{\partial \mathfrak{A}_a}{\partial \lambda_3} + \frac{\partial \mathfrak{A}_a}{\partial \lambda_1}\frac{\partial \lambda_1}{\partial \lambda_3} = 0.$$
$$\cdot \qquad \cdot \qquad \cdot$$

Aus je zwei nebeneinanderstehenden Ausdrücken folgt nach dem Entfernen von $\partial\lambda_1/\partial\lambda_2$, $\partial\lambda_1/\partial\lambda_3$, ...

$$\frac{\partial \mathfrak{A}_i}{\partial \lambda_1}\frac{\partial \mathfrak{A}_a}{\partial \lambda_2} - \frac{\partial \mathfrak{A}_i}{\partial \lambda_2}\frac{\partial \mathfrak{A}_a}{\partial \lambda_1} = 0,$$
$$\frac{\partial \mathfrak{A}_i}{\partial \lambda_1}\frac{\partial \mathfrak{A}_a}{\partial \lambda_3} - \frac{\partial \mathfrak{A}_i}{\partial \lambda_3}\frac{\partial \mathfrak{A}_a}{\partial \lambda_1} = 0.$$
$$\cdot \qquad \cdot \qquad \cdot$$

In jeder Gleichung läßt sich für

$$\frac{\dfrac{\partial \mathfrak{A}_i}{\partial \lambda_1}}{\dfrac{\partial \mathfrak{A}_a}{\partial \lambda_1}} = \frac{\dfrac{\partial \mathfrak{A}_i}{\partial \lambda_2}}{\dfrac{\partial \mathfrak{A}_a}{\partial \lambda_2}} = \ldots\ldots = \zeta$$

setzen, woraus sich die Ritzsche Extremumsbedingung

$$\begin{aligned} \frac{\partial \mathfrak{A}_i}{\partial \lambda_1} - \zeta \frac{\partial \mathfrak{A}_a}{\partial \lambda_1} &= 0, \\ \frac{\partial \mathfrak{A}_i}{\partial \lambda_2} - \zeta \frac{\partial \mathfrak{A}_a}{\partial \lambda_2} &= 0 \\ \cdot \qquad \cdot \end{aligned} \tag{a}$$

oder allgemein

$$J_n = \text{Extremum}\,(\mathfrak{A}_i - \zeta\mathfrak{A}_a) \qquad \text{(a)}$$

ergibt. Im inneren Arbeitsausdruck sind die Freiwerte λ_i quadratisch enthalten. Kommen sie in der äußeren Arbeit quadratisch vor, so ist $\zeta = 1$; sind sie darin linear, so ist $\zeta = 2$, wie man durch Einsetzen der Ansatzfunktion (b) in die Extremumsbedingung (a) und Beachtung des KIRCHHOFFschen Satzes leicht nachweist. Diese beiden Beiwerte hat bereits H. MELAN in der im Schrifttum angeführten Arbeit verwendet. Nach einer Bemerkung von K. KARAS ist bei Stabilitätsaufgaben $\zeta = 1$.

Die Genauigkeit der RITZschen Methode wächst mit der Anzahl der Glieder der Reihe. Hier genügt es, n gleich der Ordnungszahl der kritischen Drehschnelle zu machen. Das zu variierende Integral besteht aus der Formänderungsenergie $\mathfrak{A}_P$ der ausgelenkten Welle und aus der potentiellen Energie V_F der Fliehkräfte. Da die Fliehkräfte die Verschiebungswege enthalten, sind die Freiwerte λ_i im Gesamtpotential in quadratischer Form enthalten und die RITZsche Extremumsbedingung lautet:

$$J_n = \text{Extremum}\,(\mathfrak{A}_P + V_F). \qquad \text{(d)}$$

Die Formänderungsenergie $\mathfrak{A}_P$ wird beim Verfahren von A. TRAENKLE durch eine aus der angenommenen elastischen Linie abgeleitete fliehkraftelastische Linie ausgedrückt. Dadurch ist es möglich, die beiden elastischen Linien miteinander zu vergleichen und wie beim Verfahren von A. STODOLA die Genauigkeit der Lösung bis zur Zeichenschärfe zu steigern. Der besondere Vorteil liegt aber darin, daß die schnelle Konvergenz, die das STODOLAsche Verfahren für die erste kritische Geschwindigkeit auszeichnet, hier auch bei höheren Kritischen vorhanden ist.

Verfahren: Masse allein. Da die zweite kritische Drehschnelle ermittelt werden soll, wird der elastischen Linie eine zweigliedrige Ansatzfunktion von der Form

$$f = \lambda_1 f_1 + \lambda_2 f_2 \qquad \text{(e)}$$

zugrunde gelegt. Für praktische Beispiele empfiehlt sich die Sinusreihe

$$f = \lambda_1 \sin\frac{x}{l}\pi + \lambda_2 \sin\frac{2x}{l}\pi,$$

in der man die Freiwerte λ_1 und λ_2 vorläufig zu 1 annimmt. Es können jedoch auch andere Funktionen oder graphische Auslenkungslinien ohne mathematische Festlegung angenommen werden, wenn diese die Randbedingungen an den Auflagern erfüllen und die sonst zu erwartenden Verhältnisse besser charakterisieren. Wichtig ist nur, daß das erste Glied in (e) die Form der ersten elastischen Linie, das zweite Glied die Form der zweiten elastischen Linie besitzt und daß beide graphisch getrennt dargestellt werden (Abb. 80). Dies ist zulässig, da im Geltungsbereich des HOOKEschen Gesetzes die einzelnen Ergebnisse getrennt entwickelt und nach dem Überlagerungsgesetz durch Addition zur Gesamtlösung zusammengefaßt werden können.

Wie die Abb. 80a und d zeigen, trägt man jede der gewählten Auslenkungslinien $\lambda_1 f_1$ bzw. $\lambda_2 f_2$ getrennt über der Lagerverbindungsgeraden auf. Mittels der Hilfsdrehschnelle ω_0 (zweckmäßig 10 oder 100 sek^{-1}) bestimmt man die Fliehkräfte

$$F_0 = m\,f\,\omega_0^2,$$

die dadurch bestimmte Momentenfläche

$$M_0 = \varphi(F_0, l)$$

und nach Reduktion auf ein konstantes Querschnittsträgheitsmoment J_r die fliehkraftelastischen Linien y_1 und y_2, die bei bekannten λ_i als Gesamtlösung

$$y = \lambda_1 y_1 + \lambda_2 y_2 \tag{f}$$

ergeben. Die Freiwerte λ in den Glgn. (e) und (f) sind nach der Ritzschen Extremumsbedingung so zu bestimmen, daß (e) und (f) die Eigenfunktionen möglichst gut wiedergeben. Zu diesem Zwecke wird das Gesamtpotential für die elastische Linie (e) im kritischen Zustand entwickelt.

Wird die mit der kritischen Geschwindigkeit umlaufende Welle mit den Scheiben-Schwerpunktsexzentrizitäten $e = 0$ um den Betrag f allmählich ausgelenkt, so nehmen die Fliehkräfte den Endbetrag

$$F_0 = m f \omega_{kr}^2$$

an, wobei sie die äußere Arbeit

$$V_F = -{}^1\!/_2 \sum^k F f = -\frac{\omega_{kr}^2}{2} \sum^k m f^2 \tag{g}$$

leisten. Setzt man darin für f den Ausdruck (e) ein, so wird mit den Teilsummen

$$\beta_{11} = \sum^k m f_1^2, \quad \beta_{12} = \sum^k m f_1 f_2, \quad \beta_{22} = \sum^k m f_2^2$$

die Glg. (g)

$$V_F = -\frac{\omega_{kr}^2}{2}\left[\beta_{11}\lambda_1^2 + 2\beta_{12}\lambda_1\lambda_2 + \beta_{22}\lambda_2^2\right]. \tag{h}$$

Die Formänderungsarbeit wird nun nicht durch die Arbeit der inneren Kräfte ausgedrückt (Abschn. III, 4). Dazu wird der gleichwertige, auf ω_{kr} umgerechnete Arbeitsbetrag herangezogen, der für die abgeleitete Auslenkung y bei der Hilfsdrehschnelle ω_0 resultiert. Die hierfür bereits zugrundegelegten Belastungskräfte $F_0 = m f \omega_0^2$ erzeugen bei der Auslenkung y die Arbeit

$$\frac{1}{2} \sum^k F_0 y = \frac{\omega_0^2}{2} \sum^k m f y.$$

Auf die kritische Geschwindigkeit umgerechnet, wachsen $m f \omega_0^2$ und y im Verhältnis $(\omega_{kr}/\omega_0)^2$. Die Formänderungsenergie $\mathfrak{A}_P$ der Welle ist daher bei ω_{kr}

$$\mathfrak{A}_P = \left(\frac{\omega_{kr}}{\omega_0}\right)^4 \frac{\omega_0^2}{2} \sum^k m f y = {}^1\!/_2\, \frac{\omega_{kr}^4}{\omega_0^2} \sum^k m f y. \tag{i}$$

Setzt man darin für f und y die Ausdrücke (e) und (f) ein, so wird (i)

$$\mathfrak{A}_P = \frac{\omega_{kr}^4}{2\,\omega_0^2}\left[\alpha_{11}\lambda_1^2 + 2\alpha_{12}\lambda_1\lambda_2 + \alpha_{22}\lambda_2^2\right], \tag{k}$$

wenn die α_{ik} die Teilsummen

$$\alpha_{11} = \overset{k}{\Sigma} m f_1 y_1, \quad \alpha_{12} = {}^1/_2 \left[\overset{k}{\Sigma} m f_1 y_2 + \overset{k}{\Sigma} m f_2 y_1\right], \quad \alpha_{22} = \overset{k}{\Sigma} m f_2 y_2 \qquad (l)$$

bedeuten. In α_{12} ist wie beim MAXWELLschen Verschiebungssatz

$$\overset{k}{\Sigma} m f_1 y_2 = \overset{k}{\Sigma} m f_2 y_1,$$

wodurch sich α_{12} zu

$$\alpha_{12} = \overset{k}{\Sigma} m f_1 y_2 = \overset{k}{\Sigma} m f_2 y_1$$

vereinfacht. Bei der numerischen Auswertung sind jedoch zur Kontrolle beide Summen zu ermitteln. In den Ausdrücken α_{ik} und β_{ik} sind f_1 und y_1 bzw. f_2 und y_2 die entsprechenden Ordinaten der Einzelauslenkungslinien der Beziehungen (e) und (f) unter jeder Masse.

Im Gesamtpotential

$$\mathfrak{A}_P + V_F = \frac{\omega_{kr}^2}{2}\left[\frac{\omega_{kr}^2}{\omega_0^2}\overset{k}{\Sigma} m f y - \overset{k}{\Sigma} m f^2\right], \qquad (59)$$

das gleich ist der Summe von (g) und (i), bzw. (h) und (k), sind die Freiwerte λ in der quadratischen Form enthalten. Der Verhältniswert

$$\left(\frac{\omega_{kr}}{\omega_0}\right)^2 = z \qquad (60)$$

stellt darin die gesuchten Eigenwerte dar.

Führt man (60) in (k) ein, so erhält man mit (h) und (k) für (59)

$$\frac{2}{\omega_{kr}^2}(\mathfrak{A}_P + V_F) = \lambda_1^2(\alpha_{11} z - \beta_{11}) + 2\lambda_1\lambda_2(\alpha_{12} z - \beta_{12}) + \lambda_2^2(\alpha_{22} z - \beta_{22}) = J_n. \qquad (m)$$

Jetzt besteht die Aufgabe, die Funktionen f und y durch geeignete Bestimmung der Freiwerte λ_i so zu berichtigen, daß sie verhältnisgleich werden, wodurch die daraus errechneten ω_{kr} den Eigenlösungen des Systems entsprechen. Dies ist der Fall, wenn der Ausdruck (m) ein Extremum wird, wenn also seine partiellen Ableitungen nach λ_1 bzw. λ_2 verschwinden:

$$\begin{aligned} \frac{\partial J_n}{\partial \lambda_1} &= 2\lambda_1(\alpha_{11} z - \beta_{11}) + 2\lambda_2(\alpha_{12} z - \beta_{12}) = 0, \\ \frac{\partial J_n}{\partial \lambda_2} &= 2\lambda_1(\alpha_{12} z - \beta_{12}) + 2\lambda_2(\alpha_{22} z - \beta_{22}) = 0. \end{aligned} \qquad (n)$$

Damit von Null verschiedene Lösungen für λ_i möglich sind, muß die Determinante von (n) zu Null werden:

$$\Delta = \begin{vmatrix} \alpha_{11} z - \beta_{11} & \alpha_{12} z - \beta_{12} \\ \alpha_{12} z - \beta_{12} & \alpha_{22} z - \beta_{22} \end{vmatrix} = 0,$$

woraus sich für z die Lösungsgleichung zweiter Ordnung aus

$$(\alpha_{11} z - \beta_{11})(\alpha_{22} z - \beta_{22}) - (\alpha_{12} z - \beta_{12})^2 = 0$$

zu

$$a z^2 - b z + c = 0$$

ergibt. Darin ist

$$\begin{aligned} a &= \alpha_{11}\alpha_{22} - \alpha_{12}^2, \\ b &= \alpha_{11}\beta_{22} + \alpha_{22}\beta_{11} - 2\alpha_{12}\beta_{12}, \\ c &= \beta_{11}\beta_{22} - \beta_{12}^2. \end{aligned} \tag{o}$$

Die beiden reellen Wurzeln

$$z_{I,II} = \frac{b \mp \sqrt{b^2 - 4\,a\,c}}{2\,a} \tag{61}$$

ergeben bereits die kritischen Drehschnellen erster und zweiter Ordnung zu

$$\omega_{krI}^2 = z_I \omega_0^2, \qquad \omega_{krII}^2 = z_{II}\omega_0^2. \tag{60a}$$

Mit den gefundenen $z_{I,\,II}$ sind jetzt die vier Freiwerte λ für die beiden Kritischen bestimmbar. Dabei erweist es sich als zweckmäßig, $\lambda_{kk} \equiv 1$ anzunehmen und λ_{ik} aus einer bestimmten Glg. der Glgn. (n) zu berechnen. In diesem Falle werden daher $\lambda_{1I} \equiv 1$ für die erste Kritische, $\lambda_{2II} \equiv 1$ für die zweite Kritische angenommen und mit $\lambda_{1I} \equiv 1$ aus der zweiten Glg. von (n) der Freiwert λ_{2I}, bzw. mit $\lambda_{2II} \equiv 1$ aus der ersten Glg. von (n) der Freiwert λ_{1II} errechnet.

Multipliziert man die Ordinaten der angenommenen elastischen Linie [z. B. nach (e)] und der graphisch ermittelten fliehkraftelastischen Linie (f) mit den gefundenen Freiwerten, so erhält man für die Auslenkungslinie erster Ordnung (Fußnote I):

$$\begin{aligned} f_I &= f_1 + \lambda_{2I} f_2, \\ y_I &= y_1 + \lambda_{2I} y_2, \end{aligned} \tag{62a}$$

für die Auslenkungslinie zweiter Ordnung (Fußnote II):

$$\begin{aligned} f_{II} &= \lambda_{1II} f_1 + f_2, \\ y_{II} &= \lambda_{1II} y_1 + y_2. \end{aligned} \tag{62b}$$

Unter jeder Masse muß, da auch

$$z \equiv \left(\frac{\omega_{kr}}{\omega_0}\right)^2 \equiv \frac{f}{y}$$

ist,

$$z_I = \frac{f_I}{y_I} \quad \text{bzw.} \quad z_{II} = \frac{f_{II}}{y_{II}} \tag{p}$$

sein. Falls größere Abweichungen in den Verhältniswerten unter den einzelnen Massen vorhanden sind, ist das Verfahren unter Zugrundelegung der erhaltenen y-Linien zu wiederholen. Beispiele zeigen, daß das Verfahren sehr rasch konvergiert und daß die Genauigkeit bei einer einigermaßen gut gewählten Ansatzfunktion so groß ist, daß ein zweiter Schritt vielfach unterbleiben kann.

Masse und Kreiselmoment. Soll die Kreiselwirkung der Scheiben im Gleichlauf berücksichtigt werden, so sind neben den Auslenkungen f auch die Neigungswinkel φ der elastischen Linie zu berücksichtigen. Aus der angenommenen elastischen Linie

$$f = \lambda_1 f_1 + \lambda_2 f_2 \tag{e}$$

sind die Neigungswinkel

$$\varphi = \lambda_1 \varphi_1 + \lambda_2 \varphi_2 \qquad \text{(q)}$$

zu entnehmen, für die das gleiche gilt wie zu (e) angeführt. Mittels der Fliehkräfte F_0 und der Kreiselmomente $K_{g l0} = \omega_0^2 B \varphi (q - 1)$ werden bei der Hilfsdrehschnelle ω_0 für jede Einzelfunktion auf graphischem Wege wieder zwei abgeleitete elastische Linien y_1 und y_2 ermittelt, welche die Gesamtlösung

$$y = \lambda_1 y_1 + \lambda_2 y_2 \qquad \text{(f)}$$

ergeben. (Die Aufteilung der Kreiselmomente ist nach III, 3a vorzunehmen.) Die Neigung dieser elastischen Linie in den Scheibenbefestigungspunkten

$$\psi = \lambda_1 \psi_1 + \lambda_2 \psi_2 \qquad \text{(r)}$$

ist zur Bestimmung der Formänderungsarbeit durch das Kreiselmoment notwendig.

Zur potentiellen Energie V_F der Fliehkräfte nach Glg. (h) kommt das Potential der Kreiselmomente im Gleichlauf (positiv, weil es die Auslenkung vermindert)

$$V_k = + \tfrac{1}{2} \overset{k}{\Sigma} \omega_{kr}^2 B \varphi^2 (q - 1) = \frac{\omega_{kr}^2}{2} [\gamma_{11} \lambda_1^2 + 2 \gamma_{12} \lambda_1 \lambda_2 + \gamma_{22} \lambda_2^2] \qquad \text{(s)}$$

mit

$$\gamma_{11} \equiv \overset{k}{\Sigma} B \varphi_1^2 (q - 1), \quad \gamma_{12} \equiv \overset{k}{\Sigma} B \varphi_1 \varphi_2 (q - 1), \quad \gamma_{22} \equiv \overset{k}{\Sigma} B \varphi_2^2 (q - 1).$$

Für die Bestimmung der Formänderungsarbeit ist zu beachten, daß y die gesamte Formänderung der Welle durch die Fliehkräfte und die Kreiselmomente enthält. Sie ist daher gleich der Summe aus (i) oder (k) und

$$\mathfrak{A}_k = - \frac{\omega_{kr}^4}{2 \omega_0^2} [\delta_{11} \lambda_1^2 + 2 \delta_{12} \lambda_1 \lambda_2 + \delta_{22} \lambda_2^2] \qquad \text{(t)}$$

mit

$$\delta_{11} \equiv \overset{k}{\Sigma} B \varphi_1 \psi_1 (q - 1), \qquad 2 \delta_{12} \equiv [\overset{k}{\Sigma} B \varphi_1 \psi_2 (q - 1) + \overset{k}{\Sigma} B \varphi_2 \psi_1 (q - 1)],$$

$$\delta_{22} \equiv \overset{k}{\Sigma} B \varphi_2 \psi_2 (q - 1).$$

Das Gesamtpotential ist gleich der Summe von (h), (s), (k) und (t). Durch die RITZsche Extremumsbedingung erhält man wieder zwei Gleichungen vom gleichen Bau wie die Glgn. (n), deren Determinante

$$\Delta = \begin{vmatrix} a_{11} z - b_{11} & a_{12} z - b_{12} \\ a_{12} z - b_{12} & a_{22} z - b_{22} \end{vmatrix} = 0$$

gesetzt, die Lösungsgleichung für die Eigenwerte z ergibt. Darin sind

$$a_{11} = \alpha_{11} - \delta_{11}, \quad a_{12} = \alpha_{12} - \delta_{12}, \quad a_{22} = \alpha_{22} - \delta_{22},$$
$$b_{11} = \beta_{11} - \gamma_{11}, \quad b_{12} = \beta_{12} - \gamma_{12}, \quad b_{22} = \beta_{22} - \gamma_{22}.$$

Die Eigenwerte erhält man nach Glg. (61), wobei zu beachten ist, daß in den dort angegebenen Ausdrücken für a, b und c die Konstanten α_{ik} und β_{ik} durch die vorher angeführten a_{ik} und b_{ik} zu ersetzen sind. Der weitere Verlauf der Rechnung ist wie vorgehend beschrieben.

Für die Zahlenrechnung empfiehlt sich eine Teilung der Einzelauslenkungen in den Ausdrücken (f) und (r) in solche, die von den Fliehkräften, bzw. von den Kreiselmomenten herrühren nach dem Schema:

$$\begin{aligned} y_1 &= y_{1F} + y_{1K}, \quad y_2 = y_{2F} + y_{2K}, \\ \psi_1 &= \psi_{1F} + \psi_{1K}, \quad \psi_2 = \psi_{2F} + \psi_{2K}. \end{aligned} \tag{u}$$

Zusammenfassung. Bei dem angeführten Verfahren ist die getrennte Ermittlung der Auslenkungen y_1 und y_2 erforderlich. Der besondere Vorteil dieses Verfahrens liegt in der Kontrolle der kritischen Drehzahlen durch den Vergleich der beiden elastischen Linien. Ist durch Wiederholung $z = f/y$ unter allen Lasten gleich groß, so sind die gefundenen ω_i die Eigenwerte des Systems.

Beispiel 10.

Von dem in Abb. 80 dargestellten Läufer soll die erste und zweite kritische Drehzahl ermittelt werden. Zu diesem Zwecke wird für den ersten Rechnungsschritt die erste und zweite elastische Auslenkungslinie mit den Ordinaten f_1 und f_2 nach Tabelle 1/10 angenommen und getrennt aufgetragen.
Auf Grund der hier jedoch nicht dargestellten graphischen Ermittlung ergeben sich die Beiwerte:

$$\beta_{11} = 0{,}37746, \qquad \beta_{12} = -0{,}00771, \qquad \beta_{22} = 0{,}11544,$$
$$10^5\alpha_{11} = 14{,}394, \qquad 10^7\alpha_{12} = -20{,}043, \qquad 10^7\alpha_{22} = 19{,}537.$$

Mit diesen erhält man nach Glg. (61)

$$z_I = 2385, \qquad z_{II} = 60200$$

und

$$\omega_{krI} = 489/\text{sek}, \qquad \omega_{krII} = 2450/\text{sek},$$
$$n_{krI} = 4670\ U/\text{min}, \qquad n_{krII} = 23400\ U/\text{min}.$$

Mit den Beiwerten: $\lambda_{1I} \equiv 1$, $\lambda_{2I} = -0{,}02565$, $\lambda_{1II} = 0{,}0139$, $\lambda_{2II} \equiv 1$ sind die resultierenden Auslenkungen f_I, f_{II}, y_I und y_{II} errechnet. Bildet man zur Kontrolle die Verhältnisse f_I/y_I und f_{II}/y_{II} unter den einzelnen Massen (Tabelle 1/10), so sieht man, daß sie sehr stark voneinander abweichen; eine Wiederholung der Rechnung ist daher notwendig.

Für diese werden die Auslenkungslinien $0{,}3\, y_I\, 10^4$ und $y_{II}\, 10^4$ einem zweiten Rechnungsgang zugrunde gelegt, welcher im nachfolgenden graphisch und rechnerisch verfolgt werden soll. Die Ordinaten der beiden elastischen Linien sind zur formalen Übereinstimmung mit den Bezeichnungen des beschriebenen Verfahrens wieder mit f_1 und f_2 bezeichnet. Mit den Fliehkräften $m f \omega_0^2$ wird graphisch die fliehkraftelastische Auslenkung ermittelt. Diese Arbeit ist nach den bisherigen Beispielen als bekannt vorausgesetzt, sodaß der Vollständigkeit halber nur die diesbezüglichen Zahlenwerte in den Tabellen sowie die benutzten Maßstäbe angeführt sind; $\omega_0 = 10/\text{sek}$.

Maßstäbe	Zeichnung		Wirklichkeit
Längen	1 cm	=	10 cm
Kräfte	1 cm	=	1 kg
Horizontalzug H_1	10 cm	=	10 kg
Momentenordinate	1 cm	=	100 cmkg
Momentenfläche	1 cm^2	=	1000 cm^2kg
Momentenflächenbelastung	1 cm	=	1000 cm^2kg
Horizontalzug H_2	21,1 cm	=	21100 cm^2kg
Auslenkung y_1	1 cm	=	0,0005 cm

Tabelle 1/10.

$\omega_0 = 10$/sek, $E = 2{,}1 \cdot 10^6$ kg/cm².

Nr.	G kg	m kgcm^{-1}sek^2	f_1 cm	f_2 cm	F_1 kg	F_2 kg	$10^4 y_1$ cm	$10^5 y_2$ cm	f_I cm	f_{II} cm	$10^4 y_I$ cm	$10^5 y_{II}$ cm	$\frac{f_I}{y_I}$	$\frac{f_{II}}{y_{II}}$
1	5	0,0051	1,2	1,33	0,612	0,678	4,1	1,2	1,166	1,347	4,1	1,77	2850	76100
2	25	0,0255	1,84	1,12	4,69	2,86	7	0,91	1,811	1,146	7	1,88	2590	61000
3	25	0,0255	2	0,45	5,1	1,15	7,7	—0,22	1,988	0,478	7,7	0,85	2580	56200
4	25	0,0255	1,92	—0,45	4,9	—1,15	7,5	—1,6	1,932	—0,423	7,5	—0,56	2575	75500
5	25	0,0255	1,67	—1,06	4,26	—2,71	6,35	—2,56	1,697	—1,037	6,356	—1,78	2670	58300
6	4	0,00408	1,01	—1,15	0,413	—0,47	3,606	—2,28	1,039	—1,136	3,606	—1,78	2890	63900
7	15	0,0153	—0,9	1,4	—1,377	2,14	—2,908	3,1	—0,936	+1,387	— 2,908	+2,68	3220	51800

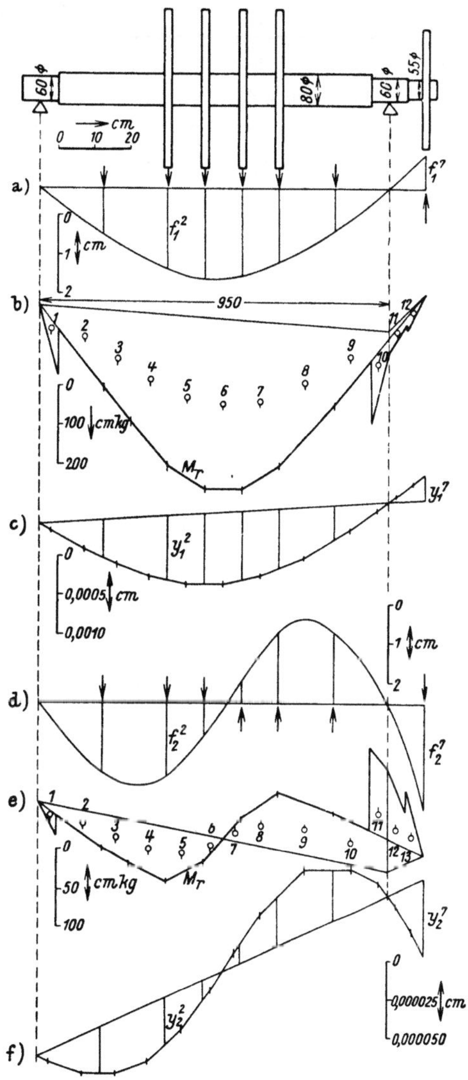

Abb. 80. Graphische Bestimmung der Auslenkungslinien erster und zweiter Ordnung für eine mehrfach belastete, zweifach kugelig gelagerte Welle; zu Beispiel 10 nach dem Verfahren von A. TRAENKLE.

Bei der graphischen Ermittlung der fliehkraftelastischen Linie y_2 (Abb. 80f) sind im Momentenflächen-Belastungsplan die Richtungen der Momentenflächen Nr. 7 bis 13 entgegengesetzt den Richtungen von Nr. 1 bis 6 einzutragen.

Tabelle 2/10.

Nr.	G kg	m kgcm^{-1}sek^2	f_1 cm	f_2 cm	F_1 kg	F_2 kg	$10^4 y_1$ cm	$10^4 y_2$ cm
1	5	0,0051	1,23	1,77	0,627	0,902	4,75	0,295
2	25	0,0255	2,1	1,88	5,36	4,8	8,1	0,305
3	25	0,0255	2,31	0,85	5,9	2,17	8,9	0,125
4	25	0,0255	2,25	—0,56	5,74	—1,43	8,75	—0,125
5	25	0,0255	1,91	—1,78	4,87	—4,54	7,6	—0,315
6	4	0,00408	1,08	—1,78	0,44	—0,726	4,4	—0,325
7	15	0,0153	—0,87	2,68	—1,33	4,1	—3,1	0,50

Tabelle 3/10. Momentenflächen für y_1.

$J_r = 201$ cm^4.

Nr.	1	2	3	4	5	6	7	8	9	10	11	12
ΔF cm^2	0,434	1,56	1,75	3,26	4,06	4,29	3,93	4,14	1,33	0,73	0,19	0,10
$M_r i \Delta x$ cm^{2}kg	434	1560	1750	3260	4060	4290	3930	4140	1330	730	190	100

Tabelle 4/10. Momentenflächen für y_2.

$J_r = 201$ cm^4.

Nr.	1	2	3	4	5	6	7	8	9	10	11	12	13
ΔF cm^2	0,21	0,66	0,705	1,21	1,025	0,186	0,132	1,01	1,95	1,06	1,4	0,965	0,462
$M_r i \Delta x$ cm^{2}kg	105	330	352	605	512	93	66	505	975	530	700	482	231

Maßstäbe	Zeichnung		Wirklichkeit
Längen	1 cm	=	10 cm
Kräfte	1 cm	=	1 kg
Horizontalzug H_1	5 cm	=	5 kg
Momentenordinate	1 cm	=	50 cmkg
Momentenfläche	1 cm^2	=	500 cm^{2}kg
Momentenflächenbelastung	1 cm	=	100 cm^{2}kg
Horizontalzug H_2	10,55 cm	=	1055 cm^{2}kg
Auslenkung y_2	1 cm	=	0,000025cm

Aus diesen Zahlen sind nun die Ausdrücke α_{ik} und β_{ik} gebildet und in den folgenden Tabellen 5/10 und 6/10 eingetragen.

Tabelle 5/10.

Nr.	$m f_1^2$	$m f_1 f_2$	$m f_2^2$	$10^5 m f_1 y_1$	$10^7 m f_1 y_2$	$10^7 m f_2 y_1$	$10^7 m f_2 y_2$
1	0,00771	0,0111	0,01596	0,298	1,85	43	2,662
2	0,1123	0,1007	0,09017	4,336	16,33	388,3	14,62
3	0,136	0,0501	0,01841	5,25	7,36	192,9	2,71
4	0,129	—0,03217	0,008	5,02	— 7,17	— 125	1,784
5	0,0931	— 0,08665	0,0808	3,7	— 15,34	— 345	14,29
6	0,00475	— 0,00784	0,01292	0,194	— 1,43	— 32	2,36
7	0,01158	— 0,03567	0,10988	0,412	— 6,65	— 127	20,5
	0,49444 $=\beta_{11}$	— 0,00043 $=\beta_{12}$	0,33614 $=\beta_{22}$	19,21 $=10^5\alpha_{11}$	— 5,05 $=10^7\alpha_{12}$	— 4,8 $=10^7\alpha_{12}$	58,926 $=10^7\alpha_{22}$
					$10^7\alpha_{12\,\text{mittel}} = -4{,}93$		

Tabelle 6/10.

Nr.	f_I cm	$10^4 y_I$ cm	$\frac{f_I}{y_I}$	f_{II} cm	$10^5 y_{II}$ cm	$\frac{f_{II}}{y_{II}}$
1	1,2255	4,7576	2580	1,7732	3,076	57700
2	2,095	8,108	2590	1,8855	3,264	57800
3	2,3078	8,9	2595	0,8561	1,485	57500
4	2,2514	8,75	2570	—0,5541	—1,02	54300
5	1,9146	7,6	2520	—1,7749	—2,95	60200
6	1,0846	4,4	2470	—1,7772	—3,134	56850
7	—0,8769	—3,1	2830	2,6777	4,918	54400
			$\frac{f_I}{y_I}$ mittel $= 2595$			$\frac{f_{II}}{y_{II}}$ mittel $= 56964$

Besondere Rechengenauigkeit ist beim Ausdruck α_{12} erforderlich, da die entstehende kleine Zahl als Differenz aus großen Beträgen entsteht. Zur Kontrolle sind beide Summanden von (1) für α_{12} zu bilden und daraus der Mittelwert zu nehmen. Mit diesen Zahlenausdrücken bestimmt sich z aus (61) mit

$$a = \frac{19{,}21}{10^5}\,\frac{58{,}93}{10^7} - \left(\frac{4{,}93}{10^7}\right)^2 = \frac{11{,}3}{10^{10}},$$

$$b = \frac{19{,}21}{10^5}\,0{,}336 + \frac{58{,}93}{10^7}\,0{,}4944 - 2\,\frac{4{,}93}{10^7}\,\frac{4{,}3}{10^4} = \frac{6{,}741}{10^5},$$

$$c = 0{,}4944\;\;0{,}336 - \left(\frac{4{,}3}{10^4}\right)^2 = 0{,}166,$$

$$10^5 z_{I,\,II} = \frac{6{,}741 \mp \sqrt{45{,}5 - 4\;\;11{,}3\;\;0{,}166}}{22{,}6}$$

zu

$$z_I = 2550, \qquad\qquad z_{II} = 57200.$$

Nach (60a) sind die beiden kritischen Drehschnellen mit $\omega_0 = 10/\text{sek}$

$$\omega_I = 505/\text{sek}, \qquad\qquad \omega_{II} = 2390/\text{sek}.$$

Zur Kontrolle der Zuverlässigkeit dieser Zahlen soll mit den Freiwerten λ_{ik} die beiden elastischen Linien ermittelt werden. Dabei wird $\lambda_{1I} \equiv 1$ angenommen und damit λ_{2I} aus der zweiten Gleichung von (n) errechnet. In gleicher Weise wird $\lambda_{2II} \equiv 1$ angenommen und λ_{1II} aus der ersten Gleichung von (n) ermittelt. Damit wird:

$$\lambda_{1I} \equiv 1, \qquad \lambda_{1II} = +0{,}00264,$$

$$\lambda_{2I} = -0{,}00257, \qquad \lambda_{2II} \equiv 1.$$

Mit diesen Beiwerten sind nach den Glgn. (62a und b) die elastischen Linien f_I, f_{II}, y_I und y_{II} gegeben. Ihre Ordinaten unter den Massen sind in der Tabelle 6/10 eingetragen. Die daraus gebildeten Verhältniswerte f_I/y_I und f_{II}/y_{II} weichen nicht mehr soweit voneinander ab wie beim ersten Schritt. Wollte man die Genauigkeit noch höher treiben, so müßte der Rechnungsgang in einem dritten Schritt wiederholt werden.

3. Das Verfahren von K. Hohenemser.

Die beiden vorhergehenden Näherungsverfahren für die kritische Drehschnelle zweiter Ordnung verlangen im Gegensatz zu den Verfahren des Abschnittes III eine sehr große Arbeitsgenauigkeit und einen großen Zeitaufwand, wodurch ihre Verwendung zum Teil eingeschränkt ist. Es ist nun bemerkenswert, daß für eindimensionale Aufgaben — wie sie das Aufsuchen der elastischen Linie von Wellen darstellt — ein einfaches Verfahren möglich ist, für das die Arbeitsgenauigkeit der graphischen Methoden ausreicht. Aus dem Abschnitt II (glatte Wellen mit stetiger Massenbelegung) ist bereits bekannt, daß die erste Eigenfunktion keine Nullstellen außer in den Lagern besitzt und daß mit jeder höheren Eigenfunktion eine neue Nullstelle im System entsteht. Die n-te Eigenfunktion hat also außer den vorhandenen Lagern noch $n - 1$ Nullstellen, für die in den ausgezeichneten x die Bedingung

$$\varphi(x) = y_i = 0 \qquad (i = 1, 2, \ldots, n - 1) \tag{a}$$

gilt.

Nach R. Courant darf man zur Berechnung des n-ten Eigenwertes der elastischen Linie $n - 1$ Bindungen (a) auferlegen; dann kann ω_n unter den $n - 1$ Bindungen nicht größer sein als der n-te Eigenwert. Stimmt das durch die $n - 1$ Bindungen veränderte Grundsystem mit der Eigenfunktion n-ter Ordnung überein, so ist der dabei erreichte Größtwert von ω_n zugleich der n-te Eigenwert; für alle anderen $n - 1$ Knotenpunktlagen ist die errechnete Drehschnelle ω_n kleiner als der n-te Eigenwert. Da sich aber eine Funktion im Bereiche ihres Optimums wenig ändert, so sind die Abweichungen der ω_n bei wenig abweichenden Knotenpunktlagen nicht groß. Für das Aufsuchen des n-ten Eigenwertes besteht daher die Aufgabe, die $n - 1$ Bindungen so zu variieren, daß sie sich mit den Nullstellen der n-ten Eigenfunktion decken.

Zur Ermittlung der kritischen Drehschnelle zweiter Ordnung wird man daher eine Nullstelle (a) annehmen und diese durch ein Lager ersetzt denken. Damit ist die Aufgabe auf das Aufsuchen der kritischen Drehschnelle erster Ordnung einer dreifach gelagerten Welle zurückgeführt, wofür zweckmäßig die Mittelwertbildung (52)

$$\omega_{II}^2 = \frac{\Sigma\, m\, y_{2(n-1)}^2}{\Sigma\, m\, y_{2(n-1)}\, y_{2(n)}} \tag{52b}$$

herangezogen wird.[1] Da der angenommene Knotenpunkt als Lagerung gedacht wird, so muß die mit $\omega_0^2 = 1$ graphisch zu ermittelnde fliehkraftelastische Linie nach Abschnitt VI, 3 entworfen werden. Die Summenausdrücke sind über die ganze Welle zu nehmen; $y_{2(n-1)}$ und $y_{2(n)}$ sind in (52b) nach dem Überschreiten der Nullstelle, bzw. des Lagers negativ einzusetzen, so daß die Teilsummenausdrücke von Zähler und Nenner stets positiv sind.

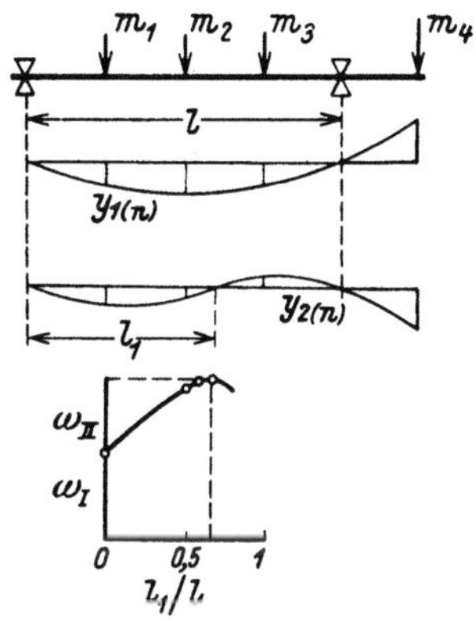

Abb. 81. Auslenkungslinien erster und zweiter Ordnung für eine mehrfach belastete, zweifach gelagerte Welle.

Die erste Knotenpunktlage kann aus der Näherungsbeziehung

$$\Sigma m\, y_{1(n)}\, y_0 = 0 \tag{b}$$

ermittelt oder geschätzt werden. In (b) ist $y_{1(n)}$ die bereits errechnete Eigenfunktion erster Ordnung der zweifach gelagerten Welle und für $y_0 = \pm 1$ zu setzen. Eine Kontrolle für die richtige Lage des angenommenen Knotenpunktes gibt die Glg. (52b): damit der gewählte Knotenpunkt mit dem natürlichen der zweiten Eigenfunktion zusammenfällt, muß der Ausdruck (52b) — auf die beiden Felder getrennt angewendet — gleich groß sein; diese Teilausdrücke sind keine verwertbaren kritischen Drehschnellen. Da für die erste Annahme die beiden Teilausdrücke aus (52b) im allgemeinen voneinander abweichen, ist der Knotenpunkt bei der zweiten Annahme in der Richtung jenes Feldes zu verschieben, in dem der Teilausdruck (52b) größer war. Ist ω_{II} aus (52b) für die erste Knotenpunktlage ermittelt, so folgt bei einer Verschiedenheit der beiden Feldausdrücke ein neuer Rechnungsgang für eine neue Knotenpunktlage. Wenn notwendig, ist noch ein dritter Rechnungsschritt vorzunehmen, wobei man den Knotenpunkt wieder auf die Seite

[1] Die Fußnoten $(n-1)$ und (n) stellen die bereits durchgeführten Rechnungsschritte vor, sind also mit den $n-1$ Bindungen nicht identisch.

jenes Feldes legt, in welchem der Feldausdruck noch immer größer ist. Mit diesen drei ω_{II}-Werten, sowie mit ω_I für $l_1/l = 0$ kann nun durch Auftragen über l_1/l leicht das Maximum von ω_{II} gefunden werden, welches dann angenähert dem Eigenwert zweiter Ordnung entspricht (Abb. 81). Auch die Kreiselwirkung kann in gleicher Weise durch Glg. (53) berücksichtigt werden.

Zusammenfassung. Das geschilderte Verfahren hat den Vorteil, daß die Genauigkeit der graphischen Methoden zur Bestimmung der kritischen Drehschnelle zweiter Ordnung ausreicht; entsprechend den drei Knotenpunktlagen ist es mindestens dreimal anzuwenden. Die Ermittlung der ersten Eigenfunktion der zweimal gelagerten Welle ist für das Verfahren nicht Bedingung, jedoch hier erforderlich, da bei überkritischem Lauf die Kenntnis der kritischen Drehschnelle erster und zweiter Ordnung notwendig ist.

Beispiel 11.

Zur Kontrolle der Genauigkeit des Verfahrens soll die kritische Drehschnelle zweiter Ordnung einer zweifach kugelig einstellbar gelagerten Welle nur mit Eigenmasse bestimmt werden (Abb. 82). Die Eigenwerte sind nach Abschnitt II, 2 bekannt.

Gegeben ist $l = 150$ cm, $d = 5$ cm, $E = 2{,}1 \quad 10^6$ kg/cm², $\gamma = 7{,}85 \quad 10^{-3}$ kg/cm³.

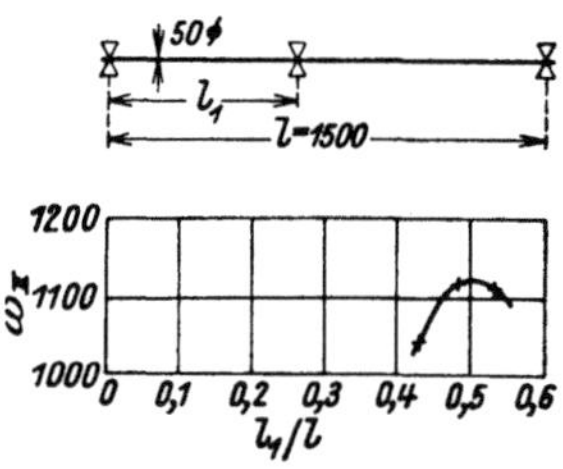

Abb. 82. Bestimmung der zweiten kritischen Drehschnelle als Funktion von l_1/l; zu Beispiel 11 nach dem Verfahren von K. HOHENEMSER.

Nach Glg. (30) sind die ersten beiden Eigenwerte

$$\omega_I = 281/\text{sek}, \qquad \omega_{II} = 1124/\text{sek}.$$

Die zweite kritische Drehschnelle ist für diese Welle bei einer Knotenpunktlage $l_1 = l/2$ vorhanden.

Wird zur graphischen Bestimmung der zweiten kritischen Drehschnelle die Welle dreifach gelagert vorausgesetzt, so ergibt sich für:

$$\frac{l_1}{l} = \frac{650}{1500} = 0{,}433 \quad \text{ein} \quad \omega_{II} = 1050/\text{sek},$$

$$\frac{l_1}{l} = \frac{725}{1500} = 0{,}483 \quad \text{ein} \quad \omega_{II} = 1120/\text{sek},$$

$$\frac{l_1}{l} = \frac{800}{1500} = 0{,}533 \quad \text{ein} \quad \omega_{II} = 1115/\text{sek}.$$

Bei der hier unterdrückten graphischen Auswertung ist zu beachten, daß infolge der einfachen statischen Unbestimmtheit nach VI, 3 zu verfahren ist. Nach Abb. 82 ist ersichtlich, daß die erhaltene Lösung mit dem Eigenwert gut übereinstimmt.

V. Die kritischen Drehzahlen von drei- und mehrfach gelagerten Wellen.

Mehrfach gelagerte Wellen sind dann vorhanden, wenn eine ungeteilte Welle in mehreren Lagern gestützt ist oder wenn die Wellen einzelner Maschinen durch starre Kupplungen miteinander verbunden werden (Abschn. IX). Die Bestimmung der gewichts- bzw. fliehkraftelastischen Linie ist umständlicher als bisher, weil ein statisch unbestimmtes System vorliegt. Sind n Auflager vorhanden, so ist das System bei kugelig einstellbaren Lagern $n-2$-fach statisch unbestimmt.

Denkt man sich eine zweifach gelagerte, mit zentrischen Massen besetzte Welle in der zweiten kritischen Drehzahl laufend, so ließe sich durch Anbringen eines dritten Lagers im Punkte der Wellenachse mit der zusätzlichen Auslenkung Null die erste kritische Drehzahl der ursprünglich zweifach gelagerten Welle unterdrücken. Die erste kritische Drehzahl einer so gelagerten Welle könnte also als die zweite kritische Drehzahl einer nur zweifach gelagerten Welle aufgefaßt werden, bei der der Schnittpunkt der zusätzlichen Auslenkungslinie mit der Lagerverbindungsgeraden genau im dritten Lager liegen würde. Unter diesen Bedingungen wäre damit die höchste kritische Drehschnelle erster Ordnung für die dreifach gelagerte Welle erreicht. Im allgemeinen ist jedoch dieser Sonderfall nicht verwirklicht; das mittlere Lager wird deshalb von diesem ausgezeichneten Punkte des nur zweifach gelagerten Systems abliegen, die erste kritische Drehzahl des Systems also einer Zwangsbedingung unterliegen. Auch bei mehrfach gelagerten Wellen sind kritische Drehzahlen höherer Ordnung vorhanden.

In gleicher Weise wie unter I, Anhang 1 erhält man die tiefste kritische Drehzahl aus der Bedingung der gegenseitigen Unterstützung der wirkenden Massen zur Erzielung der größten Auslenkung. Die Massengruppenaufteilung in dieser ist bereits durch die vorhandenen Lagerstellen gegeben.

Die kritischen Drehzahlen einer z. B. dreifach gelagerten Welle liegen höher als die kritischen Drehzahlen der beiden Wellenteile, die man durch einen Schnitt im mittleren Lager erhalten würde. Diese Einzeldrehzahlen treten überhaupt nicht in Erscheinung, ebenso nicht die kritische Drehzahl ohne mittleres Lager. Die Höherverlegung von ω_{kr} ist eine Beeinflussung der Biegungssteifigkeit des einen Wellenteiles durch den anderen am mittleren Lager, da an dieser Stelle das vorhandene Stützmoment die Neigung der Welle mitbestimmt.

1. Das Verfahren von v. BOROWICZ.

In Anlehnung an Abschnitt III, 3b wird der Berechnung der ersten kritischen Drehschnelle die statische Auslenkungslinie zugrunde gelegt, die durch das gegensinnige Wirken der Massen in den einzelnen Wellensträngen entstehen und deren Form grundsätzlich der Eigenfunktion zweiter Ordnung einer endseitig gelagerten Welle entspricht. Sie ist nach Abschnitt VI, 3 zu konstruieren. Mit diesen f-Werten bestimmt man unter jeder Masse mit einer angenommenen Drehschnelle ω_0 ($= 10$ oder 100/sek) die Fliehkräfte

$$F_0 = \pm\, m f \omega_0^2$$

($+$ für das Feld $\overline{AB}$, $-$ für das Feld $\overline{BC}$) und mit diesen die fliehkraftelastische Auslenkungslinie y_k^μ aus den Einzelauslenkungen y_{ik}^μ und η_{ik}^μ (Abb. 83). Die tatsächlichen Auslenkungswerte η_{ik}^μ durch die Rückführkräfte P^A und P^C ergeben sich wieder durch die Berichtigung mit den

Beiwerten ψ_{11} und ψ_{22}, die in gleicher Weise wie φ_{11} und φ_{22} nach Abschnitt VI, 3 zu ermitteln sind. Der Einfachheit halber wird wie dort η_{ik} für beide Rückführkräfte gleich groß angenommen, d. h. das gleiche Stützmoment über dem mittleren Auflager zugrundegelegt. Damit wird

$$\begin{aligned} y_1^\mu &= \quad |y_{11}^\mu| - |\eta_{11}^\mu| (\psi_{11} - \psi_{22}), \\ y_2^\nu &= - |y_{22}^\nu| - |\eta_{21}^\nu| (\psi_{11} - \psi_{22}). \end{aligned} \tag{a}$$

Da auch hier die der Glg. (39) entsprechenden Verhältniswerte f_1^μ / y_1^μ und f_2^ν / y_2^ν im allgemeinen nicht gleich sein werden, so wird wie in Abschnitt III, 3b die Auslenkung f_2^ν mit dem Beiwert λ vervielfacht. Dadurch ändern sich auch die entsprechenden Auslenkungen und man erhält statt (a)

$$\begin{aligned} y_1^\mu &= \quad |y_{11}^\mu| - |\eta_{11}^\mu| (\psi_{11} - \lambda_I \psi_{22}), \\ y_2^\nu &= - \lambda_I |y_{22}^\nu| - |\eta_{21}^\nu| (\psi_{11} - \lambda_I \psi_{22}). \end{aligned} \tag{63}$$

Der Beiwert λ ergibt sich wieder nach Glg. (40) aus

$$\omega_{kr}^2 = \omega_0^2 \frac{f_1^\mu}{y_1^\mu} = \omega_0^2 \frac{\lambda f_2^\nu}{y_2^\nu}$$

zu

$$\lambda_{I,II} = \frac{-b \pm \sqrt{b^2 + 4ac}}{2a}, \tag{41}$$

mit den Festwerten

$$\begin{aligned} a &= f_2^\nu \psi_{22} \eta_{11}^\mu, \\ b &= f_1^\mu (\psi_{22} \eta_{21}^\nu - y_{22}^\nu) + f_2^\nu (y_{11}^\mu \\ &\quad - \psi_{11} \eta_{11}^\mu), \\ c &= f_1^\mu \psi_{11} \eta_{21}^\nu. \end{aligned} \tag{64}$$

Die kritische Drehschnelle erster Ordnung erhält man mit dem positiven λ_I von (41) aus

$$\omega_{kr}^2 = \omega_0^2 \frac{|f_1^\mu|}{|y_{11}^\mu| - |\eta_{11}^\mu| (\psi_{11} - \lambda_I \psi_{22})} \equiv \omega_0^2 \frac{\lambda_I |f_2^\nu|}{\lambda_I |y_{22}^\nu| + |\eta_{21}^\nu| (\psi_{11} - \lambda_I \psi_{22})}. \tag{65}$$

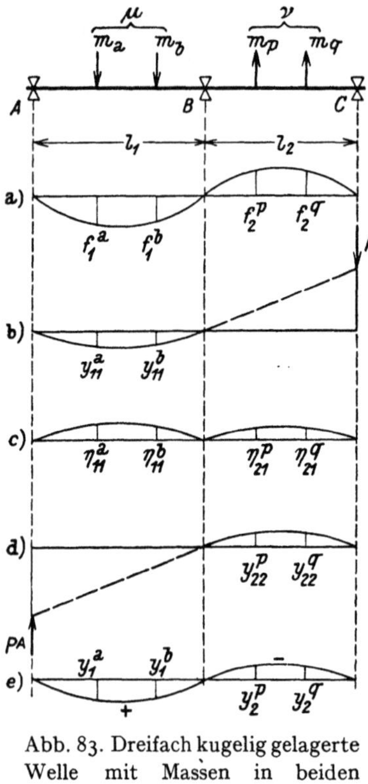

Abb. 83. Dreifach kugelig gelagerte Welle mit Massen in beiden Feldern.

Für die Berechnung der ersten und zweiten kritischen Drehschnelle ist das Verfahren von A. TRAENKLE heranzuziehen.

2. Das Verfahren von G. ZERKOWITZ.

In gleicher Weise wie unter III, 3d bestimmt man die gewichtselastische Linie mit den Auslenkungen b_{ik} durch die Wirkung der Massen der Massengruppe 1 allein, wobei, wie in Abschnitt VI, 3 beschrieben, der andere Wellenteil masselos, unbelastet und ohne Lagerung in C gedacht wird. Nach Einführen einer Ersatzkraft am Lager C wird eine zweite elastische Linie mit den Auslenkungen h_{ik} erhalten. Durch Kombination von b_{ik} und h_{ik} mit Berücksichtigung der wahren Größe von h_{ik} durch den Beiwert φ entstehen (Abb. 84a und b)

$$\begin{aligned} f_{11}{}^{\mu} &= |b_{11}{}^{\mu}| - \varphi_{11}\,|h_{11}{}^{\mu}|, \\ f_{21}{}^{\nu} &= \varphi_{11}\,|h_{21}{}^{\nu}|. \end{aligned} \tag{a}$$

Dies wird auch für die Massengruppe 2 durchgeführt, so daß

$$\begin{aligned} f_{12}{}^{\mu} &= \varphi_{22}\,|h_{11}{}^{\mu}|, \\ f_{22}{}^{\nu} &= |b_{22}{}^{\nu}| - \varphi_{22}\,|h_{21}{}^{\nu}|. \end{aligned} \tag{b}$$

Dann folgt die gleichwertige Auslenkung f_0 zur Ermittlung von ω_{krI} zu

$$f_0 = \frac{Z}{N} \tag{48}$$

mit

$$\begin{aligned} Z &= \overset{\mu}{\Sigma} G_{\mu}\,(f_{11}{}^{\mu} + \lambda_I\, f_{12}{}^{\mu})\,(f_{11}{}^{\mu} + f_{12}{}^{\mu}) \\ &\quad + \overset{\nu}{\Sigma} G_{\nu}\,(f_{21}{}^{\nu} + \lambda_I f_{22}{}^{\nu})\,(f_{21}{}^{\nu} + f_{22}{}^{\nu}), \\ N &= \overset{\mu}{\Sigma} G_{\mu}\,(f_{11}{}^{\mu} + \lambda_I f_{12}{}^{\mu}) + \overset{\nu}{\Sigma} G_{\nu}\,(f_{21}{}^{\nu} \\ &\quad + \lambda_I f_{22}{}^{\nu}). \end{aligned} \tag{48a}$$

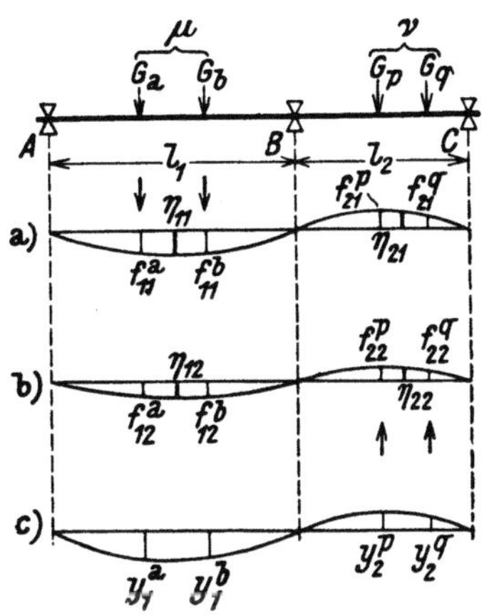

Abb. 84. Dreifach kugelig gelagerte Welle mit Belastung durch zwei Massengruppen.

Der Formbeiwert λ_I errechnet sich wieder aus den statischen Auslenkungen im Schwerpunkt der Massengruppen zu

$$\lambda_I = \frac{-(\eta_{11} - \eta_{22}) + \sqrt{(\eta_{11} - \eta_{22})^2 + 4\,\eta_{12}\,\eta_{21}}}{2\,\eta_{12}} \tag{49}$$

und die erste kritische Drehschnelle

$$\omega_{kr}{}^2 = \frac{g}{f_0}. \tag{33c}$$

Die elastische Linie folgt nach Abschnitt III, 3d zu

$$\begin{aligned} y_1{}^{\mu} &= f_{11}{}^{\mu} + \lambda_I f_{12}{}^{\mu} \text{ für das Feld } \overline{AB}, \\ y_2{}^{\nu} &= f_{21}{}^{\nu} + \lambda_I f_{22}{}^{\nu} \text{ für das Feld } \overline{BC}.^1 \end{aligned} \tag{66}$$

Für kritische Drehschnellen höherer Ordnung ist das Verfahren von A. TRAENKLE heranzuziehen.

Beispiel 12.

Die kritische Drehzahl einer dreifach kugelig gelagerten Welle ist nach Abb. 85 zu ermitteln. Im Felde $\overline{AB}$ sind zwei Massen, im Felde $\overline{BC}$ ist eine Masse vorhanden. Der Wellendurchmesser ist der Einfachheit halber durchwegs mit 50 mm angenommen.

[1] $y_2{}^{\nu}$ ist nach der entgegengesetzten Seite aufzutragen wie $y_1{}^{\mu}$.

a) Zuerst wird die Durchbiegung durch die alleinige Belastung im Felde $\overline{AB}$ ermittelt (Abb. 85). Dabei wird das Lager C abgenommen gedacht; das masselos

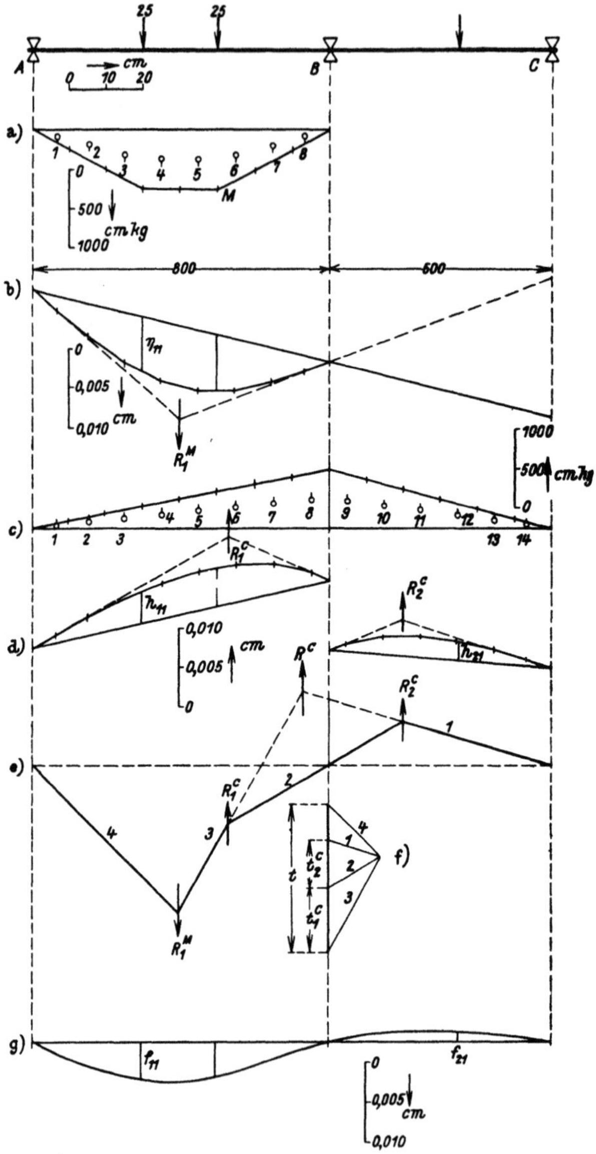

Abb. 85. Graphische Bestimmung der statischen Auslenkungslinie für eine dreifach kugelig gelagerte, im Felde $\overline{AB}$ belastete Welle; zu Beispiel 12 nach dem Verfahren von G. ZERKOWITZ.

angenommene Wellenende $\overline{BC}$ stellt sich dann in die Tangente an die Auslenkungslinie im Lager B ein. Dann wird im Lager B ein Stützmoment angenommen, welches durch eine im Lager C wirkende Kraft P^C hervorgerufen wird. Dieses Stützmoment verläuft geradlinig und ist in den Lagern A und C gleich Null. Da die Welle gleichen Durchmesser besitzt, kommt eine Reduktion der Momentenfläche nicht in Betracht. Mittels dieser Stützmomentenfläche wird die Auslenkung in den Feldern $\overline{AB}$ und $\overline{BC}$ ermittelt (Abb. 85 d). Sie sind entgegengesetzt der durch die Massen des Feldes $\overline{AB}$ hervorgerufenen Auslenkung.

Tabelle 1/12. Belastung im Felde $\overline{AB}$.

Last Nr.	G kg	m kg cm^{-1} sek^2	η_{11} cm	h_{11} cm	h_{21} cm	f_{11} cm	f_{21} cm
1	25	0,0255	0,007	— 0,004	—	0,00481	—
2	25	0,0255	0,007	— 0,00475	—	0,0044	—
3	—	—	—	—	— 0,00235	—	— 0,001285

Maßstäbe	Zeichnung		Wirklichkeit
Längen	1 cm	=	10 cm
Kräfte	1 cm	=	10 kg
Horizontalzug H_1	5 cm	=	50 kg
Momentenordinate	1 cm	=	500 cm kg
Momentenfläche	1 cm^2	=	5 000 cm^{2}kg
Momentenflächenbelastung	1 cm	=	2 000 cm^{2}kg
Horizontalzug H_2	16,1 cm	=	32 200 cm^{2}kg
Auslenkung	1 cm	=	0,005 cm

Tabelle 2/12. Momentenflächen durch die Belastung im Felde $\overline{AB}$.

Nr.	1	2	3	4	5	6	7	8
ΔF cm^2	0,25	0,75	1,25	1,5	1,5	1,25	0,75	0,25
$M\,i\,\Delta x$ cm^2 kg	1250	3750	6250	7500	7500	6250	3750	1250
R_1^M cm^{2}kg	37500							

Tabelle 3/12. Momentenflächen des Stützmomentes im Felde $\overline{AB}$.

Nr.	1	2	3	4	5	6	7	8
ΔF cm^2	0,1	0,238	0,46	0,655	0,84	1,02	1,21	1,4
$M\,i\,\Delta x$ cm^2 kg	500	1190	2300	3280	4200	5100	6050	7000
R_1^C cm^{2}kg	29620							

Alle Maßstäbe sind gleich den angegebenen.

Tabelle 4/12. Momentenflächen des Stützmomentes im Felde $\overline{BC}$.

Nr.	9	10	11	12	13	14
ΔF cm²	1,375	1,125	0,875	0,625	0,375	0,125
$M\,i\,\Delta x$ cm² kg	6875	5625	4375	3125	1875	625
R_2^C cm² kg	22 500					

Jetzt muß die natürliche Größe der Wellenauslenkungen durch das Stützmoment ermittelt werden. Zu diesem Zwecke wird, wie in Abschnitt VI, 3 beschrieben, ein Seilpolygon zu Hilfe genommen, dessen Strahlenfolge 1 bis 4 die Tangenten an die elastische Linie in den Lagern darstellt, wenn diese zwischen den einzelnen Momentenflächenresultierenden gezogen werden. Diese Seilstrahlen (Abb. 85e) werden in einen Belastungsplan übertragen (Abb. 85f). Die der bekannten Momentenflächenresultierenden $R_1^M = 37\,500$ cm²kg entsprechende Höhe wird zu $t = 3{,}75$ cm angenommen. Dann schneiden die Strahlen 1 und 2 entsprechende Teilwerte $t_2^C = 1{,}23$ cm und $t_1^C = 1{,}62$ cm ab, woraus nach Glg. (75a) der Berichtigungsbeiwert für das Stützmoment und die Auslenkungen h_{11} und h_{21} folgt zu

$$\varphi_{11} = \frac{1{,}62}{3{,}75}\,\frac{37\,500}{29\,620} = \frac{1{,}23}{3{,}75}\,\frac{37\,500}{22\,500} = 0{,}547.$$

Damit ist die resultierende Auslenkungslinie (Abb. 85g) durch die Belastung im Felde $\overline{AB}$ über die beiden Felder bestimmt mit den Ordinaten:

$$f_{11} = |\eta_{11}| - \varphi_{11}\,|h_{11}|,$$

$$f_{21} = -\,\varphi_{11}\,|h_{21}|.$$

Diese Zahlenwerte sind in der Tabelle 1/12 eingetragen.

b) Nun wird die Auslenkungslinie für die Belastung im Felde $\overline{BC}$ entwickelt (Abb. 86).

Maßstäbe	Zeichnung		Wirklichkeit
Längen	1 cm	=	10 cm
Kräfte	1 cm	=	5 kg
Horizontalzug H_1	5 cm	=	25 kg
Momentenordinate	1 cm	=	250 cm kg
Momentenfläche	1 cm²	=	2 500 cm²kg
Momentenflächenbelastung	1 cm	=	1 000 cm²kg
Horizontalzug H_2	16,1 cm	=	16 100 cm²kg
Auslenkung	1 cm	=	0,0025 cm

Die Auslenkung durch das Stützmoment braucht nicht gesondert ermittelt zu werden. Es genügt, wenn die unter a) erhaltenen Werte im Verhältnis der Momentenmaßstäbe berichtigt werden. Die Auslenkungswerte von h_{11} und h_{21}, sowie die Momentenflächenresultierenden R_1^C und R_2^C sind mit

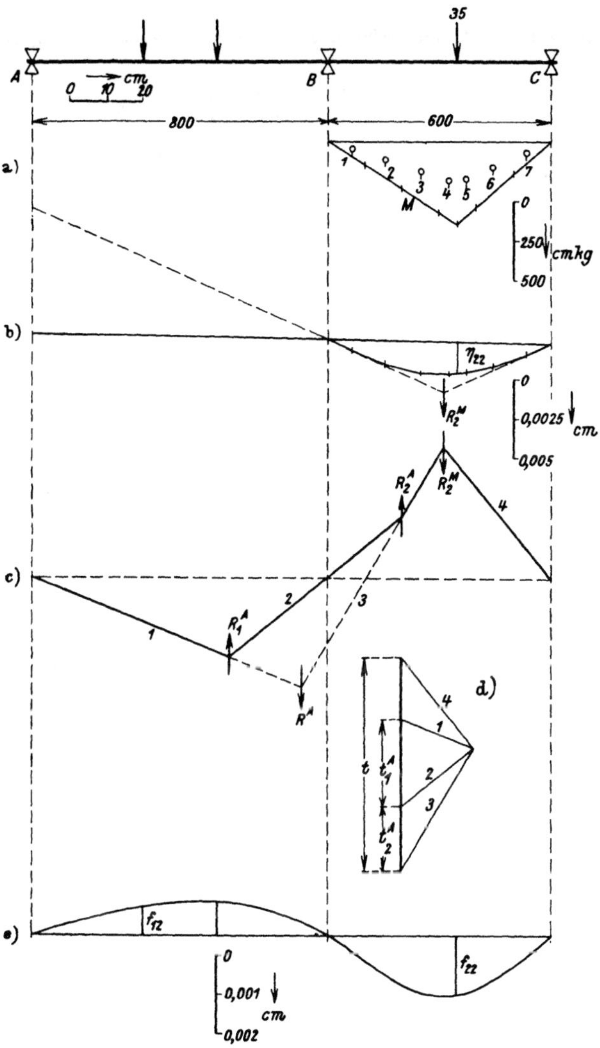

Abb. 86. Graphische Bestimmung der statischen Auslenkungslinie für eine dreifach kugelig gelagerte, im Felde $\overline{BC}$ belastete Welle; zu Beispiel 12 nach dem Verfahren von G. ZERKOWITZ.

$$\frac{\text{Momentenmaßstab von b)}}{\text{Momentenmaßstab von a)}} = \frac{250}{500} = \frac{1}{2}$$

zu vervielfachen, so daß

$$h_{12} = {}^1/_2\, h_{11}, \quad h_{22} = {}^1/_2\, h_{21}, \quad R_1{}^A = {}^1/_2\, R_1{}^C, \quad R_2{}^A = {}^1/_2\, R_2{}^C.$$

Der Berichtigungsbeiwert φ_{22} folgt wieder aus einem Seilpolygon und dem zugehörigen Belastungsplan, wenn für $R_2{}^M = 13\,410\ \text{cm}^2\,\text{kg}$ eine Strecke von 5,37 cm angenommen wird, mit den erhaltenen Teilwerten $t_1^A = 2{,}17$ cm, $t_2^A = 1{,}65$ cm nach Abb. 86d zu

$$\varphi_{22} = \frac{2{,}17}{5{,}37}\,\frac{13\,410}{14\,810} = \frac{1{,}65}{5{,}37}\,\frac{13\,410}{11\,250} = 0{,}366.$$

Damit erhält man die resultierende Auslenkungslinie über die beiden Felder für die Belastung des Feldes $\overline{BC}$ mit den Ordinaten

$$f_{12} = \varphi_{22}\,|h_{12}| = \varphi_{22}\left|\frac{h_{11}}{2}\right|,$$

$$f_{22} = -|\eta_{22}| + \varphi_{22}\,|h_{22}| = -|\eta_{22}| + \varphi_{22}\left|\frac{h_{21}}{2}\right|.$$

Mit den Ordinaten der beiden resultierenden Auslenkungslinien kann die Bestimmung der kritischen Drehschnelle nach den Glgn. (48), (48a) und (49) vorgenommen werden.

Tabelle 5/12. Momentenflächen durch die Belastung im Felde $\overline{BC}$.

Nr.	1	2	3	4	5	6	7
ΔF cm²	0,3	0,9	1,5	0,488	0,475	1,275	0,425
$M i \Delta x$ cm² kg	750	2250	3750	1220	1190	3190	1060
R_2^M cm² kg	13410						

Tabelle 6/12. Belastung im Felde $\overline{BC}$.

Last-Nr.	G kg	m kg cm⁻¹sek²	η_{22} cm	h_{12} cm	h_{22} cm	f_{12} cm	f_{22} cm
1	—	—	—	0,002	—	0,000728	—
2	—	—	—	0,00238	—	0,000865	—
3	35	0,0357	0,00197	—	0,00118	—	0,00154

Zur Berechnung des Formbeiwertes λ wird Glg. (49) zugrunde gelegt. Dazu sind in den Schwerpunkten der Massengruppen die Auslenkungen η_{ik} zu messen. Im Felde $\overline{AB}$ liegen sie in der Halbierungsebene zwischen den beiden Massen; im Felde $\overline{BC}$ fallen sie in die Massenebene. In den Glgn. (48a) und (49) sind die Absolutbeträge der Auslenkungen einzusetzen.

$$|\eta_{11}| = 0{,}0076 - 0{,}0047\;0{,}547 = 0{,}00503 \text{ cm},$$

$$|\eta_{12}| = 0{,}000855 \text{ cm},$$

$$|\eta_{21}| = 0{,}001285 \text{ cm},$$

$$|\eta_{22}| = 0{,}00154 \text{ cm}.$$

Damit wird

$$\lambda_{I,II} = \frac{-(5{,}03 - 1{,}54)\ 10^{-3} + 10^{-3}\sqrt{3{,}49^2 + 4\ 0{,}855\ 1{,}285}}{2\ 0{,}855\ 10^{-3}}$$

$$\lambda_I = +\ 0{,}339,$$
$$\lambda_{II} = -\ 4{,}42.$$

Mit $\lambda_I = 0{,}339$ erhält man die Summenausdrücke (48a) zu

$$\begin{aligned} Z &= 25\ (4{,}81\ \ 10^{-3} + 0{,}339\ 7{,}28\ 10^{-4})\ (4{,}81\ \ 10^{-3} + 7{,}28\ 10^{-4}) \\ &\quad + 25\ (4{,}4\ \ 10^{-3} + 0{,}339\ 8{,}65\ 10^{-4})\ (4{,}4\ \ 10^{-3} + 8{,}65\ 10^{-4}) \\ &\quad + 35\ (1{,}285\ 10^{-3} + 0{,}339\ 1{,}54\ 10^{-3})\ (1{,}285\ 10^{-3} + 1{,}54\ 10^{-3}), \\ Z &= 1{,}4965\ \ 10^{-3}. \\ N &= 25\ (4{,}81\ \ 10^{-3} + 0{,}339\ 7{,}28\ 10^{-4}) \\ &\quad + 25\ (4{,}4\ \ 10^{-3} + 0{,}339\ 8{,}65\ 10^{-4}) \\ &\quad + 35\ (1{,}285\ 10^{-3} + 0{,}339\ 1{,}54\ 10^{-3}), \\ N &= 0{,}3073. \end{aligned}$$

Daraus folgt die gleichwertige Auslenkung erster Ordnung nach (48)

$$f_0 = \frac{Z}{N} = \frac{1{,}4965}{0{,}3073\ 10^3} = \frac{4{,}87}{10^3}$$

und die kritische Drehschnelle erster Ordnung nach (33c)

$$\omega_{kr} = \sqrt{\frac{981\ 10^3}{4{,}87}} = 4{,}49\ 10^2/\text{sek}.$$

Die kritische Drehzahl erster Ordnung ist

$$n_{kr} = 4290\ \text{U/min}.$$

3. Das y^2-Verfahren von R. GRAMMEL.

Nach dem vorhergehenden Abschnitt kann die kritische Drehschnelle erster Ordnung von mehrfach gelagerten Wellen aus Glg. (52)

$$\omega_I^2 = \frac{\Sigma\, m\, y_{(n-1)}{}^2}{\Sigma\, m\, y_{(n)}\, y_{(n-1)}} \tag{52c}$$

berechnet werden. Durch die Lage der $n - 2$ Lager ist das System mit einer Zwangsbedingung versehen, welche die Höhe der kritischen Drehschnelle mitbestimmt. Die Summen sind alle positiv — da die Vorzeichenwechsel in den Summen nach dem Überschreiten der Lager paarweise auftreten — und über das gesamte System zu erstrecken. Angenommen wird wieder eine Auslenkungslinie $y_{(1)}$, welche die Randbedingungen an den Lagern erfüllt. Mit den Massen m und der Drehschnelle $\omega_0 = 1$/sek wird die fliehkraftelastische Auslenkung $y_{(2)}$ durch die auf $\omega_0{}^2 = 1$ reduzierten Fliehkräfte ermittelt und aus (52c) die kritische Drehschnelle erster Ordnung errechnet. Für die Berücksichtigung der Kreiselwirkung ist die Glg. (53) heranzuziehen, wobei die Zuverlässigkeit der angenommenen Form der elastischen Linie wieder nach Glg. (e) des Abschnittes III, 3e überprüft werden kann. Falls zur Kontrolle ein zweiter Schritt durchgeführt wird, ist $y_{(2)}$ als Ausgangslinie zu nehmen. Bei der graphischen Ermittlung der fliehkraftelastischen Auslenkung ist zu berücksichtigen, daß in $n - 2$ Lagern Stützmomente auftreten; darüber ist in Abschnitt VI einzusehen. Für kritische Drehschnellen höherer Ordnung ist das Verfahren von A. TRAENKLE heranzuziehen.

4. Das Verfahren von A. TRAENKLE.

Bei diesem Verfahren, dessen Grundzüge bereits in IV, 2 enthalten sind, werden für eine z. B. dreifach gelagerte Welle die beiden zu erwartenden elastischen Linien f_1 und f_2 erster und zweiter Ordnung angenommen (Abb. 87a und b). Für die elastische Linie f_2 ist es im vorhinein schwierig, die Lage des Knotenpunktes richtig festzulegen. Daher nimmt man diesen vorläufig im mittleren Lager an, d. h. die elastische Linie f_2 hat in diesem Lager eine horizontale Tangente, wenn nicht an Hand von schon durchgerechneten ähnlichen Lagerungsarten auf die ungefähre Lage des Knotenpunktes geschlossen werden kann (Abb. 87b). Dann werden die fliehkraftelastischen Auslenkungen y_1 und y_2 durch die Fliehkräfte

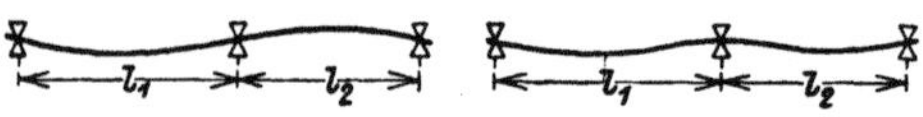

Abb. 87a und b. Angenommene Auslenkungslinien erster und zweiter Ordnung für eine dreifach kugelig gelagerte Welle.

$$F_0 = m f \omega_0^2$$

entworfen. Bei der Ermittlung dieser fliehkraftelastischen Auslenkungs linien ist zu beachten, daß infolge der mehrfachen Wellenlagerung das System statisch unbestimmt ist, so daß Stützmomente anzunehmen und nach Abschnitt VI auf ihre wahre Größe zurückzuführen sind. Nach der Bestimmung der fliehkraftelastischen Auslenkungslinien y_1 und y_2 unterscheidet sich der weitere Rechnungsgang bezüglich der Bestimmung der Freiwerte λ_{ik}, der Eigenwerte ω_i und der Lösungen f_I, f_{II}, y_I und y_{II} nicht von dem in Abschnitt IV, 2 angegebenen. Dieses Verfahren ist besonders wertvoll, da die beiden angenommenen und ermittelten Auslenkungslinien berichtigt und miteinander verglichen werden können, so daß ein Urteil über die Güte der Eigenwerte erster und zweiter Ordnung, bzw. über eine notwendige Wiederholung der Rechnung möglich ist.

VI. Das MOHRsche Verfahren zur Ermittlung der elastischen Linie beliebig belasteter, abgesetzter Wellen.

In der Statik unterscheidet man bezüglich der Wellenlagerung statisch bestimmte und statisch unbestimmte Systeme. Ein statisch bestimmtes System liegt vor, wenn die aus den statischen Gleichgewichtsbedingungen

$$\Sigma P = 0$$

und

$$\Sigma M = 0$$

aufstellbaren drei Bedingungsgleichungen zur Ermittlung der Unbekannten ausreichen. Dies ist immer dann der Fall, wenn die Welle nur zweifach und kugelig gelagert ist. Wenn jedoch eine Welle bei zweifacher Lagerung an einem Ende oder an beiden Enden eingespannt oder wenn sie mehrfach gelagert ist, so reichen die aus den statischen Bedingungen aufstellbaren Gleichungen zur Lösung der vorhandenen Unbekannten nicht mehr aus. Für die restlichen Unbekannten sind daher Ansätze aus geeigneten elastischen Bedingungen oder solche über die Formänderungsarbeit heranzuziehen.

Allgemein ist ein System mit n Unbekannten $n - 2$-fach statisch unbestimmt. Zur Lösung statisch unbestimmter Systeme werden diese in geeignete statisch bestimmte Teilsysteme zerlegt. Aus den erhaltenen Einzellösungen läßt sich dann die Lösung des Systems leicht bilden.

Neben den statisch bedingten Kräften (Auflagerreaktionen) und der Form der elastischen Linie interessiert noch die tatsächliche Größe der Auslenkung. Für Wellen mit Einzelmasse und konstantem Querschnittsträgheitsmoment ist eine einfache analytische Behandlung möglich. Die ausgewerteten erschöpfenden Ergebnisse hierfür können z. B. der Hütte, Bd. I entnommen werden. Ist die Welle jedoch mehrfach belastet und aus konstruktiven sowie Herstellungsrücksichten abgesetzt, so kann zur Bestimmung der elastischen Linie z. B. das nachfolgend beschriebene graphische Verfahren von O. Mohr zu Hilfe genommen werden.

1. Zweifach kugelig gelagerte Welle.

Durch die Belastung der Welle tritt in jedem Querschnitt ein Moment und eine Querkraft auf. Beide bewirken eine elastische Formänderung. In vielen Fällen kann der Einfluß der Querkräfte auf die Auslenkung vernachlässigt werden; für kurze, schwer belastete Wellen ist jedoch auch die Querkraftdeformation zu berücksichtigen. Nach dem Überlagerungsgesetz können beide Auslenkungen unabhängig voneinander errechnet und addiert werden. Die gesamte Auslenkung ermittelt sich dann aus

$$\frac{d^2y}{dx^2} = -\frac{M}{EJ_r} + \frac{\psi}{G f_r}\frac{dQ}{dx}$$

mit $Q = dM/dx$ zu

$$y = y_m + y_q. \tag{67}$$

Der Einfluß des Biegungsmomentes.

Nach O. Mohr läßt sich die elastische Linie als Seilkurve auffassen, wenn man in die Differentialgleichung derselben

$$H\frac{d^2y_m}{dx^2} = -q \tag{a}$$

für die Belastung q der Längeneinheit das Moment M einführt und den Horizontalzug $H = EJ_r$ setzt. Zu diesem Zwecke wird für den allgemeinen Fall der beliebig belasteten, abgesetzten Welle die Biegungsmomentenfläche der Lasten ermittelt und im Verhältnis J_r/J erweitert, wenn J_r

ein mittleres und J das jeweilige Querschnittsträgheitsmoment der Welle darstellt.[1] Damit wird

$$EJ_r \frac{d^2 y_m}{dx^2} = -M \frac{J_r}{J} \tag{b}$$

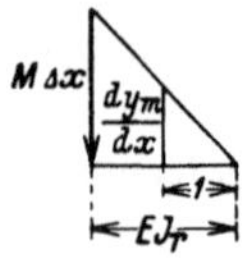

Abb. 88.

und

$$y_m' = \frac{1}{EJ_r} \int_0^x M_r \, dx \tag{68}$$

mit $M_r = M J_r / J$. Die so auf konstantes J_r bezogene Momentenfläche wird nun als Belastung wirksam gedacht und die Auslenkungslinie als Seilkurve ermittelt.

Für praktische Rechnungen ist noch der Maßstab der zeichnerischen Darstellung zu berücksichtigen. Allgemein ist:

Maßstäbe	Zeichnung	Wirklichkeit
Längen	1 cm	$= i$ (cm)
Kräfte	1 cm	$= k$ (kg)
Horizontalzug H_1	h_1 cm	$= h_1 k$ (kg)
Momentenordinate	1 cm	$= i\ H_1 = i\ h_1 k$ (cmkg)
Momentenfläche	1 cm^2	$= i^2 H_1 = i^2 h_1 k$ (cm^{2}kg)
Momentenflächenbelastung	1 cm	$= r$ (cm^{2}kg)
Horizontalzug H_2	h_2 cm	$= h_2 r$ (cm^{2}kg)
Auslenkung	1 cm	$= 1/p$ (cm)

Werden die Längenabmessungen der Welle in i-facher Verkleinerung gezeichnet, so ergibt sich die Durchbiegung in natürlicher Größe, wenn der Polabstand H_2 des Momentenplanes nach

$$H_2 = \frac{1}{i} E J_r$$

gewählt wird. Da die Auslenkungen meist sehr klein sind, ist es wünschenswert, die zeichnerische Darstellung vergrößert zu erhalten gegenüber den wirklichen Werten. Soll diese Vergrößerung p-fach sein, so ist

$$H_2 = \frac{1}{i\,p} E J_r \tag{69}$$

zu nehmen.

Aus Glg. (68) läßt sich nun analytisch für einfache Belastungsfälle bei glatten Wellen die Auslenkungslinie ermitteln. Die gedachte Belastung wird $\int_0^x M\,dx = P'$ gesetzt. Dann ist die Auslenkung im Abstande x vom

---

[1] In gleicher Weise wie die Reduktion auf ein konstantes Trägheitsmoment J_r ist die Momentenfläche auf ein konstantes E_r zu beziehen, wenn dies infolge veränderlicher Temperaturverteilung längs der Welle notwendig ist. Dann ergibt sich das reduzierte Moment M_r in jedem Punkte längs der Wellenachse zu

$$M_r = M \frac{J_r}{J} \frac{E_r}{E},$$

wenn $E = f(t)$ und $t = t(l)$, also $E = F(l)$ aus dem Verlauf der Temperatur entlang der Welle gegeben ist.

Auflager durch das Integral der Glg. (68) mit

$$y = \frac{1}{EJ}\int_0^x P'\,dx = \frac{M'}{EJ} \tag{c}$$

gegeben, wenn M' das Moment, hervorgerufen durch die gedachte Belastung $P' = \int_0^x M\,dx$ bedeutet.

Beispiel 13.

Es soll nach Glg. (c) die Auslenkung der Welle des Abschnittes I, 2 unter der Wirkung des Kreiselmomentes bestimmt werden. Mit der Kreiselmomentenfläche als Belastung ergibt sich nach den Regeln der Statik die Reaktion am linken Lager der Abb. 89

$$B' = \frac{K_{gl}\frac{(l-a)^2}{2l}\left[l - \frac{2}{3}(l-a)\right] - K_{gl}\frac{a^2}{2l}\frac{2a}{3}}{l}$$

oder

$$B' = \frac{K_{gl}}{6l}(l^2 - 3a^2).$$

Das Moment M' an der Stelle x vom Auflager ist

$$M' = \frac{K_{gl}\,x}{6l}(l^2 - 3a^2) - \frac{K_{gl}}{2}\,\frac{l-a}{l}\,\frac{x}{l-a}\,x\,\frac{x}{3},$$

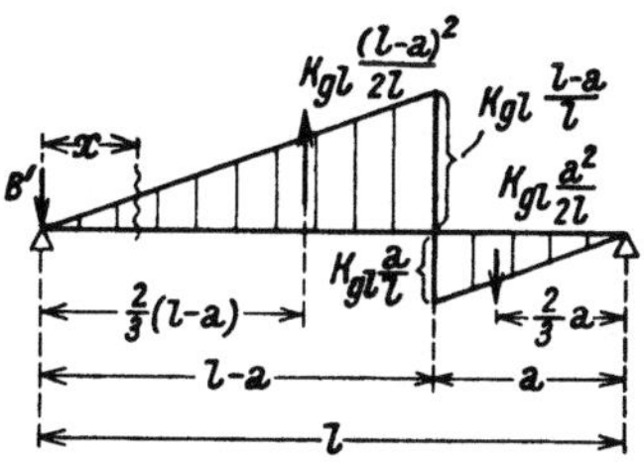

Abb. 89. Belastung einer Welle durch das Kreiselmoment nach Abb. 12; zu Beispiel 13.

an der Stelle $x = l - a$

$$M_a' = \frac{K_{gl}}{3l}\,a\,(l - a)\,(l - 2a).$$

Nach Glg. (c) wird die Auslenkung der Welle im Scheibenmittelpunkt

$$y_2 = K_{gl}\frac{a}{3lEJ}(l-a)(l-2a) \equiv \frac{M_a'}{EJ}.$$

und identisch mit dem auf S. 16 angegebenen Wert $\beta_0 K_{gl}$.

Der Einfluß der Querkraft.

Durch die Änderung der Querkraft längs der Welle entsteht eine Krümmungsänderung des Wellenteiles von

$$y_q' = \frac{\psi}{Gf}Q. \tag{70}$$

Darin ist G = Schubziffer (kg/cm²), f = Wellenquerschnitt (cm²). Für den Kreisquerschnitt ist $\psi = 1{,}185$. In gleicher Weise wie zuvor läßt sich die zugehörige Auslenkung aus Glg. (70) als Seilkurve ermitteln. Mit den bei abgesetzten Wellen auf einen konstanten mittleren Wellenquerschnitt f_r bezogenen Querkräften $Q_r = Q f_r/f$ schreibt sich die Glg. (70)

$$y_q' = \frac{\psi}{G f_r}Q_r. \tag{70a}$$

Die reduzierten Querkräfte Q_r werden nun als Belastung angesehen und ein Querkraftplan mit dem Horizontalzug $H_q = G f_r/\psi$ gezeichnet; nach Übertragung der Polstrahlen erhält man die Auslenkung y_q als Seilkurve. Soll sich die Auslenkung y_q in p-facher Vergrößerung ergeben, so ist der Polabstand H_q im Querkraftplan zu wählen nach

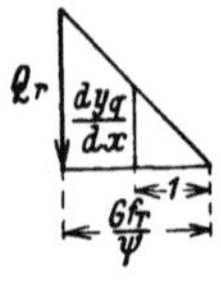

Abb. 90.

$$H_q = \frac{1}{i p} \frac{G f_r}{\psi}, \tag{71}$$

wenn i wieder der Verkleinerungslängenmaßstab der Zeichnung ist.

Beispiel 14.

Es soll die Auslenkung einer S.-M.-Stahlwelle bestimmt werden, welche nach Abb. 91a zweifach kugelig gelagert ist und zwischen den Lagern fünf Scheiben, am fliegenden Antriebsende eine Scheibe trägt. In der ersten kritischen Drehzahl darf die elastische Linie außerhalb der Lagerstellen keinen Knotenpunkt besitzen, d. h. die Massen zwischen den Lagern wirken entgegengesetzt wie die fliegende Masse. Damit ergeben sich die in Abb. 91b eingetragenen Kraftrichtungen.

a) Auslenkung durch das Biegungsmoment.

Maßstäbe	Zeichnung		Wirklichkeit
Längen	1 cm	=	5 cm
Kräfte	1 cm	=	10 kg
Horizontalzug H_1	5 cm	=	50 kg
Momentenordinate	1 cm	=	250 cmkg
Momentenfläche	1 cm²	=	1250 cm²kg
Momentenflächenbelastung	1 cm	=	2000 cm²kg
Horizontalzug H_2	9,45 cm	=	18900 cm²kg
Auslenkung	1 cm	=	0,001 cm

Tabelle 1/14.

Last-Nr.	G kg	J cm⁴	t cm	M cmkg	$10^3 y_m$ cm
1	1,5	30,68	0,57	142,5	1,05
2	1,5	30,68	1,66	415	2,9
3	10	44,92	2,55	637	4,05
4	10	44,92	3,06	764	4,6
5	10	44,92	3,25	812	4,65
6	10	44,92	3,11	777	4,15
7	15	87,62	2,66	665	3,19
8	3,5	63,62	1,33	333	1,35
9	10	44,92	0	0	—1,55

Mit dem angegebenen Kräftemaßstab wird ein Kräfteplan mit dem Horizontalzug $H = 50$ kg gezeichnet. Nach dem Übertragen der Polstrahlen 1 bis 10 ergibt sich durch Ziehen der Schlußlinie die Momentenfläche. Durch Parallelverschiebung

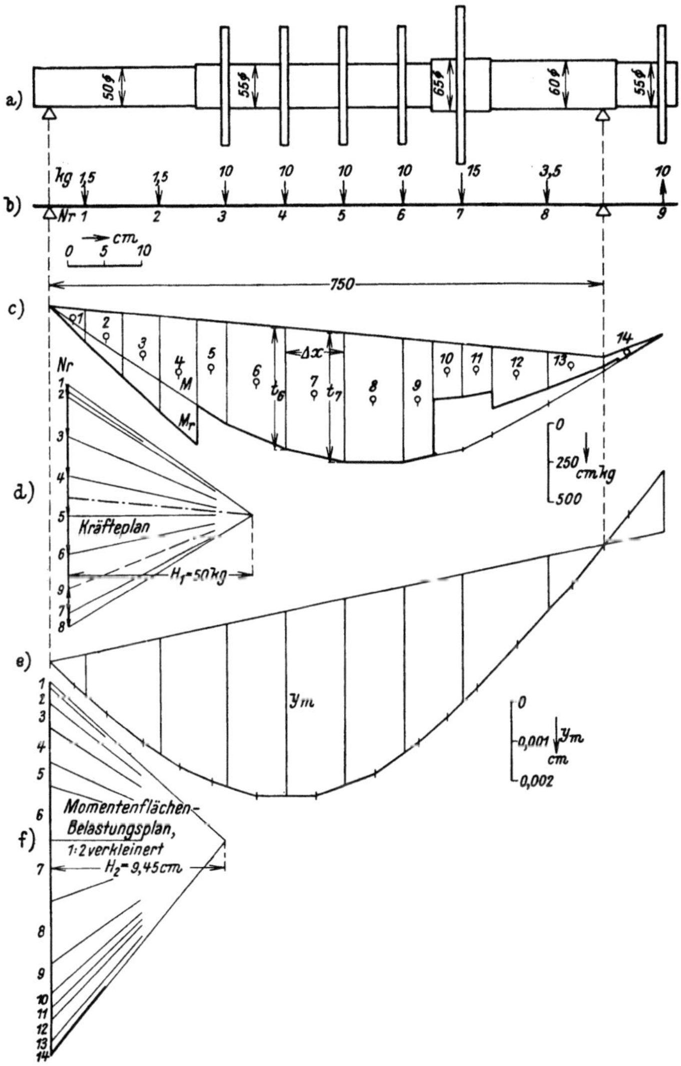

Abb. 91. Graphische Ermittlung der statischen Auslenkungslinie durch das Biegungsmoment für eine zweifach kugelig gelagerte, abgesetzte Welle nach dem MOHRschen Verfahren; zu Beispiel 14.

der Schlußlinie in den Kräfteplan erhält man die dynamischen Lagerreaktionen $A = 28{,}5$ kg, $B = 23$ kg. Nun werden die Höhen der Momentenfläche im Verhältnis J_r/J erweitert ($J_r = 44{,}92$ cm^4). Aus den Ordinaten t der Momentenfläche

Tabelle 2/14. Momentenflächen.

Nr.	1	2	3	4	5	6	7	8	9	10	11	12	13	14
Δx cm	1	1	1	1	0,8	1,6	1,6	1,6	0,8	0,8	0,8	1,5	1,5	1,6
t_i cm	0	0,82	1,61	2,42	2,17	2,58	3,1	3,27	3,13	1,49	1,36	1,55	0,92	0,23
t_k cm	0,82	1,61	2,42	3,17	2,58	3,1	3,27	3,13	2,9	1,36	1,13	0,92	0,21	0
$\Delta F = \frac{t_i + t_k}{2} \Delta x$	0,41	1,22	2,02	2,8	1,9	4,54	5,1	5,12	2,41	1,14	0,996	1,85	0,847	0,184
$M_r i \Delta x = 1250 \Delta F$ cm²kg	512	1520	2520	3495	2375	5680	6370	6400	3015	1425	1245	2315	1060	230

(in Zentimetern aus der Zeichnung abgenommen) und dem Momentenmaßstab ergibt sich das tatsächlich in diesem Punkte auftretende Moment

$$M_r = 250\, t \text{ [cmkg]}.$$

Diese reduzierte Momentenfläche wird nach MOHR als Belastung aufgefaßt. Zu diesem Zwecke ist die reduzierte Momentenfläche in geeignete Einzelflächen aufzuteilen und im Schwerpunkte derselben die gewählte Teilmomentenfläche als Belastung wirksam gedacht. In diesen Schwerpunkten wirkt die Belastung

$$q = 1250 \frac{t_i + t_k}{2} \Delta x \qquad [\text{cm}^2\text{kg}].$$

Diese fingierten Belastungen (cm²kg) werden nun in einen Momentenplan eingetragen, wobei der Maßstab zu berücksichtigen ist. Der Horizontalzug H_2 desselben wird für $p = 1000$fache Vergrößerung der Auslenkungen nach Glg. (69) mit $E = 2{,}1\ 10^6$ kg/cm²

$$H_2 = \frac{E J_r}{i p} = \frac{2{,}1\ 10^6\ 44{,}92}{5\ 1000}$$

$$= 18900 \text{ cm}^2\text{kg}$$

oder im Momentenflächenmaßstab

$$h_2 = \frac{18900}{2000} = 9{,}45 \text{ cm}.$$

Die Polstrahlen des Momentenflächen-Belastungsplans werden parallel in die Zeichnung übertragen. Die Randbedingungen $y = 0$ für $x = 0$ und l sind durch das Ziehen der Schlußlinie zwischen den Auflagern erfüllt. Damit ist die Auslenkung durch das Biegungsmoment bestimmt:

Lastangriffspunkt	1	2	3	4	5	6	7	8	9
$10^3\, y_m$ =	1,05	2,9	4,05	4,6	4,65	4,15	3,19	1,35	—1,55 cm

b) Auslenkung durch die Querkraft.

An den Auflagern sind die Reaktionen nach dem Kräfteplan Abb. 91d bekannt. Nach Auftragen derselben sowie der in Abb. 91 eingetragenen Kräfte (vgl. Abb. 43) erhält man längs der Welle die Querkraftverteilung. Sie wird im Verhältnis f_r/f auf den konstanten Querschnitt $f_r = 23{,}75$ cm² bezogen. Diese reduzierten Quer-

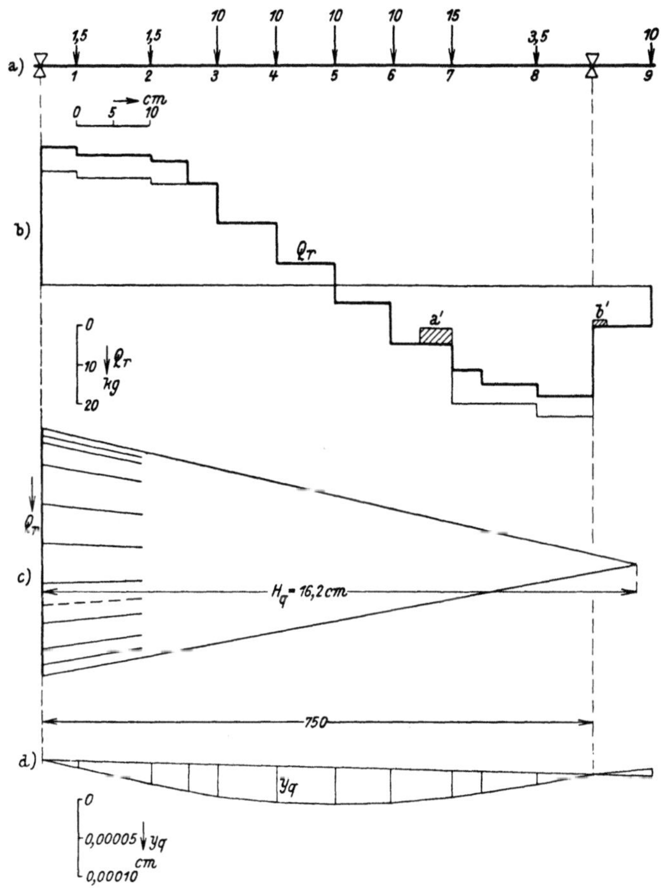

Abb. 92. Graphische Ermittlung der statischen Auslenkungslinie durch die Querkräfte für die Welle nach Abb. 91; zu Beispiel 14.

kräfte werden in einen Querkraftplan eingetragen (Abb. 92c); der Polabstand H_q desselben wird nach Glg. (71) so gewählt, daß sich die zeichnerische Auslenkung y_q in $p = 20000$-facher Vergrößerung ergibt.[1]

[1] In der reduzierten Querkraftfläche ergeben sich Unstetigkeiten durch Richtungsumkehr in den Punkten a' und b' der Abb. 92b, die der Voraussetzung des Mohrschen Verfahrens, Stetigkeit in den aufeinanderfolgenden Richtungen der gedachten Lasten innerhalb eines Feldes, widersprechen. Sie sind nur durch die Annahme der Querkraftverteilung der Wellenmasse bedingt. Würde (Abb. 93)

Maßstäbe	Zeichnung	Wirklichkeit
Längen	1 cm =	5 cm
Kräfte	1 cm =	10 kg
Auslenkung	1 cm =	1/20000 cm

Damit wird mit $\psi = 1{,}185$ und $G = 8{,}8\ 10^5$ kg/cm²

$$H_q = \frac{1}{5 \quad 20000} \frac{G f_r}{\psi} = 162 \text{ kg}$$

entsprechend

$$h_q = \frac{162}{10} = 16{,}2 \text{ cm}$$

in der Zeichnung. Die Polstrahlen werden in die Zeichnung übertragen und ergeben das Seilpolygon der Querkraftauslenkungen. Die Ordinaten desselben erhält man durch Ziehen der Schlußlinie, wodurch die Randbedingungen $y = 0$ für $x = 0$ und l erfüllt sind (Abb. 92d). Daraus ergibt sich im

Lastangriffspunkt		1	2	3	4	5	6	7	8	9
$10^5\, y_q$	=	1	2,75	4,1	4,65	4,75	4,4	3,5	1,5	—0,9 cm

Zusammenfassung.

Die Gesamtdurchbiegung infolge der Momente und Querkräfte wird

$$y = y_m + y_q.$$

Für den

Lastangriffspunkt		1	2	3	4	5	6	7	8	9
wird $10^3\, y$	=	1,06	2,93	4,09	4,65	4,7	4,19	3,22	1,37	—1,56 cm

Die Querkraftauslenkung vergrößert im behandelten Beispiel die durch das Moment hervorgebrachte Auslenkung um 1 v. H. Sie kann daher im vorliegenden Fall vernachlässigt werden.

2. Einseitig eingespannte, anderseitig kugelig gelagerte Welle mit belastetem, überhängendem Ende.

Es kommt häufig vor, daß die Läufer von Dampfturbinen in axialer Richtung durch ein Kammlager festgelegt werden (Abb. 106). Die Kombination desselben mit dem Traggleitlager ergibt dann an diesem Ende

---

der tatsächliche Verlauf der Querkraftverteilung durch die Wellenmasse aufgetragen, so ergibt sich in der Radialebene des Querschnittssprunges eine mit $(d_r/d)^2$ sich ändernde Querkraft. Bei der Reduktion auf $f_r = d_r^2\pi/4$ wird an der Unstetigkeitsstelle $Q_r = Q_1\ f_r/f_1 \equiv Q_2$, d. h. die reduzierte Querkraftverteilung geht in einen stetigen Linienzug über, dessen Richtungstangens durch $-dQ_r/dx$ gegeben ist. Wirken außer dem Wellengewicht noch in Radialebenen angreifende Lasten, so ergibt sich ein fortlaufend steigender oder fallender Verlauf der Querkräfte. Teilt man jedoch die Wellenmasse in endliche Einzellasten, die in den Schwerpunkten der Wellenteilstücke wirkend gedacht werden, so können sich an den Stellen plötzlicher Querschnittsänderung Unstetigkeiten wie in den Punkten a' und b' der Abb. 92b einstellen. Diese sind nur durch die Annahme über die Aufteilung des Wellengewichtes bedingt und daher nicht zu berücksichtigen.

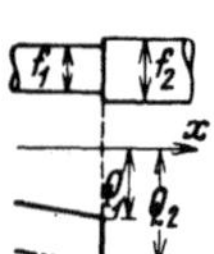

Abb. 93.

eine Einspannung, während das kupplungsseitige Lager mit kugeliger Einstellung ausgebildet wird. Die Tangente an die elastische Linie ist im endseitigen Lager horizontal als Folge des vorhandenen Einspannmomentes. In diesem Lagerungsfall sind also drei Unbekannte vorhanden, die vorliegende Aufgabe ist daher einfach statisch unbestimmt.

Als Beispiel soll allgemein die gewichtselastische Linie einer nach Abb. 94 belasteten Welle untersucht werden. Vorerst wird angenommen, daß die Welle in beiden Lagern kugelig gestützt ist. Hierfür wird in bekannter Weise wie unter 1. die Auslenkungslinie ermittelt. Dann wird als alleinige Wellenbelastung im Lager A ein Einspannmoment angenommen, das geradlinig zum Lager B hin abnimmt. Mit dem gleichen Momentenmaßstab wie das Biegungsmoment Abb. 94a bewertet, wird diese Einspannmomentenfläche als gedachte Belastung angesehen und auch dafür die Auslenkungslinie nach Mohr entworfen. Das überhängende Ende stellt sich dabei in die Tangente an die elastische Linie im Lager B ein. Ist die Welle abgesetzt, so ist vorerst auch diese Momentenfläche auf ein konstantes Querschnittsträgheitsmoment zu beziehen.

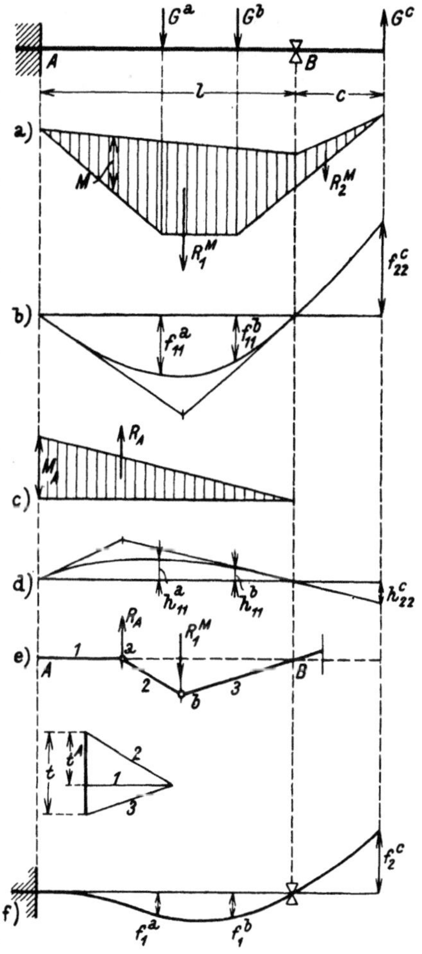

Abb. 94. Bestimmung der Auslenkungslinie für eine einseitig eingespannte, anderseitig kugelig gelagerte Welle mit überhängendem, belastetem Ende.

Zur Ermittlung der wahren Größe des Einspannmomentes M_A und der dadurch erzeugten Auslenkung nimmt man ein Seilpolygon zu Hilfe, dessen Seilstrahlen der zugehörigen Belastung das Gleichgewicht halten; sie sind die Tangenten an die elastische Linie, wenn die Resultierenden der Momentenflächen als gedachte Belastung eingeführt werden. Die Resultierenden der Biegungsmomentenflächen der Lasten zwischen den Lagern sowie am überhängenden Ende greifen in den Schwerpunkten der einzelnen Momentenflächen an und sind der Lage und Größe nach bekannt (R_1^M und R_2^M). Die Resultierende R_A der Einspannmomentenfläche ist jedoch nur der Lage nach gegeben. Das Seilpolygon unterliegt nun folgenden Bedingungen: der Strahl 1 (Abb. 94e) muß horizontal liegen, weil er die Tangente an die elastische Linie an der Einspannstelle wiedergibt. Er gilt für die Strecke $\overline{Aa}$, d. h. bis zum Schnitt mit der Senkrechten von R_A. Der Strahl 2 kann vom Schnittpunkte a in beliebiger Richtung gezogen werden (da der Maßstab noch nicht festliegt), bis er die Senkrechte von R_1^M schneidet (Punkt b). Die Richtung des Strahles 3 ist bereits vorgegeben durch den Punkt b und durch die Bedingung, daß er durch das Lager B gehen muß. Die Momentenflächenresultierende R_2^M kann unbetrachtet bleiben, weil zur Festlegung der Größe des Einspannmomentes die Belastungen zwischen den Lagern ausreichen. Wird nun R_1^M in einem bestimmten Maßstabe aufgetragen, so kann der Belastungsplan der gedachten Belastung leicht durch Rückübertragen der Polstrahlen 1 bis 3 konstruiert werden. Strahl 3 liegt zwischen dem Auflager und R_1^M, Strahl 2 zwischen R_1^M und R_A. Durch die vorgegebene Richtung dieser beiden Strahlen ist der Pol des Belastungsplans bestimmt. Das Eintragen des horizontalen Strahles 1 schneidet nun auf der Belastungsstrecke die Höhe t^A ab, die maßstäblich die Größe des tatsächlichen Einspannmomentes darstellt.

Hier interessiert weniger die tatsächliche Größe des Einspannmomentes, sondern der wahre Wert der dadurch erzeugten Auslenkungsverminderung. Diesen erhält man, indem man die Auslenkungen der Abb. 94d mit dem Verhältniswert „tatsächliche Größe der Einspannmomentenflächenresultierenden durch angenommene Größe $\Sigma M_A i \Delta x$ derselben" multipliziert. Ist die maßstäbliche Größe der bekannten R_1^M im Belastungsplan mit t cm festgelegt und wurde durch die Strahlen 1 und 2 die der Resultierenden R_A entsprechende Strecke mit t^A cm abgeschnitten, so ergibt sich der Berichtigungsbeiwert zur Ermittlung der tatsächlichen Auslenkungsverminderung durch das Einspannmoment zu

$$\varphi = \frac{t^A}{t} \frac{R_1^M}{R_A}. \tag{72}$$

Die resultierende Auslenkung unter jeder Last innerhalb des Feldes $\overline{AB}$ ist damit

$$f_1^\mu = |f_{11}^\mu| - \varphi\, |h_{11}^\mu|, \tag{73a}$$

am freitragenden Ende

$$f_2^\nu = -|f_{22}^\nu| + \varphi\, |h_{22}^\nu|. \tag{73b}$$

Die Auslenkungen f_{ik} und h_{ik} sind mit ihren Absolutbeträgen einzuführen, da die Vorzeichen in (73a und b) bereits berücksichtigt sind. Bei vorhandenen Ausführungen bleibt noch zu untersuchen, ob die theoretisch vorausgesetzte Einspannung tatsächlich vorhanden ist. Infolge des notwendigen Lagerspieles ist eine gewisse Nachgiebigkeit gegeben, so daß zweckmäßigerweise nicht die Lagerendkante, sondern die Mitte des Traggleitlagers als Einspannebene zugrunde gelegt wird. Durch die dadurch erzielte Vergrößerung der Lagerentfernung von der Einspannebene bis zur Mitte des kupplungsseitigen Traggleitlagers wird die praktische Nichterfüllung der theoretischen Voraussage idealer Einspannung ab Lagerendkante teilweise berücksichtigt. Eine Kontrolle der Annahmen ist nur durch den Versuch möglich.

3. Dreifach kugelig gelagerte Welle.

Als Beispiel soll die gewichtselastische Auslenkungslinie einer dreifach kugelig gelagerten, in beiden Feldern mehrfach belasteten Welle ermittelt werden. Dieses System ist ebenfalls 1-fach statisch unbestimmt. Die unbekannte dritte Auflagerreaktion wird aus der elastischen Verschiebung dieses Auflagers bei fehlender Stützung graphisch ermittelt.

Zur Bestimmung der elastischen Auslenkungslinie wird jeweils nur die Belastung in einem Felde betrachtet, während das andere Feld unbelastet und masselos angenommen wird. Gleichzeitig wird das jeweilige Außenlager weggedacht. Dadurch erhält man zwei elastische Linien (Abb. 95b und f). Durch Einführen der Rückführkräfte P^C bzw. P^A am dritten Lager werden je zwei weitere elastische Linien erhalten, die zeichnerisch gleich groß sind, aber auf entgegengesetzten Seiten der Verbindungsgeraden $\overline{ABC}$ liegen. Aus dem System der so erhaltenen Einzelauslenkungen wird dann die resultierende Auslenkungslinie in den beiden Feldern ermittelt.

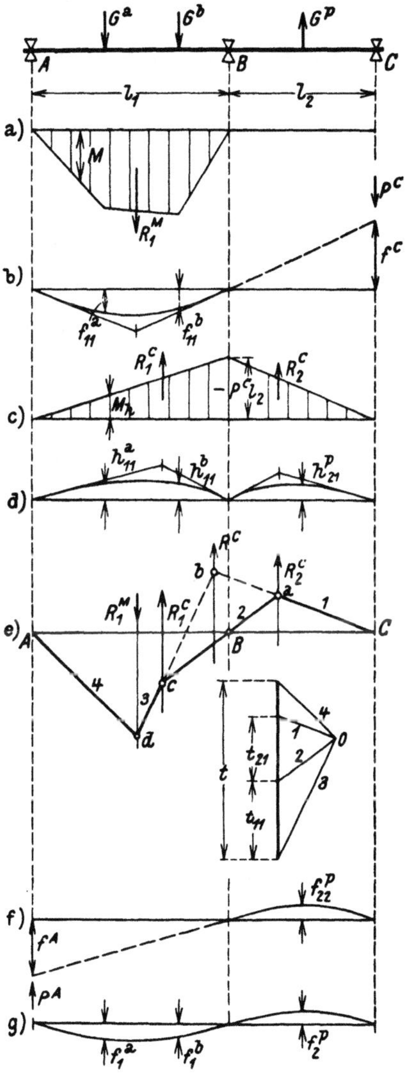

Abb. 95. Bestimmung der Auslenkung für eine dreifach kugelig gelagerte Welle.

Verfahren: Für das Feld mit der Spannweite $\overline{AB}$ ermittelt man die Momentenfläche (positiv gerechnet) durch die in ihr liegenden Massen und die Auslenkungslinie graphisch mittels des unter 1 beschriebenen Verfahrens (Abb. 95b). Da das dritte Lager C entfernt wurde, so stellt sich die elastische Linie im Felde $\overline{BC}$ als Tangente an die Auslenkungslinie im Lager B ein. Damit die Auslenkung f^C im Lager C verschwindet, muß in diesem eine Kraft P^C aufgebracht werden, welche ihrerseits ein negatives Moment auf die Welle ausübt und diese in entgegengesetzter Richtung auslenkt. Da die wahre Größe von P^C unbekannt ist, so wird die Höhe des Momentes $P^C l_2$ über dem mittleren Lager B vorläufig angenommen und mit dem gleichen

Momentenmaßstab wie bei den bekannten Belastungsmomenten gewertet. Auch durch diese Momentenfläche als gedachte Belastung ist nach MOHR die Seillinie der Auslenkungen in beiden Feldern getrennt voneinander zu ermitteln. Man erhält dadurch die Auslenkungen Abb. 95d (negativ), deren Höhen aber zahlenmäßig noch nicht in wahrer Größe festliegen.

Zur Bestimmung der wahren Größe des Momentes $M_B = P^C l_2$, bzw. der dadurch hervorgebrachten Auslenkung nimmt man wieder das Seilpolygon zu Hilfe, indem man die Momentenflächen von M und M_h als Belastungen auffaßt. Zu diesem Zwecke ersetzt man die Biegungsmomentenfläche durch die Resultierende $R_1^M = \Sigma M i \Delta x$, die Momentenfläche der Rückführkraft P^C im Felde $\overline{AB}$ durch die Momentenflächenresultierende R_1^C, im Felde $\overline{BC}$ durch die Resultierende R_2^C. Die Lage der Gesamtresultierenden des Momentes der Rückführkraft $R^C = R_1^C + R_2^C$ folgt nach Abb. 96a analytisch aus

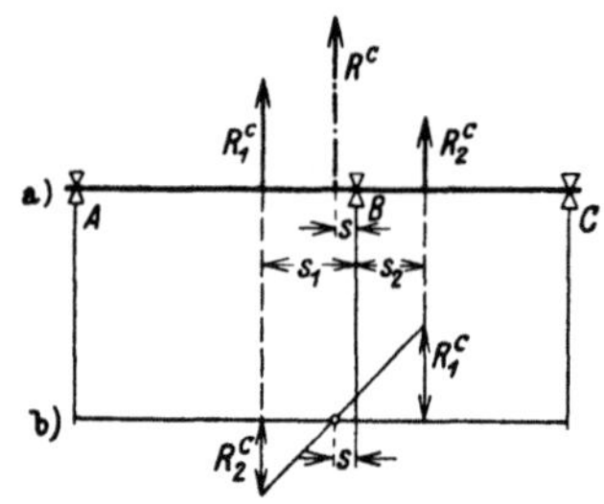

Abb. 96a u. b. Bestimmung der Lage der Gesamtresultierenden R^C.

$$s = \frac{\Sigma R s}{\Sigma R} = \frac{R_1^C s_1 - R_2^C s_2}{R_1^C + R_2^C} \tag{74}$$

oder graphisch aus Abb. 96b durch gegenseitiges Auftragen von R_1^C und R_2^C.

Bekannt ist also die Lage aller Momentenflächenresultierenden, sowie die Größe der Momentenflächenresultierenden R_1^M. Trägt man die Lagen dieser Resultierenden in die Abb. 95e ein, so lassen sich ziehen: Strahl 1 in willkürlicher Richtung vom Auflager C bis zum Schnitt mit der Senkrechten von R_2^C im Punkte a, bzw. von R^C im Punkte b. Strahl 2 zwischen R_2^C und R_1^C mit der vorgegebenen Bedingung, daß er außer durch den Schnittpunkt a noch durch das Lager B geht, da in diesem die Auslenkung (jedoch nicht df/dx) Null sein muß. Strahl 2 schneidet die Senkrechte von R_1^C im Punkte c. Der zwischen R_1^C und R_1^M liegende Strahl 3 muß außer durch den Punkt c auch durch den Punkt b (auf der Senkrechten von R^C) gehen. Dies geht schon daraus hervor, weil R_1^C und R_2^C durch ihre Gesamtresultierende R^C ersetzt werden können. Die Verlängerung von 3 schneidet auf der R_1^M-Senkrechten den Punkt d ab. Der Strahl 4 stellt die Verbindung zwischen dem Lager A und dem Punkte d her. Durch Rückübertragen folgt der zugehörige Belastungsplan.

Mit einem gewählten Maßstab ist die bekannte Momentenflächenresultierende R_1^M als Strecke von der Länge t cm festgelegt. Die an ihren beiden Enden liegenden, in ihrer Richtung aus dem Seilpolygon bekannten Polstrahlen 3 und 4 bestimmen bereits die Lage des Poles 0. Der parallel verschobene Strahl 2, zwischen R_1^C und R_2^C liegend, schneidet auf R_1^M die Strecke t_{11} ab, die mit dem Maßstabe der Momentenflächenbelastung multipliziert, die wahre Größe von R_1^C ergibt. In gleicher Weise schneidet 1 die Strecke t_{21} ab, maßstabsgleich der wahren Größe von R_2^C.

Tatsächlich interessiert die wahre Größe der Wellenauslenkung durch das Stützmoment. Der Berichtigungsbeiwert für diese Auslenkung ermittelt sich aus

$$\varphi_{11} = \frac{t_{11}}{t} \frac{R_1{}^M}{R_1{}^C} = \frac{t_{21}}{t} \frac{R_1{}^M}{R_2{}^C}. \tag{75a}$$

Vervielfacht man die Höhen h_{ik} der elastischen Linien Abb. 95d mit φ_{11}, so erhält man die wahre Größe der Auslenkungsverminderung durch die wahre Rückführkraft $\varphi_{11} P^C$.

Der gleiche Vorgang ist für die alleinige Belastung im Felde $\overline{BC}$, jedoch mit entgegengesetzten Lastrichtungen einzuschlagen (Auslenkungslinie Abb. 95f); am freitragenden Ende A ist die rückführende Kraft P^A anzubringen. Zweckmäßig wählt man im Lager B das Stützmoment $M_B = P^A l_1 = - P^C l_2$, so daß also die graphische Ermittlung von h_{12} bzw. h_{22} entfällt und hierfür die gleichen Werte wie in Abb. 95d, jedoch mit negativen Vorzeichen genommen werden können. Der Berichtigungsbeiwert φ_{22} ist von φ_{11} verschieden und folgt bei gleichem Momentenflächenmaßstab aus einem der Abb. 95e spiegelbildähnlichem Seileck und dem zugehörigen Belastungsplan zu

$$\varphi_{22} = \frac{t_{12}}{t} \frac{R_2{}^M}{R_1{}^C} = \frac{t_{22}}{t} \frac{R_2{}^M}{R_2{}^C}. \tag{75b}$$

Unter Berücksichtigung, daß die Auslenkung durch das Moment für diese Belastungsgruppe positiv einzusetzen ist, folgt aus den elastischen Linien der Abb. 95b, d und f die gesamte Auslenkung unter irgendeiner Masse μ im Felde $\overline{AB}$

$$f_1{}^\mu = |f_{11}{}^\mu - \varphi_{11}\, |h_{11}{}^\mu| + \varphi_{22}\, |h_{11}{}^\mu| = |f_{11}{}^\mu| - |h_{11}{}^\mu|\, (\varphi_{11} - \varphi_{22}), \tag{76a}$$

unter einer Masse ν im Felde $\overline{BC}$

$$f_2{}^\nu = - |f_{22}{}^\nu| - |h_{21}{}^\nu|\, (\varphi_{11} - \varphi_{22}), \tag{76b}$$

wodurch punktweise die elastische Auslenkungslinie erster Ordnung nach Abb. 95g festliegt. Die Auslenkungen f_{ik} und h_{ik} sind mit ihren Absolutbeträgen einzusetzen. Ist die Welle abgesetzt, so sind die Momentenflächen der Gewichte, bzw. der Rückführkräfte P^A und P^C auf ein konstantes Querschnittsträgheitsmoment zu beziehen und damit der gleiche Rechnungsgang, wie angeführt, einzuschlagen.

4. Dreifach kugelig gelagerte Welle mit überhängendem Ende.

Auf Grund der Darlegungen in den beiden vorhergehenden Abschnitten kann die Entwicklung für die graphische Bestimmung der Auslenkung kürzer gefaßt werden. Die dreifach gelagerte Welle ist in den Feldern zwischen den Lagern und am überhängenden Ende nach Abb. 97 belastet. Zur Lösung wird das statisch unbestimmte System zuerst in statisch bestimmte Teilsysteme zerlegt. Dies geschieht in der Weise, daß man die Belastung eines jeden Feldes allein betrachtet.

Zuerst sei die Belastung nur im Feld $\overline{AB}$ vorhanden, wobei das Lager in C entfernt gedacht wird. Aus der Momentenfläche der Massen

(Abb. 97a) ergibt sich die Auslenkungslinie f_{11}^{μ}; im Feld $\overline{BC}$ einschließlich des überhängenden Endes stellt sich die Auslenkung als Tangente an die elastische Linie im Lager B ein. Im Lager C ist nun eine solche Kraft P^C anzubringen, daß in C die Auslenkung f^C verschwindet. Da ihre Größe vorläufig unbekannt ist, so sei das durch diese Kraft erzeugte Stützmoment über dem Lager B angenommen; die Momentenfläche fällt geradlinig zu den Lagern A und C ab (Abb. 97c). Mittels dieser Momentenfläche werden in den einzelnen Feldern die Auslenkungen h_{11}^{μ} und h_{21}^{ν} ermittelt; am überhängenden Ende stellt sich die Auslenkungslinie in die Tangente an die elastische Linie im Lager C mit den Beträgen h_{31}^{ξ} ein (Abb. 97d). Die wahre Größe dieser Auslenkungen h_{ik} wird durch einen angenommenen Seilzug ermittelt, welcher zwischen den Momentenflächenresultierenden gezogen wird (Abb. 97e). Der Strahl 1 geht im beliebigen Winkel vom Lager C ab und schneidet die Einzelflächenresultierende R_2^C in a, bzw. in der Verlängerung die Gesamtresultierende R^C der Stützmomentenfläche in b. Vom Schnittpunkt a ist die Lage des Strahles 2 durch die Bedingung festgelegt, daß dieser durch das Lager B hindurchgeht. Der Strahl 2 schneidet die Einzelflächenresultierende R_1^C im Punkte c. Durch die Punkte b und c wird nun der Strahl 3 gelegt, welcher die bekannte Momentenflächenresultierende R_1^M im Punkte d schneidet. Der Strahl 4 muß durch den Punkt d und das Lager A gehen. Überträgt man diese Seilstrahlen in einen Kräfteplan, in dem die Momentenflächenresultierenden als Kräfte gedacht werden, so liegt die bekannte Momentenflächenresultierende R_1^M zwischen den Strahlen 3 und 4; sie wird im bekannten Maßstab als die Strecke t_1 [cm] dargestellt. Werden in diesen Belastungsplan die Strahlen 1 und 2 übertragen, so teilen dieselben die Strecken t_{11} und t_{21} ab, die maßstabsgleich den Momentenflächenresultierenden R_1^C und R_2^C sind. Den zugehörigen Beiwert für das Stützmoment bzw. deren Auslenkungen erhält man aus

$$t_1 : t_{11} = R_1^M : \varphi_{11} R_1^C,$$
$$t_1 : t_{21} = R_1^M : \varphi_{11} R_2^C,$$

zu

$$\varphi_{11} = \frac{t_{11}}{t_1} \frac{R_1^M}{R_1^C} \equiv \frac{t_{21}}{t_1} \frac{R_1^M}{R_2^C}. \tag{77a}$$

Damit ergeben sich die Auslenkungen über die ganze Welle durch die Belastung im Felde $\overline{AB}$

$$\begin{aligned} &\text{für das Feld } \overline{AB}: && y_{11}^{\mu} = |f_{11}^{\mu}| - \varphi_{11} |h_{11}^{\mu}|, \\ &\text{für das Feld } \overline{BC}: && y_{21}^{\nu} = -\varphi_{11} |h_{21}^{\nu}|, \\ &\text{für das überhängende Ende:} && y_{31}^{\xi} = +\varphi_{11} |h_{31}^{\xi}|. \end{aligned} \tag{a}$$

Dann wird die Ermittlung der Auslenkung durch die alleinige Belastung im Felde $\overline{BC}$ durchgeführt. Das überhängende Ende sowie der Wellenteil im Felde $\overline{AB}$ (Lager A entfernt gedacht) stellen sich in die Tangente an die elastische Linie in diesen Lagern ein. Damit das linke Wellenende in das Lager A zurückgebracht wird, muß eine Kraft an dieser Stelle in geeigneter Größe angreifen; sie ist vorläufig unbekannt. Der durch dieselbe erzeugte Momentenverlauf ist identisch mit dem der Abb. 97c. Für die vorläufige Auslenkung durch das Stützmoment in B kann daher die bereits durchgeführte Entwicklung verwendet werden, d. h. h_{11}^{μ}, h_{21}^{ν} und h_{31}^{ξ}. Lediglich der Berichtigungsbeiwert φ_{ik} ist anders als φ_{11}, weil die Lage und Größe der Momentenflächenresultierenden R_2^M anders ist als R_1^M. Diesbezüglich wird wieder ein Seilzug zu Hilfe genommen, der in Abb. 97h von 1 beginnend, dargestellt ist. Mit t_2 gleich der maßstäblichen Größe von R_2^M ergibt sich nach dem Übertragen der Polstrahlen in den Belastungsplan mit den durch 1 und 2 abgegrenzten Teilstrecken t_{12} und t_{22}

$$\varphi_{22} = \frac{t_{12}}{t_2}\,\frac{R_2{}^M}{R_1{}^C} = \frac{t_{22}}{t_2}\,\frac{R_2{}^M}{R_2{}^C}. \qquad (77\,\text{b})$$

Damit ergeben sich die Auslenkungen über die ganze Welle durch die Belastung im Felde $\overline{BC}$

für das Feld $\overline{AB}$:

$$y_{12}{}^{\mu} = +\,\varphi_{22}\,|h_{11}{}^{\mu}|,$$

für das Feld $\overline{BC}$:

$$y_{22}{}^{\nu} = -\,|f_{22}{}^{\nu}| + \varphi_{22}\,|h_{21}{}^{\nu}|, \quad \text{(b)}$$

für das überhängende Ende:

$$y_{32}{}^{\xi} = |f_{32}{}^{\xi}| - \varphi_{22}\,|h_{31}{}^{\xi}|.$$

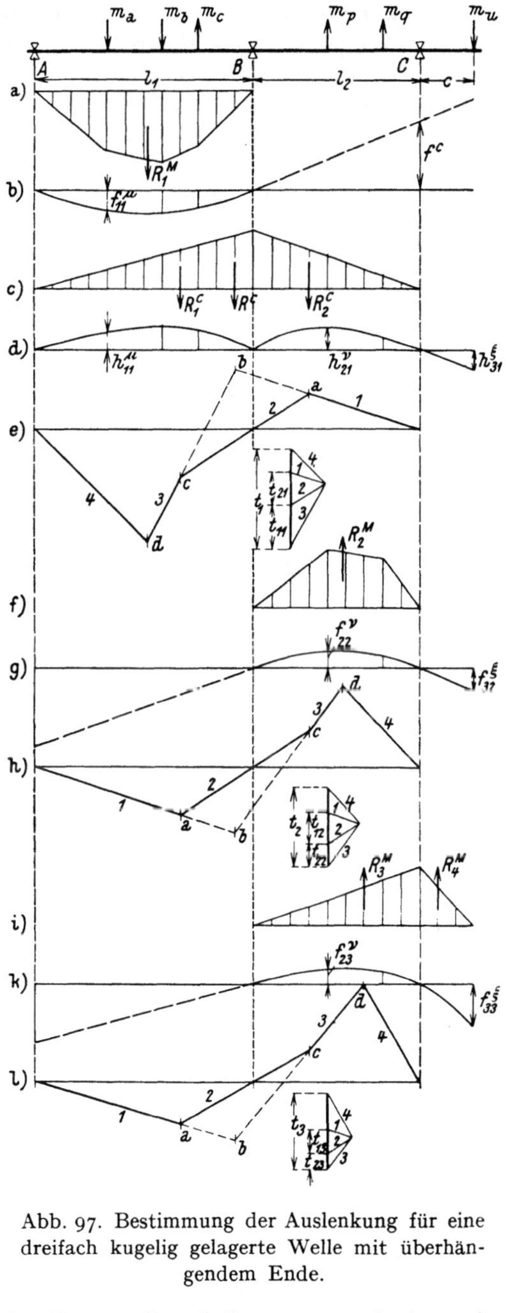

Abb. 97. Bestimmung der Auslenkung für eine dreifach kugelig gelagerte Welle mit überhängendem Ende.

Zuletzt wird die Welle in den Lagern B und C gestützt gedacht und die Belastung am überhängenden Ende berücksichtigt. Damit ergibt sich die Biegungsmomentenfläche nach Abb. 97i. Diese erzeugt wieder eine

Auslenkung nach Abb. 97k. Im Felde $\overline{AB}$ stellt sich die Auslenkungslinie in die Tangente an die elastische Linie im Lager B ein. Die Rückführkraft P^A, vorläufig noch unbekannt, erzeugt wieder eine Momentenfläche nach Abb. 97c; daher können auch die Auslenkungen h_{ik} der Abb. 97d übernommen werden. Die wahre Größe derselben wird wieder durch den Beiwert φ_{33} gefunden. Zu diesem Zwecke wird der Seilzug 1 bis 4 in bekannter Weise zwischen den Lagern bzw. den Momentenflächenresultierenden gezogen (Abb. 97l). Die Momentenflächenresultierende $R_4{}^M$ für die Momentenfläche am überhängenden Ende ist für die Bestimmung des Beiwertes φ_{ik} ohne Belang. Durch maßstäbliche Festlegung einer bestimmten Strecke t_3 für die bekannte Momentenflächenresultierende $R_3{}^M$, die zwischen den Polstrahlen 3 und 4 liegt, folgt durch Parallelverschieben der Strahlen 1 und 2 von dem bekannten Pol des Belastungsplans die maßstäbliche Größe t_{13} und t_{23} der Momentenflächenresultierenden $R_1{}^C$ und $R_2{}^C$. Damit wird

$$\varphi_{33} = \frac{t_{13}}{t_3}\,\frac{R_3{}^M}{R_1{}^C} \equiv \frac{t_{23}}{t_3}\,\frac{R_3{}^M}{R_2{}^C}. \qquad (77\,\mathrm{c})$$

Damit ergeben sich die Auslenkungen über die ganze Welle durch die Belastung am überhängenden Ende

$$\begin{aligned} &\text{für das Feld } \overline{AB}: && y_{13}{}^\mu = +\varphi_{33}\,|h_{11}{}^\mu|, \\ &\text{für das Feld } \overline{BC}: && y_{23}{}^\nu = -|f_{23}{}^\nu| + \varphi_{33}\,|h_{21}{}^\nu|, \\ &\text{für das überhängende Ende:} && y_{33}{}^\xi = -\varphi_{33}\,|h_{31}{}^\xi| + |f_{33}{}^\xi|. \end{aligned} \qquad (\mathrm{c})$$

Mit den Beziehungen (a), (b) und (c) ergibt sich die gesamte Wellenauslenkung

$$\begin{aligned} &\text{für das Feld } \overline{AB}: && y_1{}^\mu = |f_{11}{}^\mu| - |h_{11}{}^\mu|\,(\varphi_{11} - \varphi_{22} - \varphi_{33}), \\ &\text{für das Feld } \overline{BC}: && y_2{}^\nu = -|f_{22}{}^\nu| - |h_{21}{}^\nu|\,(\varphi_{11} - \varphi_{22} - \varphi_{33}) \\ &&& \qquad - |f_{23}{}^\nu|, \\ &\text{für das überh. Ende:} && y_3{}^\xi = |f_{32}{}^\xi| + |h_{31}{}^\xi|\,(\varphi_{11} - \varphi_{22} - \varphi_{33}) + |f_{33}{}^\xi|, \end{aligned} \qquad (77\,\mathrm{d})$$

womit die Aufgabe gelöst ist. Falls die Welle abgesetzt ist, sind alle Momentenflächen auf konstantes J_r zu beziehen. Infolge der zugrunde gelegten Lastrichtungen entspricht die Auslenkungslinie grundsätzlich der Form der ersten Eigenfunktion.

5. Vierfach kugelig gelagerte Welle.

Die Behandlung des zweifach statisch unbestimmten Falles der vierfach kugelig einstellbar gelagerten Welle nach Abb. 98 ist in gleicher Weise vorzunehmen wie in den beiden vorhergehenden Abschnitten, d. h. das Aufsuchen der elastischen Linie zerfällt wieder in die Ermittlung der Auslenkung durch die Belastung in jedem Felde allein und nachfolgender Überlagerung. Die Aufgabe ist in den beiden außenliegenden Feldern $\overline{AB}$ und $\overline{CD}$ gleichwertig, weshalb der Lösungsweg nur für die Belastung im Felde $\overline{AB}$ und $\overline{BC}$ kurz angedeutet sei.

Belastung im Felde $\overline{AB}$.

Da die Lager in C und D entfernt gedacht sind, wird sich das Ende $\overline{BCD}$ durch die Belastung im Felde $\overline{AB}$ in die Tangente an die Auslenkungslinie im Lager B einstellen. Damit vorerst die Auslenkung im Lager C verschwindet, muß hier eine Kraft P^C an der Welle angreifen, die über dem Lager B ein Stützmoment erzeugt. Die Stützmomentenfläche erstreckt sich daher über die Felder $\overline{AB}$ und $\overline{BC}$ und erzeugt hier die Auslenkung h_{11} und h_{21} der Abb. 98b. Das noch freie Ende $\overline{CD}$ stellt sich in die Tangente an die Auslenkungslinie im Lager C ein. Die an dieser Stelle auf die Welle aufzubringende Kraft P^D führt die Welle in das Lager D zurück. Das dadurch über C erzeugte Stützmoment fällt über die Felder $\overline{BC}$ und $\overline{CD}$ zu den Lagern B bzw. D ab; es entstehen die Auslenkungen h_{22} und h_{32}. Die wahre Größe der Auslenkungen h_{ik} durch die beiden Stützmomente wird wieder mittels eines angenommenen Seilzuges, der im Lager D beginnt und in bekannter Weise zwischen den einzelnen Momentenflächenresultierenden gezogen wird, sowie Zeichnen des zugehörigen Belastungsplanes bestimmt. Die Beiwerte φ_{11} und φ_{33} für die Belastung im Felde $\overline{AB}$ und in gegengleicher Form auch im Felde $\overline{CD}$ sind in der bisher beschriebenen Weise auffindbar.

Belastung im Felde $\overline{BC}$.

Der Seilzug in allen drei Feldern durch die alleinige Belastung im mittleren Feld $\overline{BC}$ macht eine Hilfskonstruktion nötig, weshalb dieser in Abb. 98e dargestellt sei. Zuerst wird die Auslenkung durch die Belastung im Felde $\overline{BC}$ ermittelt, wobei sich bei entfernt gedachten Lagern A und D die Wellenenden in die Tangente an die Auslenkungslinie in den Lagern B bzw. C einstellen. Für die vorläufig noch unbekannten Rückführkräfte werden die gleichen Stützmomente über B und C und damit die gleichen Auslenkungslinien h_{ik} von Abb. 98b und c übernommen. Dabei ist nur Voraussetzung, daß entweder gleiche Momentenmaßstäbe für alle drei Feldbelastungsgruppen angenommen werden oder daß man die verschiedenen Maßstäbe beim Übergang von einer zur anderen Einzelermittlung berücksichtigt (Beispiel 12). Zur Bestimmung der wahren Größe dieser Auslenkungen wird wieder ein Seilzug gezeichnet, der z. B. im Lager A durch den beliebig gerichteten Strahl 1 beginnt (Abb. 98e) und bis zu R_1^C bzw. bis zur Gesamtresultierenden R^C gezogen wird. Der Strahl 2 geht vom Schnittpunkt a auf R_1^C durch das Lager B bis zum Schnittpunkt c auf R_2^C. Zwischen den Schnittpunkten b (auf R^C) und c wird der Strahl 3 gezogen, welcher die R_2^M-Senkrechte im Punkte d schneidet. Die Richtung des Strahles 4 ist durch eine Hilfskonstruktion festzulegen. Zu diesem Zwecke wird vom Lager D der Hilfsstrahl 6′ in beliebiger Richtung gezogen bis zum Schnitt mit R_3^D bzw. R^D. Vom Schnittpunkt mit R_3^D wird durch das Lager C der Hilfsstrahl 5′ bis zum Schnitt mit R_2^D geführt. Durch die erhaltenen Schnittpunkte auf R^D und R_2^D wird der Strahl 4′ gelegt, welcher die Lagerverbindungsgerade im Punkte E schneidet. Dieser Punkt ist von der gewählten Richtung des Hilfsstrahles 6′ unabhängig; durch ihn muß daher auch der Strahl 4 hindurchgehen. Er führt wieder bis zum Schnitt mit R^D und R_2^D, wodurch die Richtung der Strahlen 5 durch das Lager C und 6 durch die

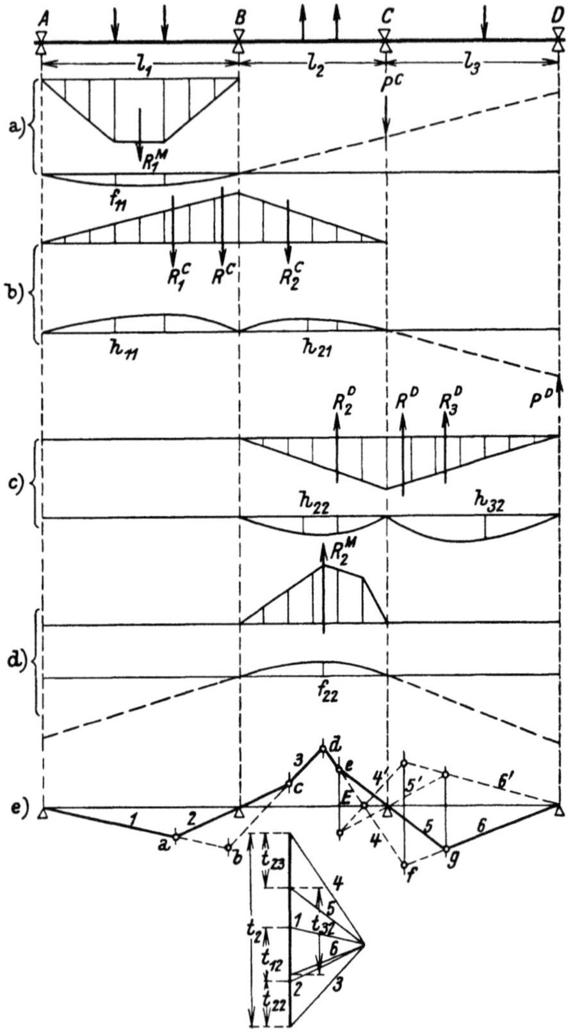

Abb. 98. Bestimmung der Auslenkung für eine vierfach kugelig gelagerte Welle.

Einzelflächenresultierende R_3^D und Lager D festliegt. Wird wieder die bekannte Momentenflächenresultierende R_2^M als Belastungsstrecke angenommen und die beiden begrenzenden Seilstrahlen 3 und 4 zur Bestimmung des Pols gezogen, so schneiden die übertragenen Seilstrahlen 1, 2, 5 und 6 auf R_2^M maßstabsgleiche Strecken ab, die den R_1^C, R_2^C, R_2^D und R_3^D entsprechen.

Der Berichtigungsbeiwert φ_{22} ermittelt sich dann zu

$$\varphi_{22} = \frac{t_{12}}{t_2}\,\frac{R_2{}^M}{R_1{}^C} = \frac{t_{22}}{t_2}\,\frac{R_2{}^M}{R_2{}^C} = \frac{t_{23}}{t_2}\,\frac{R_2{}^M}{R_2{}^D} = \frac{t_{32}}{t_2}\,\frac{R_2{}^M}{R_3{}^D}. \tag{a}$$

Sind auf diese Weise die Einzelauslenkungen in allen Feldern bestimmt, so sind die gesamten Auslenkungen:

$$\begin{aligned}
&\text{im Felde } \overline{AB}: && y_1{}^\mu = |f_{11}| - |h_{11}|\,(\varphi_{11} - \varphi_{22} - \varphi_{33}),\\
&\text{im Felde } \overline{BC}: && y_2{}^\nu = -|f_{22}| - |h_{21}|\,(\varphi_{11} - \varphi_{22} - \varphi_{33})\\
& && \qquad + |h_{22}|\,(\varphi_{11} + \varphi_{22} - \varphi_{33}),\\
&\text{im Felde } \overline{CD}: && y_3{}^\xi = |f_{33}| + |h_{32}|\,(\varphi_{11} + \varphi_{22} - \varphi_{33}).
\end{aligned} \tag{77e}$$

Bei abgesetzter Welle sind die Momentenflächen in allen Feldern auf gleiches J_r zu beziehen.

VII. Der Einfluß der Wellenversteifung durch Scheiben.

B. Eck hat den versteifenden Einfluß von aufgeschrumpften Scheiben sowie der Radscheiben bei aus dem Vollen gedrehten Läufern auf die Durchbiegung untersucht.

Bei einer aufgeschrumpften Scheibe macht sich die versteifende Wirkung dahin geltend, daß die volle Ausbildung der elastischen Linie infolge der teilweisen Durchbiegungsbeschränkung auf der Nabenlänge h behindert wird. An den seitlichen Begrenzungsebenen der Scheibenbohrung tritt ein Moment und eine Querkraft auf, welche den eingeprägten Momenten und Kräften entgegenwirken. Daraus läßt sich die Durchbiegungsverminderung berechnen.

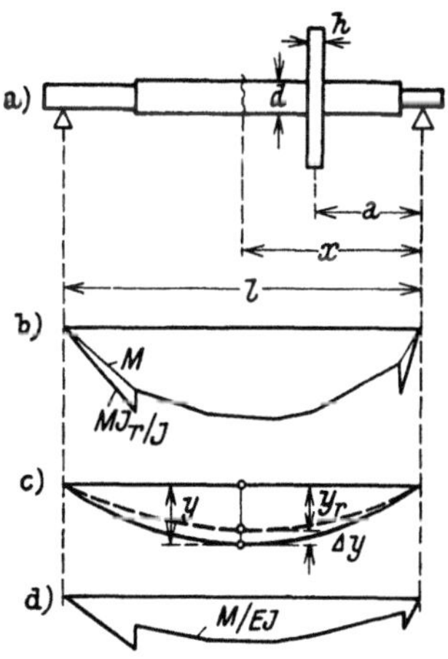

Abb. 99. Graphische Ermittlung der Wellenauslenkung bei versteifendem Einfluß der Scheibe.

Bei einer mit der Welle aus dem Vollen gedrehten Scheibe erfährt die Scheibenbreite infolge der Wellendurchbiegung auf der konkaven Wellenseite eine Verkürzung, auf der konvexen Seite eine Verlängerung gegenüber der Länge der mittleren Wellenfaser. Der dabei auftretende Zug- und Druckwiderstand sucht die Welle zu strecken, die Durchbiegung also zu verringern.

Die Verminderung der Durchbiegung hängt (bei genügend steifen Naben) vom Verhältniswert „Nabenlänge/Wellendurchmesser" ab. Die Durchbiegungsverminderung durch das Moment und die Querkraft werden getrennt errechnet und von der durch die Lasten ermittelten Auslenkung abgezogen. Es ist

$$y_r = y - \Delta y, \tag{78a}$$

mit

$$\Delta y = \Delta y_m + \Delta y_q. \tag{78b}$$

Die bisher in den Beispielen vorausgesetzte sofortige Versteifung der Welle bei plötzlichen Querschnittsänderungen ist nach diesen Untersuchungen nicht vorhanden, sondern macht sich erst in einer Entfernung von 0,25 d vom Wellenabsatz geltend. Deshalb sind die kritischen Drehzahlen um ein Geringes zu hoch errechnet. Merkliche Fehler entstehen jedoch erst bei Wellen, die weitab von den Lagern stark abgesetzt sind, und bei kritischen Drehzahlen höherer Ordnung.

a) Auslenkungsverminderung durch das Moment.

Nach der Methode von Mohr ermittelt man die Auslenkung der Welle durch alle Massen, ohne eine Versteifung oder eine Vergrößerung des Querschnittsträgheitsmomentes durch die Naben zu berücksichtigen (Abb. 99a und b und die ausgezogene Auslenkungslinie y in c). Anschließend daran wird die graphisch ermittelte Momentenfläche M (nicht $M J_r/J$) durch Division mit der Elastizitätsziffer E und dem jeweiligen Querschnittsträgheitsmoment J zu M/EJ reduziert (Abb. 99d). Die Durchbiegungsverminderung an der Stelle x, hervorgebracht durch alle n Scheiben ist dann nach Abb. 99a

$$\Delta y_m = \frac{l-x}{l} \sum_{1}^{i} \left[(1-\varkappa)\, a h \frac{M}{EJ}\right]_i + \frac{x}{l} \sum_{k}^{n} \left[(1-\varkappa)(l-a)\, h \frac{M}{EJ}\right]_n. \quad (79)$$

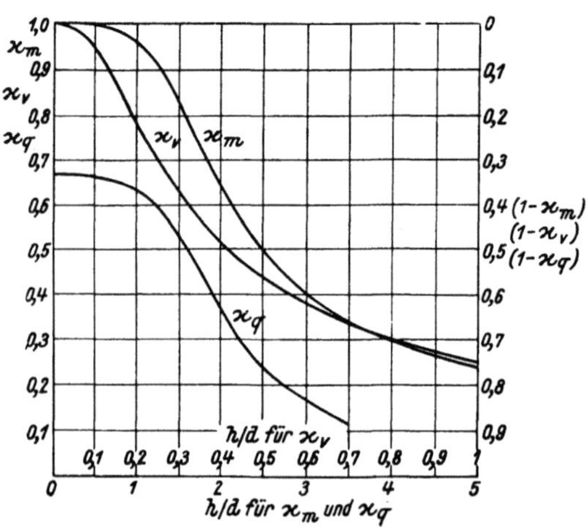

Abb. 100. Beiwerte $\varkappa_m$, $\varkappa_v$ und $\varkappa_q$ in Abhängigkeit von h/d.

Der Zeiger der Summenglieder zeigt den Ort der Last an. Bei der Ermittlung von Δy_m ist zu beachten, daß in der ersten Summe $\frac{l-x}{l} \sum_{1}^{i} \ldots$ nur jene Scheiben (i) berücksichtigt werden dürfen, für die $a < x$, während in die zweite Summe $\frac{x}{l} \sum_{k}^{n} \ldots$ die übrigen Scheiben (k bis n) eingehen, für die $a > x$; M/EJ ist unter jeder Scheibe zu entnehmen (Abb. 99d). Ist x größer als die Entfernung der äußersten Scheibe zum Lager, von dem x zählt, so fällt das zweite Summenglied weg und der Ausdruck (79) geht in die Gleichung einer Geraden über:

$$\Delta y_m = \varphi(x).$$

Infolge des geradlinigen Verlaufes der Durchbiegungsverminderung im Bereiche zwischen der ersten, bzw. letzten Scheibe und dem zugehörigen

Lager ist durch einfache Verlängerung auch die Durchbiegungsverminderung am überhängenden Ende gegeben. Der Beiwert $\varkappa$ berücksichtigt die Verminderung der Auslenkung durch das auftretende Moment und ist in Abhängigkeit von dem Verhältnis h/d für die aufgeschrumpfte ($\varkappa_m$), bzw. für eine mit der Welle aus dem Vollen gedrehte Scheibe ($\varkappa_v$, experimentell bestimmt) der Abb. 100 zu entnehmen. Aus dieser ist ersichtlich, daß der versteifende Einfluß der aus dem Vollen gedrehten Scheibe größer ist als bei der aufgeschrumpften Scheibe.

b) Auslenkungsverminderung durch die Querkraft.

Für schwere, trommelförmige Läufer und für kurze Wellen ist noch der Einfluß der an den Begrenzungsebenen der Scheibe auftretenden Querkräfte auf die Versteifung zu berücksichtigen. Die Verminderung der Querkraftauslenkung errechnet sich aus

$$\Delta y_q = \frac{l-x}{l} \sum_{1}^{i} \left[(1-\varkappa_q)\, a\, h\, \frac{\psi}{G}\, \frac{Q}{f\,\Delta x} \right]_i + \frac{x}{l} \sum_{k}^{n} \left[(1-\varkappa_q)(l-a)\, h\, \frac{\psi}{G}\, \frac{Q}{f\,\Delta x} \right]_n, \tag{80}$$

wenn n wie früher die Zahl der Scheiben anzeigt. Der Beiwert $\varkappa_q$ ist in Abhängigkeit von h/d der Abb. 100 zu entnehmen. Bezüglich der Summenausdrücke gilt das unter a) Gesagte; $G =$ Schubziffer, $\psi = 1{,}185$.

Zur Bestimmung von Δy_q werden die Querkräfte durch den jeweiligen Wellenquerschnitt f dividiert. Von den so auf den Querschnitt 1 reduzierten Querkräften Q/f bestimmt man $Q/f\Delta x$, d. i. die Belastung pro Längeneinheit der Welle. An der Stelle x wird nun die durch alle (n) Scheiben hervorgerufene Querkraftversteifung berechnet und von der resultierenden Durchbiegungslinie abgezogen. Aus der Abb. 100 ist ersichtlich, daß die Querkraftversteifung einen größeren Einfluß ausübt als die durch das Moment hervorgerufene Versteifung. Die Querkraftdeformation erfährt also eine größere Verminderung als die durch das Moment hervorgerufene Auslenkung. Der durch die Vernachlässigung der Querkraftdeformation bei der Ermittlung der elastischen Linie gemachte Fehler wird also geringer, wenn die Scheiben einen versteifenden Einfluß ausüben.

Zusammenfassung. In den Glgn. (79) und (80) ist der versteifende Einfluß der Scheiben durch $(1-\varkappa)$ gegeben, also für $\varkappa < 1$ vorhanden. Dies ist nach Abb. 100 für die aufgeschrumpfte Scheibe erst bei $h/d > 0{,}8$, dagegen für die aus dem Vollen gedrehte Scheibe bereits bei $h/d > 0{,}05$ der Fall. Anderseits kann im ersten Fall auch bei $h/d = 5$ das Querschnittsträgheitsmoment der Welle noch nicht ∞ gesetzt werden, da $\varkappa_m = 0{,}25$ (bei $h/d = 12$ ist $\varkappa_m = 0{,}1$). Bei dem verhältnismäßig kleinen Nabendurchmesser der Räder von Turbokompressoren und Kreiselpumpen kann der Einfluß der Nabenversteifung vernachlässigt werden, zumal die Größenordnung von $h/d \approx 1$ ist. Werden, wie bei Dampfturbinen vielfach üblich, die Räder auf Tragringe gesetzt oder sind die Naben ausgespart, so ist ebenfalls keine nennenswerte Versteifung vorhanden. Sind jedoch die Scheiben mit der Welle aus dem Vollen gedreht oder ist wie bei den Läufern von Elektromotoren oder Generatoren das Läufereisen auf der Welle aufgepreßt, so ist die Versteifung der Welle nach den angegebenen Gleichungen zu berücksichtigen. In Grenzfällen wird erst der Versuch Klarheit bringen.

Beispiel 15.

Für einen nach Abb. 101 kugelig gelagerten Läufer, welcher vier mit der Welle aus dem Vollen gedrehte Scheiben trägt, soll die Durchbiegungsverminderung durch die Scheibenversteifung ermittelt werden. Da der Läufer bei $n = 6000$ U/min noch unterkritisch laufen soll, so muß nach Abschnitt X $n_{kr} \gtreqless 7800$ U/min sein, wodurch sich die relativ großen Wellendurchmesser erklären. Als Werkstoff ist 5% Ni-Stahl mit $E = 2{,}1\ 10^6$ kg/cm² gewählt. Zuerst ist nach Mohr graphisch die Auslenkung der Welle unter der Wirkung der Massen, wie in Abschnitt VI beschrieben, zu entwickeln (Abb. 101b).

Tabelle 1/15.

$J_r = 719$ cm⁴.

Last-Nr.	G kg	J cm⁴	M cmkg	$10^3 y$ cm	M/J cm⁻³kg	$10^3 \Delta y$ cm	$10^3 y_r$ cm
1	3	256	500	0,35	—	0,0085	0,342
2	21	491	1600	1	—	0,0268	0,973
3	25	719	2410	1,46	3,36	0,0466	1,413
4	25	719	2600	1,54	3,62	0,050	1,49
5	25	719	2600	1,54	3,62	0,050	1,49
6	25	719	2420	1,45	3,37	0,0462	1,404
7	19	491	1690	1	—	0,027	0,973
8	3	256	720	0,38	—	0,009	0,371
9	15	155	0	0,58	—	—0,0129	0,567

Maßstäbe	Zeichnung		Wirklichkeit
Längen	1 cm	=	10 cm
Kräfte	1 cm	=	10 kg
Horizontalzug H_1	10 cm	=	100 kg
Momentenordinate	1 cm	=	1000 cmkg
Momentenfläche	1 cm²	=	10000 cm²kg
Momentenflächenbelastung	1 cm	=	10000 cm²kg
Horizontalzug H_2	7,55 cm	=	75500 cm²kg
Auslenkung (Abb. 101 b)	1 cm	=	0,0005 cm

Tabelle 2/15. Momentenflächen.

Nr.	ΔF cm²	$M_r i \Delta x$ cm²kg
1	0,202	2020
2	0,38	3800
3	1,44	14400
4	3,22	32200
5	1,75	17500
6	1,81	18100
7	1,75	17500
8	3,1	31000
9	1,5	15000
10	0,53	5300
11	0,48	4800
12	0,23	2300
13	0,13	1300

Auf die Auftragung der M/EJ-Fläche wurde verzichtet, weil nach Glg. (79) die Kenntnis dieses Wertes nur an jenen Scheiben wichtig ist, welche die Durchbiegungsverminderung erzeugen. Deshalb ist M/J nur an den vier Scheiben errechnet und in die Tabelle 1/15 eingetragen; die Elastizitätsziffer E ist konstant an-

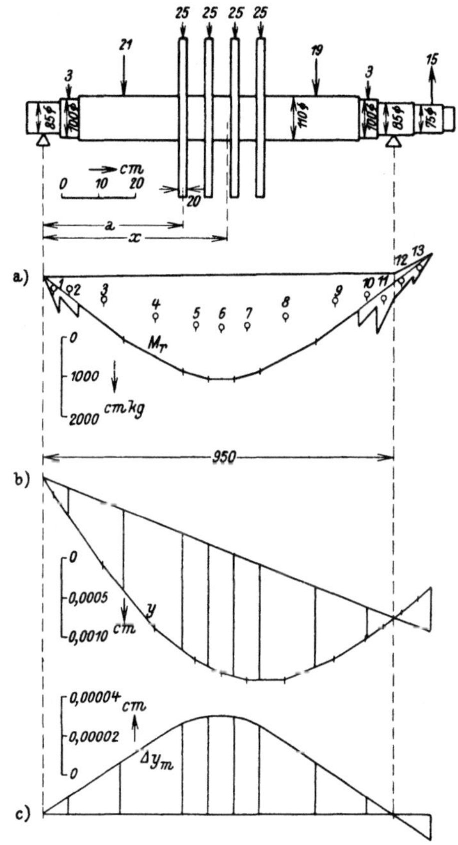

Abb. 101. Graphische Ermittlung der Auslenkung eines Läufers bei versteifendem Einfluß der Scheiben; zu Beispiel 15.

genommen, kann also vor das Summenzeichen gesetzt werden. Für die Scheibenhöhe $h = 2$ cm und dem Wellendurchmesser $d = 11$ cm erhält man nach Abb. 100 für $h/d = 0{,}182$ ein $\varkappa_v = 0{,}81$. Die Berechnung der Durchbiegungsverminderung sei nach Glg. (79) für $x = 50$ und $x > 60$ cm, vom linken Auflager gerechnet, durchgeführt.

$x = 50$ cm, $h/d = 0{,}182$, $\varkappa_v = 0{,}81$, $l = 95$ cm. Links und rechts von der Schnittebene liegen je zwei Scheiben.

$$\Delta y_m = \frac{95 - 50}{95 \cdot 2{,}1 \cdot 10^6} [(1 - 0{,}81) \cdot 38 \cdot 2 \cdot 3{,}36 + (1 - 0{,}81) \cdot 45 \cdot 2 \cdot 3{,}62]$$
$$+ \frac{50}{95 \cdot 2{,}1 \cdot 10^6} [(1 - 0{,}81) \cdot 36 \cdot 2 \cdot 3{,}37 + (1 - 0{,}81) \cdot 43 \cdot 2 \cdot 3{,}62]$$
$$= 0{,}05 \cdot 10^{-3}\ \text{cm}.$$

$x \gtreqless 60$ cm, $h/d = 0{,}182$, $\varkappa_v = 0{,}81$, $l = 95$ cm. In diesem Falle liegen alle vier Scheiben zwischen $x = 0$ und $x = 60$ cm, und Glg. (79) vereinfacht sich zu

$$\Delta y_m = \frac{95 - x}{95 \cdot 2{,}1 \cdot 10^6} [(1 - 0{,}81) \cdot 2 \cdot (38 \cdot 3{,}36 + 45 \cdot 3{,}62 + 52 \cdot 3{,}62 + 59 \cdot 3{,}37)],$$
$$\Delta y_m = 1{,}29 \cdot 10^{-6} (95 - x).$$

$x =$	60	75	95	105 cm,
$10^3 \Delta y_m =$	0,0451	0,0258	0,0	— 0,0129 cm.

Auf gleiche Weise sind die übrigen Δy_m gerechnet und in Abb. 101c aufgetragen. Die resultierende Auslenkung $y_r = y - \Delta y_m$ ist in der Tabelle 1/15 eingetragen. Rechnet man überschlägig die kritische Drehschnelle nach Glg. (12)

$$\omega_{kr}^2 = 1{,}08 \frac{g}{f_{\max}},$$

so wird ohne Versteifung

$$\omega_{kr} = \left[1{,}08 \frac{981}{1{,}54} 10^3\right]^{1/2} = 830/\text{sek},$$

mit Versteifung

$$\omega_{kr} = \left[1{,}08 \frac{981}{1{,}49} 10^3\right]^{1/2} = 842/\text{sek}.$$

Daraus geht hervor, daß in diesem Falle der versteifende Einfluß der Scheiben nicht besonders groß ist. Die Ursache dafür ist der abnormal große Wellendurchmesser infolge der geforderten hohen kritischen Drehzahl. Wenn die Welle für überkritischen Lauf ausgelegt wird, so wird der Einfluß der Scheibenversteifung größer, weil sich mit größerem h/d der Beiwert $\varkappa_v$ vermindert.

VIII. Die Bestimmung der Massenträgheitsmomente.

Für die Ermittlung der Kreiselmomente ist die Kenntnis des axialen und äquatorialen Massenträgheitsmomentes des Umdrehungskörpers notwendig. In den seltensten Fällen lassen sich die Räder als gatte Scheiben mit unveränderlicher Breite auffassen. Meist ist eine Verstärkung zur Nabe hin vorhanden. Für die praktisch vorkommenden Ausführungsarten ermittelt man die Trägheitsmomente entweder graphisch oder durch Pendelversuche.

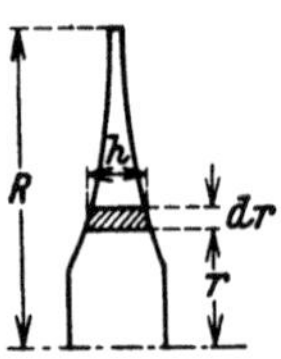

Abb. 102. Radscheibe.

Das axiale Hauptträgheitsmoment eines symmetrisch gestalteten, zylindrischen Körpers in bezug auf seine Längsachse ist (Abb. 102)

$$A = \frac{\gamma}{g} 2\pi \int_{r=0}^{r=R} r^3 h\, dr. \tag{81}$$

Das äquatoriale Trägheitsmoment in bezug auf einen Durchmesser bestimmt sich aus

$$B = \frac{\gamma}{g}\, 2\,\pi \left[\int_0^R r^3\, h\, dr + 2 \int_0^{\frac{h}{2}} r^2\, h^2\, dh\right]. \tag{82}$$

Für die zylindrische Scheibe ohne Bohrung mit dem Halbmesser R und der konstanten Scheibenhöhe h wird nach (81) und (82)

$$A = m R^2/2, \quad B = m(3 R^2 + h^2)/12.$$

Bei schmalen Scheiben kann h^2 gegenüber $3 R^2$ vernachlässigt werden, so daß mit $A = m R^2/2$ und $B = m R^2/4$ der Verhältniswert

$$q = A/B = 2$$

wird (Abb. 103). In dem allgemeinen Fall der graphischen Auswertung der Integrale (81) und (82) wird A, B und $q = A/B$ bestimmt und die Bildung der Kreiselmomente nach Abschnitt I, 2 vorgenommen. Für die Ermittlung der Trägheitsmomente wird die Scheibe ohne Bohrung vorausgesetzt, also auch der Wellenanteil berücksichtigt. Sind am äußeren Umfange Schaufeln vorhanden (Dampfturbinenlaufräder), so bezieht man den Scheibendurchmesser zweckmäßig bis zum Teilkreisdurchmesser derselben.

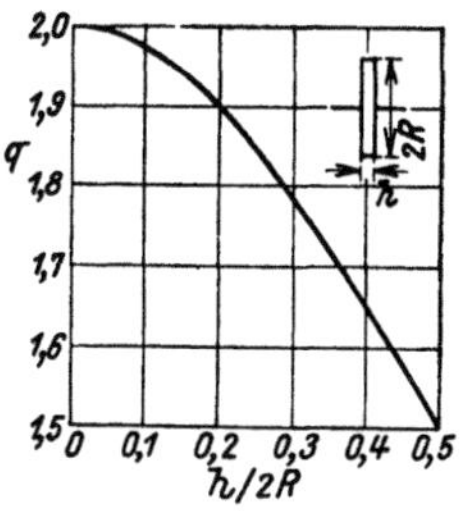

Abb. 103. Verhältniswert $q = A/B$ in Abhängigkeit von $h/2R$ für parallelwandige Scheiben. h Scheibenhöhe [cm], $2R$ Scheibendurchmesser [cm].

Experimentelle Ermittlung. Zur experimentellen Bestimmung der Massenträgheitsmomente wird der geeignet aufgehängte Körper in Schwingung versetzt und die Schwingungsdauer mit der eines mathematischen Pendels verglichen. Die Schwingungsgleichung eines mathematischen Pendels (Punktmasse im Abstande der Pendellänge l vom Drehpunkt) ist

$$l \frac{d^2 \varphi}{d t^2} + g \sin \varphi = 0,$$

woraus die Schwingungsdauer für einen Hin- und Rückgang für kleine Ausschläge zu

$$T = 2\pi \sqrt{\frac{l}{g}} \tag{a}$$

folgt. Allgemein ist das Verfahren durchführbar, den Körper um Achsen schwingen zu lassen, die parallel zu den drei Hauptachsen sind und an die er in geeigneter Weise aufgehängt wird. Die Abstände der drei Pendelachsen von den drei Hauptachsen seien mit a, b und c bezeichnet. Für die hier vorliegenden rotationssymmetrischen Körper ist der Schwerpunkt und die Masse durch Auswiegen leicht zu finden; ebenso ist die Lage der Hauptachsen bekannt. Wird nun der Körper parallel zu seiner ersten Hauptachse zu Schwingungen angeregt, so ist das Schwungmoment um die Pendelachse $\overline{AA}$ nach Abschnitt I, 2

$$M = \left|\frac{d\mathfrak{D}}{dt}\right| = A_1 \frac{d\omega}{dt} = (A + m a^2) \frac{d^2 \varphi}{dt^2},$$

worin $A_1 = A + ma^2$ das auf die Pendelachse $\overline{AA}$ nach dem STEINERschen Satz bezogene Massenträgheitsmoment der Scheibe ist. Dem Schwungmoment wird bei Reibungsfreiheit des Systems vom Gewichtsmoment des Schwerpunktes

$$mga \sin \varphi$$

das Gleichgewicht gehalten, so daß also

$$(A + ma^2) \frac{d^2 \varphi}{dt^2} + mga \sin \varphi = 0$$

oder

$$\frac{A + m a^2}{m a} \frac{d^2 \varphi}{dt^2} + g \sin \varphi = 0 \tag{b}$$

besteht. Diese Gleichung geht in die Beziehung (a) des mathematischen Pendels über, wenn für $(A + ma^2)/ma = l$ gesetzt wird. Die Schwingungsdauer ist daher

$$T_a = 2\pi \sqrt{\frac{A + m a^2}{m a g}}.$$

Daraus errechnet sich das axiale Massenträgheitsmoment zu

$$A = \frac{m a g T_a^2}{4 \pi^2} - m a^2. \tag{81a}$$

In gleicher Weise ergibt sich für die Schwingungsdauern T_b und T_c bei der Schwingung um die zu den anderen Hauptachsen im Abstande b bzw. c parallelen Pendelachsen

$$B = \frac{m b g T_b^2}{4 \pi^2} - mb^2, \tag{82a}$$

$$C = \frac{m c g T_c^2}{4 \pi^2} - mc^2. \tag{82b}$$

Für rotationssymmetrische Körper ist $B = C$, so daß zur Bestimmung der Trägheitsmomente nur zwei Schwingungsanordnungen notwendig sind. Praktisch können die Glgn. (81a) und (82a, b) für Elongationswinkel bis $\varphi = 20^0$ verwendet werden, da hierfür die Schwingungsdauer nur um 1 v. H. gegenüber dem genauen Wert abweicht.

IX. Der Einfluß der Lagerung und der Kupplung auf die kritische Drehzahl.

Lagerung. Vor Ermittlung der kritischen Drehschnelle ist zu entscheiden, ob die Welle kugelig einstellbar gelagert ist oder ob eine Einspannung vorliegt. Bei der Anwendung von Kugellagern ist eine Selbsteinstellung der Welle im Lager an die elastische Linie immer möglich (Abb. 104). Die neuerdings verwendeten kurzen Gleitlager haben ebenfalls Selbsteinstellung durch kugelige Sitzflächen (Abb. 105). In gleicher Weise ist diese möglich, wenn der Axialschub durch ein Klotzlager aufgenommen wird, da sich dasselbe in Verbindung mit dem Traglager ebenfalls kurz baut (Abb. 105). Allen diesen Fällen ist daher kugelige Lagerung zugrunde zu legen.

Bei Verwendung eines Kammlagers zur Aufnahme der Längskraft wird infolge der benötigten größeren Länge auch das zugehörige Gleitlager starr im Lagergehäuse geführt, so daß die Welle an dieser Seite durch die lange Lagerführung als eingespannt gelten kann (Abb. 106). Wegen der unvermeidlichen Durchbiegung des Zapfens im Lager nimmt man zweckmäßig Mitte Gleitlager als Einspannebene an.

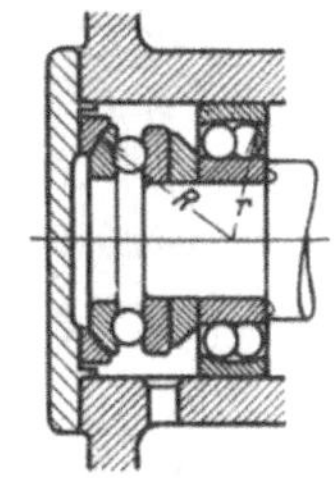

Abb. 104. Längs- und Querkugellagerung.

Kupplung. Der Einfluß der Kupplung auf die kritische Drehschnelle ist von der Bauart abhängig. Man unterscheidet starre, halbstarre und elastische Kupplungen.

Starre Kupplungen werden vielfach im Dampfturbinenbau verwendet und übertragen außer dem Drehmoment auch während des Betriebes entstandene Fliehkraftbiegungsmomente (Abb. 105).[1] In diesen Fällen sind die starr gekuppelten Wellen als Ganzes zu betrachten, die Lagerung entspricht dann derjenigen auf mehreren Stützen.

Bei halbstarren Kupplungen, wie sie mitunter vorkommen, ist es nicht einwandfrei möglich, die Größe des aufgenommenen Fliehkraftbiegungsmomentes, das von einer Welle auf die andere übertragen wird,

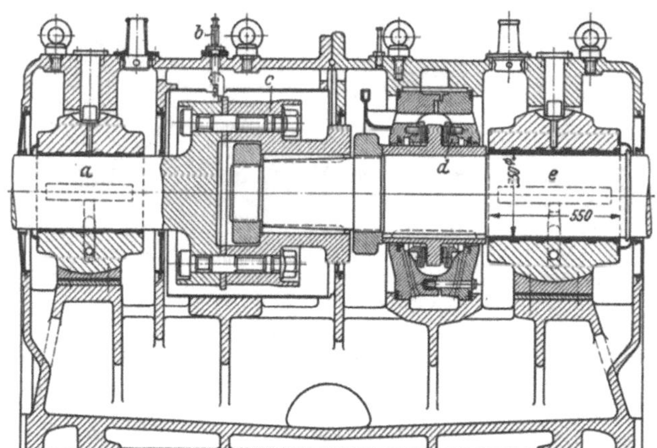

Abb. 105. Gleitlager mit kugeliger Einstellung; starre Wellenkupplung (Ausführung der AEG-Berlin).

a Kupplungsseitiges Gleitlager der Hochdruckturbine, *b* Axialspielanzeiger, *c* starre Flanschenkupplung, *d* gemeinsames Drucklager der Hochdruck- und Mitteldruckturbine, *e* kupplungsseitiges Gleitlager der Mitteldruckturbine.

genau zu erfassen. Hier hilft dann nur die experimentelle Kontrolle der kritischen Drehzahl an ähnlich gekuppelten Maschinen.

[1] Die Kupplungshälften werden entweder auf die konischen Wellenstummel

Erst durch die Verwendung einer elastischen Kupplung können die Wellen als Einzelglieder betrachtet werden. Dabei ist jedoch Voraussetzung, daß die Achsen der zu kuppelnden Maschinen genau fluchten, damit eine periodisch sich ändernde Umfangskraft vermieden wird, welche zu Unruhen und Störungen „zweiter Art" Veranlassung gibt (S. 45). Zu diesen Kupplungen gehören die vielfach verwendeten Zahn-, Bolzen-, Lederband-, Lederringkupplungen u. a. (Abb. 107).

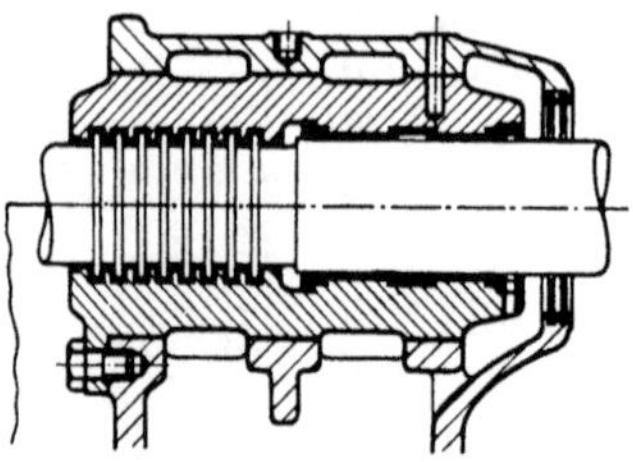

Abb. 106. Kombiniertes Kamm- und Gleitlager.

Die Art der Lagerung, sowie der Kupplung kann unter Umständen bestimmend sein bei der Festlegung der Wellenabmessungen. Während wegen der Kantenpressung im Lager die starre Lagerfassung weniger empfehlenswert ist, wird besonders bei unterkritischem Lauf die Verwendung der starren Kupplung zweckmäßig, weil durch die entstehende Lagerung auf mehreren Stützen die kritische Drehschnelle erhöht wird oder der Wellendurchmesser bei gleicher kritischer Drehschnelle kleiner gehalten werden kann als bei der Verwendung einer elastischen Kupplung.[1] Zusammenfassend ist zu sagen, daß die Arten der Lagerung, der Kupplung

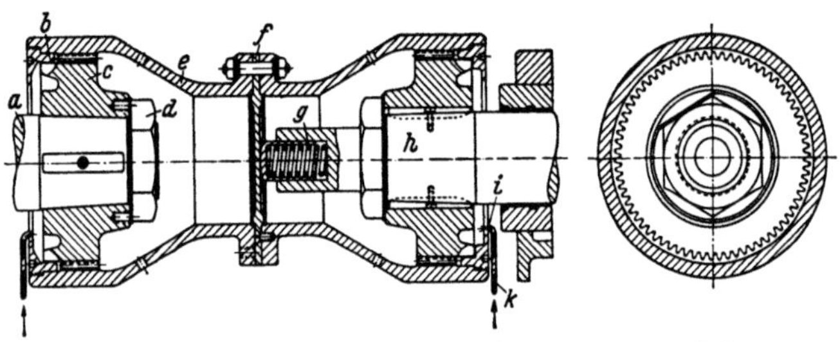

Abb. 107. Elastische Zahnkupplung (AEG-Berlin).
a Turbinenläufer, *b* Spurscheibe, *c* Kupplungsflansch, *d* Wellenmutter, *e* Kupplungshälfte, *f* Einstellscheibe, *g* Schraubenfeder, *h* Ritzel, *i* Öldüse, *k* Ölzuführung.

und die Anordnung der Massen, zwischen den Lagern oder fliegend, schwingungstechnisch untereinander gleichwertig sind, weil für jede Anordnung bei gutem Massenausgleich nur die Lage der Betriebsdrehzahl zur kritischen Drehzahl die Betriebssicherheit entscheidet.

X. Wahl der kritischen Drehzahl.

Allgemeines. Die praktische Bestätigung der theoretischen Voraussage, daß eine Welle auch oberhalb der ersten kritischen Drehzahl betriebssicher laufen kann, gab der schwedische Ingenieur G. DE LAVAL.

aufgepreßt und gegeneinander verschraubt (Abb. 105) oder die Wellen mit angeschmiedeten Flanschen versehen.

[1] Die Montage muß allerdings sehr sorgfältig durchgeführt werden, damit im

Mit mehrfach belasteten Wellen hat dann S. DUNKERLEY umfangreiche Versuche durchgeführt und mit den gefundenen Ergebnissen das Berechnungsverfahren des Abschnittes III, 2 entwickelt.

Die in weiterer Folge vorgenommenen Versuche von A. STODOLA, v. BOROWICZ, Brown-Boveri & Co. u. a. dienten hauptsächlich der Überprüfung der rechnerischen Lösungen mit den tatsächlich sich einstellenden kritischen Drehschnellen, wobei durchwegs gute Übereinstimmung zwischen Rechnung und Experiment erzielt wurde. Während diese Versuche vielfach mit verhältnismäßig einfachen Anordnungen ausgeführt wurden, hat B. ECK Wellen verwendet, deren Abmessungen und Belastungen betriebstüchtigen Läufern entsprechen. Neben der Übereinstimmung mit den bisherigen Ergebnissen wurde dabei noch die praktisch wichtige Feststellung gemacht, daß oberhalb der zweiten kritischen Drehzahl ein betriebssicherer Lauf nicht möglich ist.

Unterkritischer Lauf. Wo es die Abmessungen der Welle zulassen, wird man im allgemeinen den unterkritischen Lauf bevorzugen. Dies ist möglich bei Dampfturbinen, Elektromotoren und notwendig, wo die Länge einer Welle bei sonst gleichen Abmessungen variabel ist (z. B. mehrstufige serienmäßige Kreiselpumpen). Der Vorteil des unterkritischen Laufes liegt in der schnellen Betriebsbereitschaft, da das Anfahren der Aggregate keine besonderen Vorsichtsmaßnahmen erfordert und in der Unempfindlichkeit gegen Materialspannungen. Nachdem es nicht möglich ist, die verschiedenen Einflüsse auf die kritische Drehzahl zahlenmäßig einwandfrei zu berücksichtigen, so wird zweckmäßig

$$\omega_{kr} \overset{=}{>} 1{,}3\,\omega, \tag{83}$$

$$n_{kr} \overset{=}{>} 1{,}3\,n \tag{83a}$$

gewählt.[1] Je näher n_{kr} an n gelegt werden soll, desto genauer sind alle Einflüsse auf die kritische Drehzahl zu untersuchen und um so besser ist der Läufer in allen seinen Teilen auszuwuchten.

Überkritischer Lauf. Überschreitet die Betriebsdrehzahl einer Maschine 3000 U/min, so wird man aus konstruktiven Gründen meist gezwungen sein, überkritischen Lauf zu wählen. Dies ist in besonderem Maße bei Turbokompressoren und Höchstdruckturbinen der Fall, welche mit Drehzahlen bis zu 15000 U/min, bzw. 8000 U/min im Betrieb sind.

Durch das umgebende Mittel und durch die meist vorhandenen Zwischenwände sind die Ausschläge im kritischen Bereich begrenzt. Da zu ihrer Ausbildung Zeit notwendig ist, kann bei genügend großem Beschleunigungsmoment der kritische Zustand ohne besondere Erschütterungen überschritten werden.[2] Die Durchbiegung der Welle und die

---

Ruhezustande keine Biegungsmomente über die Wellenenden übertragen werden, die zum Klemmen in den Lagern, Heißlaufen und unruhigen Lauf Anlaß geben.

[1] G. FLÜGEL geht in seinem Buche „Die Dampfturbinen" mit n_{kr} bis an 1,2 n heran und empfiehlt für überkritischen Lauf $n = (1{,}4$ bis $1{,}7)\,n_{kr}$.

[2] R. MOKESCH, E. u. M., Wien 1931, Heft 3. Übernahmsversuche an einem 25000 kW Hochdruckdampf-Turbosatz ..... Sowohl die Hochdruckturbinen-

Ringspalte vorhandener Zwischendichtungen sind durch geeignete Wahl der kritischen Drehzahl in zulässigen Grenzen zu halten. Nach experimentellen Untersuchungen von B. Eck laufen Wellen im überkritischen Bereich mit

$$1{,}4\, n_{krI} < n < 0{,}7\, n_{krII} \tag{84}$$

besonders ruhig, wenn dabei das Verhältnis

$$\frac{n_{krI} \text{ der Welle allein}}{n_{krI} \text{ des kompletten Läufers}} \approx 1{,}5 \text{ bis } 1{,}8$$

ist. Je höher die Betriebsdrehzahl über der kritischen Drehzahl liegt, desto ruhiger wird der Durchlauf beim Anfahren sein, weil der Anlaufwiderstand noch gering ist und bei den kleinen Drehzahlen meist ein genügend großes Anlauf- und Beschleunigungsmoment zur Verfügung steht. Der Läufer muß dynamisch in seiner Betriebsdrehzahl ausgewuchtet sein. Wellen oberhalb der zweiten kritischen Drehzahl laufen zu lassen, ist nach Versuchen von B. Eck nicht empfehlenswert.

Der Durchlauf durch den kritischen Bereich wird noch durch ein elastisches Fundament erleichtert. Allgemein ist zu vermeiden, daß die Betriebsdrehzahl ein ganzzahliger Bruchteil oder ein ganzzahliges Vielfaches der kritischen Drehzahl wird. Ebenso darf beim Anfahren in der Nähe der kritischen Drehzahl nicht längere Zeit gefahren werden. Vielfach wird es zur Vermeidung der Resonanz mit dem Fundament notwendig sein, außer der kritischen Drehzahl des Läufers allein noch die kritischen Drehzahlen desselben in Verbindung mit dem nachgiebigen Fundament zu ermitteln.

XI. Der Massenausgleich von zylindrischen, scheiben- oder walzenförmigen Körpern.

Allgemeines. Zur Erzielung eines ruhigen Ganges ist es notwendig, die Schwerpunkte eines Läufers in die Wellenachse zu verlegen, also die Hauptträgheitsachse mit der Drehachse zur Deckung zu bringen. Dies läßt sich von vornherein infolge der Inhomogenität des Werkstoffes und der Bearbeitungsungenauigkeiten nicht erreichen, so daß mit zunehmender Annäherung der Betriebsdrehschnelle an die kritische Drehschnelle infolge des Ansteigens von y nach Abb. 3 größere Ausschläge zu erwarten sind. Insbesondere nimmt die Fliehkraft und mit ihr die Größe der zusätzlichen Wellenauslenkung, die Lagerbelastung und die Schwingung des Maschinenkörpers, sowie des Fundamentes für Werte $\omega/\omega_{kr} > 0{,}7$ unverhältnismäßig stark zu. Wenn auch innere und äußere Reibung am umlaufenden

wie auch die Niederdruckturbinenwelle und der Generatorläufer sind so bemessen, daß deren kritische Drehzahlen unterhalb der Betriebsdrehzahl liegen. Sie liegen fast alle auf gleicher Höhe, so daß beim Anfahren die kritischen Drehzahlen des Aggregates sehr leicht ohne merkliche Erschütterungen überfahren werden können. Nachdem diese weit genug von der Betriebsdrehzahl abliegen, ist ein außerordentlich ruhiger, weicher Gang gewährleistet.

Körper die Ausschläge dämpfen, so kann doch durch zusätzliche Auslenkung unruhiger Lauf und ein Streifen des Läufers an den ruhenden Begrenzungswänden stattfinden; Erwärmungen und Brüche sind die Folge.

Es besteht also die Notwendigkeit, den betriebsfertigen Läufer so auszuwuchten, daß die durch die Einzelschwerpunkte gehende Trägheitsachse in die Drehachse gelegt wird, um eine zusätzliche Auslenkung der Welle und einen unruhigen Gang der Maschine zu vermeiden. Darauf ist besonders zu achten, wenn bei unterkritischem Lauf zur Kleinhaltung der Wellendurchmesser die kritische Drehzahl nahe an die Betriebsdrehzahl gelegt wird. Für eine überkritisch laufende Welle wird dadurch beim Anfahren ein sanfter Durchlauf durch den Störungsbereich erzielt.

Die Schwerpunktsexzentrizitäten eines Körpers machen sich durch die sogenannte Unwucht bemerkbar. Am häufigsten kommt die allgemeine Unwucht vor. Bei dieser fällt der Gesamtschwerpunkt des

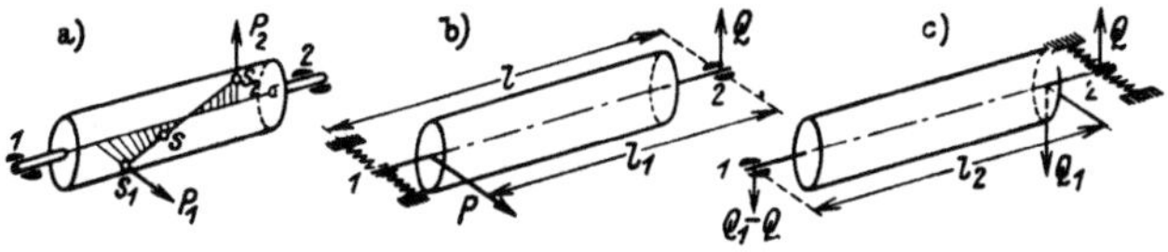

Abb. 108. Trommelförmiger, starrer Läufer mit allgemeiner Unwucht, in der dynamischen Auswuchtmaschine.

Läufers nicht in die Drehachse, die Hauptträgheitsachse und die Drehachse kreuzen sich (Abb. 108a). Sonderfälle hiervon sind die rein dynamische Unwucht, wenn nur der Gesamtschwerpunkt S (welcher auch der Schnittpunkt der schräg liegenden Hauptträgheitsachse mit der Drehachse ist) in die Drehachse fällt, wobei gleichzeitig die Einzelschwerpunkte in einer Ebene liegen und die statische Unwucht, wenn die Trägheitsachse in der Entfernung e parallel zur Drehachse liegt. Während sich die statische und die allgemeine Unwucht im Ruhezustande des Läufers durch die Einstellung des Gesamtschwerpunktes in die tiefste Lage kennzeichnen, ist bei rein dynamischer Unwucht der ruhende Läufer in jeder Lage im statischen Gleichgewicht. Erst bei der Rotation macht sich die dynamische Unwucht durch ein Fliehkraftpaar bemerkbar. Für den Massenausgleich von Läufern sind nun zwei charakteristische Fälle zu unterscheiden:

1. Die Welle ist starr, die Fliehkräfte sind lediglich abhängig von den Schwerpunktsexzentrizitäten ($F_i = m_i e_i \omega^2$). Dies ist der Fall, wenn die Betriebsdrehzahl des Läufers weit unter der kritischen Drehzahl liegt, so daß infolge der dabei notwendigen Steifheit der Welle die zusätzlichen Auslenkungen während des Umlaufes vernachlässigbar klein werden (Abb. 3 mit $\omega/\omega_{kr} < 0{,}5$). Solche Läufer haben beim Umlauf die gleiche Massenverlagerung wie im Ruhezustande, d. h. die die Unwuchten tragenden Ebenen sind mit dem Läufer starr verbunden. Der Massenausgleich kann bei beliebiger Drehzahl vorgenommen werden, der Läufer

ist dann für alle Drehzahlen bis einschließlich seiner Betriebsdrehzahl fliehkraftfrei.

2. Die Welle ist elastisch (Abb. 3 mit $\omega/\omega_{kr} > 0{,}5$). Bei den knapp unter- und oberhalb der kritischen Drehzahl laufenden Wellen ist die beim Umlauf erzeugte Auslenkung schon von der Größenordnung der Schwerpunktsexzentrizität, unter Umständen ein Mehrfaches davon. Dann wird sich während des Umlaufes ein anderes Bild von der Massenverlagerung einstellen als im Ruhezustande. Dies ist leicht erklärlich, wenn man eine elastische Welle mit mehreren genau zentrischen Massen und einer exzentrischen Masse betrachtet.

Im Ruhezustande ist die Massenverlagerung durch die eine, unzentrierte Masse gegeben. Dreht sich nun diese Welle mit einer bestimmten Drehschnelle, so wird sie wegen ihrer Elastizität durch die Fliehkraft ausgelenkt. Dann greifen aber auch an den zentrierten Massen störende Fliehkräfte in der Größe $F_i = m_i y_i \omega^2$ an, da sie gezwungen werden, um die ursprüngliche Ruhelage mit dem Radius y_i zu kreisen, wobei der Zwang von der einen nicht zentrierten Masse ausgeht, deren Fliehkraft die Größe $F_1 = m_1(y_1 + e_1)\omega^2$ besitzt.[1] Die Massenverlagerung ist jetzt eine andere als bei der starren Welle und von der Drehzahl abhängig, weil auch die Fliehkräfte der zentrischen Scheiben an der Auslenkung mitbestimmend sind. Wie später gezeigt wird, sind die die Unwucht tragenden Ebenen nicht mehr starr mit der Welle verbunden, sondern ändern ihre Lage längs der Welle mit der Drehzahl.

1. Der Massenausgleich von starren Läufern.

a) Statischer Massenausgleich.

Das in der Praxis viel verwendete statische Wuchtverfahren ermöglicht nur dann die Trägheitsachse an die Drehachse zu legen, wenn statische Unwucht vorliegt. Im allgemeinen ist jedoch allgemeine Unwucht vorhanden, so daß in diesem Falle nur der Gesamtschwerpunkt an die Drehachse gebracht werden kann und die beliebig gerichtete Trägheitsachse in eine Ebene, nicht aber in die Drehachse zu liegen kommt. Die allgemeine Unwucht kann daher nur auf die rein dynamische Unwucht zurückgeführt werden. Nur im Sonderfall der statischen Unwucht bei hinreichend schmalen, zylindrischen Scheiben ist das statische Wuchten mit Erfolg anwendbar.

Auswuchtvorgang: Der zu wuchtende Körper wird auf einen Dorn geschoben und mit diesem auf zwei waagrechte, zueinander parallele Schneiden oder Walzen gelegt. Durch das im exzentrisch liegenden Schwerpunkt angreifende Eigengewicht pendelt der Körper langsam hin und her, bis durch die vorhandenen Widerstände die Bewegung ausklingt und der Schwerpunkt sich unterhalb der Auflagerpunkte einstellt. Durch ge-

[1] Wird angenommen, daß auf einer mit $n = 3000$ U/min umlaufenden Welle eine Scheibe vom Gewichte G aufgekeilt ist mit einer Exzentrizität $e = 0{,}1$ mm, so wird bei der starren Welle für $\omega/\omega_{kr} < 0{,}5$ die Fliehkraft $F = G$, bei der elastischen Welle z. B. mit $\omega/\omega_{kr} = 0{,}707$ die Fliehkraft $F = 2G$.

eignete Zugabe oder Abnahme von Material wird erreicht, daß der Körper in jeder Lage in Ruhe bleibt. Der Roll- und Biegewiderstand des Dornes ermöglicht jedoch nur eine Annäherung des Gesamtschwerpunktes an die Drehachse. Mittels des beschriebenen Verfahrens lassen sich noch Schwerpunktsabweichungen von 0,5 mm nachweisen.

Genauere Ergebnisse erzielt man, wenn der Wuchtdorn auf drehbar gelagerten, schmalen Scheiben liegt, wodurch die Schwerpunktsexzentrizität bis auf 0,05 mm vermindert werden kann.

In beiden Fällen hängt die erreichbare Genauigkeit bei einwandfreiem Zustand von Dorn und Schneiden vom Gewichte des Körpers, vom Durchmesser des Dornes und vom Halbmesser der aufliegenden Dornenden ab. Deshalb sind die angeführten Zahlen nur Richtwerte.

Die genauesten statischen Wuchtmaschinen sind die Schwerpunktswaagen. Sie sind praktisch reibungsfrei, wodurch Gesamtschwerpunktsabweichungen von 0,005 mm noch feststellbar sind.

Die Schwerpunktswaagen bestehen aus einem geschlossenen Waagerahmen, welcher mit zwei Schneiden auf dem Lagerkörper ruht. Auf den beiden Stirnseiten des Waagerahmens sind je zwei Rollen befestigt, auf welche die zu wuchtende Scheibe mit ihrem Dorn gelegt wird. Der Schwerpunkt der Scheibe stellt sich bei waagrecht festgeklemmtem Rahmen so tief ein, als es die Rollenreibung zuläßt. Wird nun der Waagerahmen freigegeben, so legt sich dieser so weit schräg, bis der Scheibenschwerpunkt seine tiefste Lage eingenommen hat. Die Scheibe wird jetzt langsam gedreht, bis der Waagerahmen horizontal liegt; dies ist an einer Skala oder an einer eingebauten Wasserwaage feststellbar. Jetzt liegt der Scheibenschwerpunkt genau in der Vertikalebene durch die Waagerahmenschneiden. Dreht man nun die Scheibe genau um 90^0 und fixiert sie gegen Verdrehung gegen den Rahmen, so kann das Moment des Schwerpunktes auf dem Waagerahmenbalken ausgewogen werden. Dadurch ist die Lage und Größe der statischen Unwucht bekannt.

b) Dynamischer Massenausgleich.

Wird ein starrer zylindrischer Körper mit allgemeiner Unwucht nach Abb. 108a in Drehung versetzt, so werden in den exzentrisch liegenden Einzelschwerpunkten freie Fliehkräfte auftreten, die mit dem Drehkörper umlaufen und sich durch ein Kraftkreuz ersetzen lassen (Abb. 108a). Wird dieser Körper statisch vorgewuchtet, so wird der Gesamtschwerpunkt in die Drehachse gebracht, es bleibt jedoch ein in einer Ebene liegendes Fliehkraftpaar zurück. Der Körper hat dann rein dynamische Unwucht. Für das Auswuchten sind daher zwei Bedingungen zu erfüllen: der Gesamtschwerpunkt und die Hauptträgheitsachse müssen in die Drehachse gelegt werden. Ein einwandfreies Auswuchten des Läufers läßt sich daher nur auf dynamischem Wege, d. h. am umlaufenden Körper erzielen, wodurch es im weitestgehenden Maße möglich ist, die Trägheitsachse an die Drehachse zu bringen. Für die Erfüllung der gestellten Forderung gibt es zwei Gruppen von dynamischen Auswuchtmaschinen. Die eine Maschinenart zerlegt die Behebung der allgemeinen Unwucht in eine getrennte statische und dynamische Wuchtung. Die zweite Maschinenart ermöglicht dagegen das Aufsuchen und die Beseitigung des störenden Kraftkreuzes der freien Fliehkräfte während des Umlaufes.

Die hierzu verwendeten dynamischen Auswuchtmaschinen beruhen auf dem Prinzip, durch geeignete Lagerung des zu wuchtenden Körpers ein Schwingungssystem zu schaffen, um die in der Resonanzdrehzahl durch die Unwucht des Läufers entstehenden starken Ausschläge zur Feststellung der Unwuchtebene und -größe zu benutzen.

Abb. 109. Stirnansicht auf die dynamische Auswuchtmaschine „Lawaczeck-Heymann" (C. Schenk-Darmstadt) mit Wellenmarkiervorrichtung und Schwingungsgrößenschreiber.

Die gebräuchlichste dynamische Auswuchtmaschine — der zweiten Gruppe angehörend — ist die auf dem Doppelpendelprinzip beruhende Maschine von Lawaczeck-Heymann (Abb. 109). Bei dieser wird der zu wuchtende Läufer in zwei auf Blattfedern gestützte, kugelig einstellbare Lager gesetzt; der Läufer kann nur horizontale Bewegungen unter Ausschaltung der Kreiselwirkung ausführen. Zur Ermittlung der Unwucht wird ein Lager blockiert, dient also als Pendeldrehpunkt, während das andere Lager infolge seiner federnden Stützung horizontale Schwingungen ausführen kann. Dadurch ist ein Schwingungssystem mit einem Freiheitsgrade geschaffen, dessen Eigenschwingungszahl durch die Abmessungen und die Masse des Läufers, sowie durch die Lagerfederung bestimmt ist. Das in der Abb. 108a eingetragene Fliehkraftkreuz läßt sich nun so reduzieren, daß die Kraft P in einer Radialebene liegt, in der die Auswuchtmasse untergebracht werden kann, während die Kraft Q im Lagermittel angreift und dort eine mit der Periode eines Umlaufes nach Größe und Richtung veränderliche Lagerbelastung hervorruft (Abb. 108b). Mit dem Lager 2 als Pendeldrehpunkt wird mittels zweier Anläufe die Unwuchtaxialebene festgestellt und der Läufer in dieser Lagerung durch Einsetzen einer bestimmten Ausgleichsmasse in einer zweckmäßig gewählten Radialebene schwingungsfrei gemacht. Blockiert man nun das Lager 1 und gibt man Lager 2 frei, so erzeugt die in diesem Lager zurückgebliebene Kraft Q mit dem Moment

$$M = Q l$$

beim Umlauf eine neue Schwingung des Läufers. Ist auch hier die Unwuchtaxialebene gefunden, so muß die Auswuchtmasse untergebracht werden. Wäre es möglich, diese im Angriffspunkt der Kraft Q (Lagermitte) unterzubringen, so wäre der umlaufende Rotor fliehkraftfrei; dies könnte durch rein statische Wuchtung erreicht werden. Da der Massenausgleich an dieser Stelle jedoch nicht möglich ist, so wird das Ausgleichsgewicht in der Nähe des schwingenden Lagers eingesetzt, so daß infolge

$$Q l = Q_1 l_2$$

der Läufer auch in dieser Lagerungsart schwingungsfrei wird (Abb. 108c). Weil jedoch $Q_1 > Q$ ist, so verbleibt im Lager 1 ein kleiner Unwuchtrest $Q_1 - Q$, der wieder durch Blockierung von Lager 2 und durch Freigeben von Lager 1 beseitigt werden kann. Der trotzdem verbleibende Unwuchtrest ist nun sehr klein. Durch periodische Wiederholung des geschilderten Vorganges kann derselbe auf einen vernachlässigbaren Wert herabgesetzt werden. Das Verfahren konvergiert, wie leicht ersichtlich, sehr rasch, wenn l_1 und l_2 der Lagerentfernung l möglichst angenähert werden. Da die Unwuchtrestkräfte in der gleichen Radialebene liegen, so werden auch die entsprechenden Ausgleichsmassen in dieser Ebene unterzubringen sein. Für den Massenausgleich des starren Läufers genügen im allgemeinen zwei Gegenwuchtebenen.

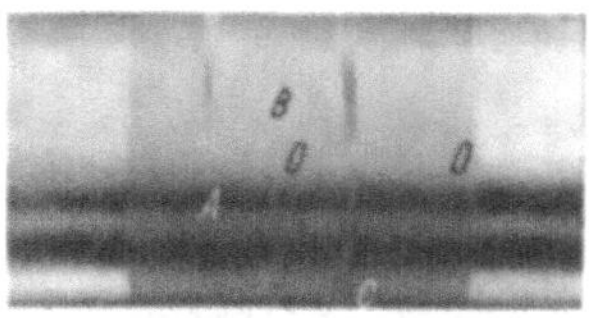

Abb. 110. Strichdiagramm des Markierindikators der dynamischen Auswuchtmaschine, aufgezeichnet an der Wellenoberfläche eines Läufers (C. SCHENK-Darmstadt).

Legt man den ersten Pendeldrehpunkt nicht in das Lager 2, sondern durch geeignete Ausbildung der Auswuchtmaschine in einen solchen Punkt der Läuferachse, in dem die rechte Ausgleichsebene liegt, so ist der starre Läufer bereits nach dem zweiten Anlauf fliehkraftfrei.

Dynamischer Auswuchtvorgang. Der Läufer wird mit beiderseits blockierten Lagern über die Eigenschwingungszahl der vorgenannten Lagerungsart angetrieben, der Antrieb abgekuppelt und ein Lager zum Schwingen freigegeben. Die beim Auslauf durch die Unwucht entstehenden Schwingungen erreichen ihren Höchstwert beim Durchlauf durch den Resonanzbereich. Ein mit Reibungshemmung versehener Schreibstift, der an einem Gelenksviereck sitzt, markiert dabei auf der Welle die bei jedem Umlauf vorhandene Auslenkung neben der vorhergehenden, wobei der Endpunkt eines jeden Striches die jeweils größte Auslenkung darstellt. Im Augenblicke der Resonanz wird der letzte Strich auf der Welle markiert. Dadurch ergibt sich das Strichdiagramm A in Abb. 110. Wenn kein Dämpfungseinfluß vorhanden wäre, müßte dessen Endpunkt um $\pi/2$ dem Schwerpunkt nacheilen (Abschn. I, 1). Da hemmende Einflüsse nicht auszuschalten sind, läßt man den Körper in der entgegengesetzten Richtung laufen und erhält bei axial verschobenem Schreibstift das Diagramm B in Abb. 110. Zweckmäßig werden beide Diagramme in der gleichen Radialebene markiert, wodurch sich die überlagerten Diagramme C der Abb. 110 ergeben. Die Unwucht des Läufers liegt in der Axialebene, welche durch die Wellenachse und die Schnittlinie oo der beiden einander überlagerten Diagramme gelegt wird. Das gewählte Ausgleichsgewicht ist daher in dieser Ebene einzusetzen. Durch nochmaligen Anlauf kann man an dem sich neu aufzeichnenden Diagramm (bei axial verschobenem Schreibstift) ersehen, ob das Ausgleichsgewicht zu groß oder zu klein gewählt wurde. Die Größe des Ausschlages wird auf einer besonderen Tafel an der Lagerstirnwand aufgezeichnet und trägt, mit der ursprünglichen in Vergleich gesetzt, zur Abkürzung des Verfahrens bei. Ist der Läufer in dieser Lagerung schwingungsfrei, so wird in gleicher Weise der Vorgang für das blockierte Lager 1 und das

Abb. 111. Automatische, dynamische Auswuchtmaschine von C. Schenk-Darmstadt.

freigegebene Lager 2 eingeschlagen, wobei das durch die Einzelkraft bei freigegebenem Lager erzeugte Moment, wie oben beschrieben, zu beheben ist. Sinngemäß werden etwa verbleibende Unwuchtrestkräfte beseitigt.

Rotiert der Läufer nun in beiden Lagerarten fliehkraftfrei, so muß er auch bei beiderseits freigegebenen Lagern schwingungsfrei durch die Resonanz laufen. Durch diesen Lauf ist also die Kontrolle für die Güte des Massenausgleiches gegeben. Für normale serienmäßige dynamische Auswuchtmaschinen wird der erreichbare Nachweis einer Schwerpunktsverlagerung von 0,001 mm garantiert. Für einzelne Fälle wurden Wuchtmaschinen gebaut, durch die noch Schwerpunktsverlagerungen von 0,0001 mm nachgewiesen werden können.

Automatische Auswuchtmaschine. Als weitere Form der dynamischen Auswuchtmaschinen hat die Firma Schenk eine automatische Auswuchtmaschine (Abb. 111) entwickelt, in der die unbekannte Läuferunwucht durch eine in ihrer Größe bekannte wesensgleiche Gegenfliehkraft an einer synchron mitlaufenden Gegenwelle bei gleichbleibender Drehschnelle festgestellt wird. Der grundsätzliche Aufbau der Maschine geht aus der Abb. 112 hervor. Der Läufer liegt in oben offenen Rollenlagern; die Lagerböcke sind abgefedert. An diese Lager ist eine Pendelstange angelenkt, welche in zwei kugelig einstellbaren Pendellagern 1 und 2 gelagert ist, die in der Längsrichtung auf der Pendelstange verschoben und blockiert werden können. Durch diese Längsverstellung ist die Möglichkeit gegeben, die Pendeldrehpunkte in jene Läuferebenen zu verlegen, die die Auswuchtmassen aufzunehmen haben. Damit entfällt das bei der vorhergehend beschriebenen Maschine nach jedem Lauf verbleibende Restmoment, so daß der Läufer bereits nach zwei Läufen fliehkraftfrei wird. An die Pendelstange ist die Gegenwelle angelenkt, welche eine Scheibe mit einer bekannten Unwucht trägt. Diese Gegenwelle ist mit der Antriebswelle des Läufers synchron gekuppelt.

Für den Wuchtvorgang wird nach der Einstellung der Pendellager 1 und 2 in die Ausgleichsebenen des Läufers das Pendellager 1 blockiert, das Lager 2 freigegeben. Durch die in geeigneter Größe einstellbare Lagerfederung wird die fliehkraftbehaftete Läufermasse beim Umlauf horizontale Schwingungen ausführen, wobei die gelenkig mitverbundene Pendelstange und die mit der Läuferwelle synchron mitlaufende Gegenwelle diese Schwingung mitmachen, die durch die Gegenwucht unterstützt oder gehemmt wird. Der Pendeldrehpunkt aller drei Achsen liegt in der Lagerebene des Pendellagers 1 (linke Ausgleichsebene). Durch Verschieben der Gegenwuchtscheibe auf der Gegenwelle sowie Verdrehung dieser mit der festen Unwucht versehenen Scheibe relativ gegen das Antriebsrad durch den Winkelschieber (in der Abb. 112 durch Schraubengewinde dargestellt) wird die Gegenfliehkraft in der Längs- und Umfangsrichtung der Gegenwelle so verstellt, daß sie der Läuferfliehkraft das Gleichgewicht hält, wodurch das gekoppelte System schwingungsfrei läuft; dies kann an den eingebauten Schwingungsmessern überprüft werden. Die Winkellage der Läuferunwucht wird an einer Teilscheibe, das Unwuchtmoment in Zentimetergramm auf einem Meßtisch im Schnittpunkt des Meßfadens mit der Gewichtsskala des mit der Unwuchtscheibe verschiebbar gekuppelten Gewichtsanzeigers abgelesen. Dadurch ist die Ausgleichsmasse für die rechte Ausgleichsebene bekannt und der Massenausgleich kann für diese Seite durchgeführt werden. Der gleiche Vorgang wird bei blockiertem Pendellager 2 und freigegebenem Lager 1 für den Massenausgleich in der linken Ausgleichsebene eingeschlagen. Nach diesem Lauf ist der Läufer fliehkraftfrei. Die Güte des erzielten Massenausgleiches ist wieder durch einen Prüflauf bei abgeschalteter Gegenwelle und bei freigegebenen Pendellagern der Pendelstange an den beiden

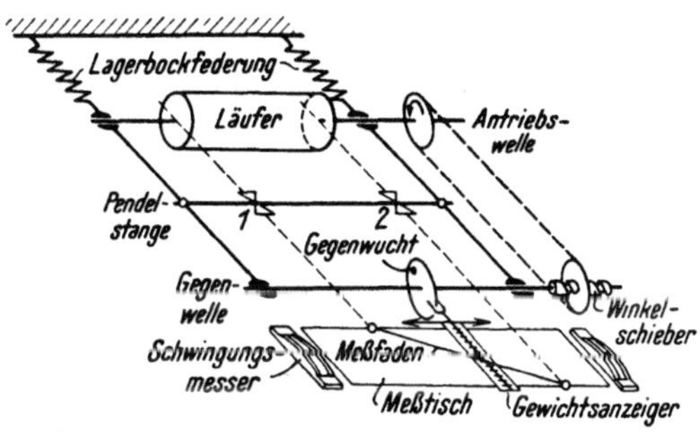

Abb. 112. Grundsätzlicher Aufbau der automatischen Auswuchtmaschine nach Abb. 111.

Schwingungsmessern des Meßtisches feststellbar. Der Vorzug der Maschine liegt darin, daß infolge der Wesensgleichheit zwischen der zu messenden und der zur Messung herangezogenen bekannten Fliehkraft der Wuchtvorgang unabhängig von der Drehzahl ist, so daß die Maschine für den zur Messung notwendigen Gleichgewichtszustand keiner Eichdrehzahl bedarf.

Auswuchtapparat von F. Punga. Ein besonderer Auswuchtapparat wurde von F. Punga konstruiert. Damit kann die Lage und Größe der Unwucht während des Umlaufes festgestellt werden. Dieser besteht aus zwei nebeneinandersitzenden Scheiben, in die am Umfange je ein bekanntes Gewicht eingesetzt wird. Nach dem Aufsetzen des Apparates auf das Wellenende eines in der dynamischen Auswuchtmaschine liegenden Läufers wird dieser auf die Resonanzdrehzahl des Systems gebracht, wobei die Scheiben mit der gleichen Umlaufszahl wie die Welle rotieren. Der Läufer führt dabei infolge seiner Unwucht Schwingungen aus. Durch Festhalten eines in der Apparatachse befindlichen Stiftes wird die Kupplung der Welle mit den beiden Scheiben gelöst. Dadurch erhalten die beiden Scheiben über ein eingebautes Planetengetriebe eine vom Wellenumlauf und auch voneinander verschiedene Relativbewegung, so daß die in den Scheiben eingesetzten Gewichte ihre Lage am Umfange ändern. Nach einigen Umläufen des Apparates nehmen sie eine solche Stellung ein, daß ihre resultierende Fliehkraft gleichwertig ist der Unwucht und um 180^0 gegen diese verschoben angreift. In diesem Gewichtsausgleich rotiert bei freigegebenem Stift (gekuppelten Scheiben) der Läufer fliehkraftfrei. Nach dem Stillsetzen der Maschine wird die axiale Lage der Unwuchtebene aus der Stellung der Gewichte am Umfange des Apparates abgelesen; die Größe des in einer Radialebene einzusetzenden Ausgleichsgewichtes ist durch die im Apparat eingesetzten bekannten Gewichte und dem Hebelarmverhältnis von Apparatebene und radialer Ausgleichsebene zum Drehpunkt des schwingend gelagerten Läufers bestimmt. In der gleichen Weise erfolgt der Ausgleich am anderen Wellenende.

c) Der Massenausgleich eines starren Läufers im Betriebe.

Treten im Betriebe Schwerpunktsverlagerungen auf, so muß der starre Läufer in seinen eigenen Lagern gewuchtet werden. Dabei ist zu berücksichtigen, daß die Lager nicht starr, sondern elastisch nachgiebig sind, also bei ungewuchteten Läufern Schwingungen ausführen. Für den Massenausgleich ist daher die Bahn wichtig, auf welcher sich jeder Punkt der geraden Läuferachse bewegt.

Sind beliebige Fliehkräfte vorhanden, so beschreibt das Wellenmittel in den Lagerebenen E_1 und E_2 sowie an den Enden der Läuferachse Ellipsen. In den Punkten Z' und Z'' wird die Ellipse auf eine Gerade reduziert (Abb. 113). Die so gebildete Achsenfläche ist mit der Drehzahl veränderlich, die Lagerausschläge sind von den Fliehkräften bzw. deren Momenten linear abhängig.

Lassen sich die Fliehkräfte auf eine Einzelkraft (oder auf ein Kräftepaar) zurückführen, so beschreiben alle Punkte außer Z' und Z'' der Wellenachse Ellipsen, deren Achsen parallel zueinander sind. Die Punkte Z' und Z'' schwingen phasengleich in der um den Winkel $\pi/2$ zueinander

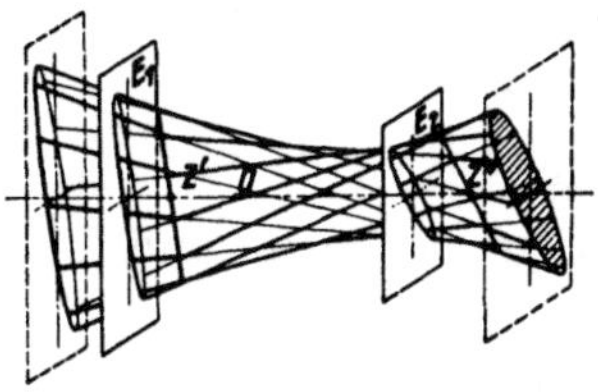

Abb. 113. Achsenfläche eines starren Läufers für eine bestimmte Drehzahl mit beliebigen freien Fliehkräften.

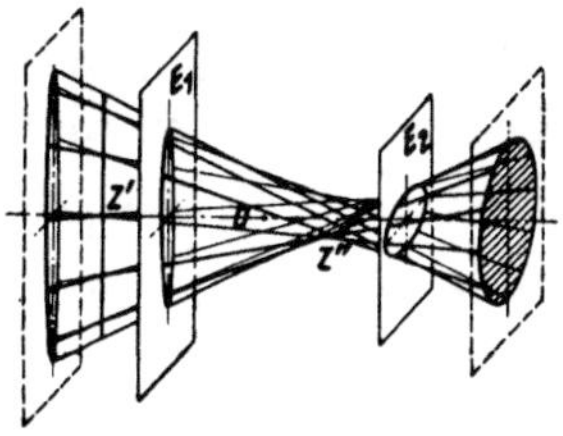

Abb. 114. Achsenfläche eines starren Läufers für eine bestimmte Drehzahl mit einer freien Fliehkraft.

versetzten y- bzw. x-Achse (Abb. 114). Bezüglich der mathematischen Darstellung zur Auswertung auf den Auswuchtvorgang sei auf die Arbeit von V. Blaess verwiesen. Zur Messung der elliptischen Schwingungsbahn der Lager werden Phasometer verwendet. Die Auswertung solcher Messungen hat S. Timoshenko beschrieben.

2. Der Massenausgleich von elastischen Läufern.

V. Blaess hat in seiner Arbeit über den Massenausgleich rasch umlaufender Körper auch die elastische Welle untersucht mit dem Ergebnis, daß diese nur in der Drehzahl schwingungsfrei läuft, in welcher sie gewuchtet wurde, während darüber und darunter ein absolut ruhiger Lauf nicht zu erzielen ist.

Zum Beweise für dieses Verhalten soll eine elastische Welle mit drei Massen untersucht werden (Abb. 115).[1] Die Auslenkung einer Welle, welche durch drei in einer Axialebene liegend angenommene Fliehkräfte hervorgebracht wird, bestimmt sich am Orte der Last 1, 2 bzw. 3 nach Abschnitt III, 1, Glg. (a) zu

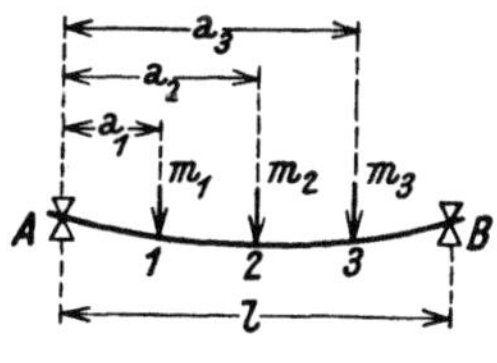

Abb. 115. Zweifach kugelig gelagerte Welle mit drei exzentrischen Massen.

$$\begin{aligned} y_1 &= \alpha_{11}F_1 + \alpha_{12}F_2 + \alpha_{13}F_3, \\ y_2 &= \alpha_{21}F_1 + \alpha_{22}F_2 + \alpha_{23}F_3, \\ y_3 &= \alpha_{31}F_1 + \alpha_{32}F_2 + \alpha_{33}F_3. \end{aligned} \qquad \text{(a)}$$

Wird angenommen, daß eine Massenverlagerung zuerst nur bei der Masse m_1 dann nur bei der Masse m_2, und zuletzt nur bei m_3 vorhanden ist, so ergeben sich neun Gleichungen nach Art der Glgn. (a). Je drei Gleichungen geben den Einfluß einer Schwerpunktsexzentrizität wieder. Aus den so gefundenen

[1] Die Wellenmasse ist in geeigneter Weise auf die drei Massen aufgeteilt gedacht.

12*

Einzelergebnissen lassen sich dann durch Überlagerung die tatsächlichen Verhältnisse ermitteln.

Ist vorläufig nur die Masse m_1 mit einer Unwucht behaftet, so erzeugt sie beim Umlauf die Fliehkraft

$$F_{11} = m_1(y_{11} + e_1)\omega^2. \tag{b}$$

Dadurch wird die elastische Welle ausgelenkt und es entstehen auch an den Massen m_2 und m_3 die Fliehkräfte

$$F_{12} = m_2 y_{12}\omega^2 \quad \text{und} \quad F_{13} = m_3 y_{13}\omega^2. \tag{c}$$

Setzt man nun y_{11}, y_{12} und y_{13} aus den Glgn. (a)[1] in (b) und (c) ein, so erhält man

$$\begin{aligned} -m_1 e_1\omega^2 &= (m_1\omega^2\alpha_{11} - 1)F_{11} + m_1\omega^2\alpha_{12}F_{12} + m_1\omega^2\alpha_{13}F_{13}, \\ 0 &= m_2\omega^2\alpha_{21}F_{11} + (m_2\omega^2\alpha_{22} - 1)F_{12} + m_2\omega^2\alpha_{23}F_{13}, \\ 0 &= m_3\omega^2\alpha_{31}F_{11} + m_3\omega^2\alpha_{32}F_{12} + (m_3\omega^2\alpha_{33} - 1)F_{13}. \end{aligned} \tag{d}$$

Aus diesen in F_{ik} linearen Gleichungen wird F_{11}, F_{12} und F_{13} errechnet zu[2]

$$\begin{aligned} F_{11} &= \frac{m_1 m_2 m_3 e_1 \alpha_{23}^2 \omega^6 - m_1 e_1 \omega^2 (m_2 \omega^2 \alpha_{22} - 1)(m_3 \omega^2 \alpha_{33} - 1)}{\Delta}, \\ F_{12} &= \frac{m_1 m_2 e_1 \omega^4 [\alpha_{12}(m_3 \omega^2 \alpha_{33} - 1) - m_3 \omega^2 \alpha_{13} \alpha_{23}]}{\Delta}, \\ F_{13} &= \frac{m_1 m_3 e_1 \omega^4 [\alpha_{13}(m_2 \omega^2 \alpha_{22} - 1) - m_2 \omega^2 \alpha_{12} \alpha_{32}]}{\Delta}, \end{aligned} \tag{e}$$

worin Δ die Determinante von (d) vorstellt. Ersetzt man nun zum Zwecke des Massenausgleiches diese drei Fliehkräfte durch ihre Resultierende, so erhält man den gleichwertigen Fall der starren Welle mit nur einer Fliehkraft. Nach den Regeln der Statik ergibt sich die resultierende Fliehkraft zu

$$R_1 = \sum^{3} F \equiv F_{11} + F_{12} + F_{13} \tag{f}$$

und der Hebelarm derselben zum Lager A (Abb. 115)

$$L_1 = \frac{\Sigma F a}{\Sigma F} \equiv \frac{F_{11} a_1 + F_{12} a_2 + F_{13} a_3}{F_{11} + F_{12} + F_{13}}. \tag{g}$$

In gleicher Weise wird dies für eine Exzentrizität der beiden anderen Scheiben durchgeführt. Da in den Glgn. (e) auch die Drehschnelle ω enthalten ist, so wird L_i außer von den elastischen Eigenschaften des Systems (ausgedrückt durch die α_{ik}) und der Größe der Massen im wesentlichen durch die Drehzahl bestimmt. Der Massenausgleich eines elastischen Läufers ist also nur für die betrachtete Drehzahl möglich. Die Lage und Größe der Schwerpunktsexzentrizität hat keinen Einfluß auf die Lage der R_i, da beim Grenzübergang zur Drehzahl Null die Un-

---

[1] Dabei ist für y_1, y_2 und y_3 jetzt y_{11}, y_{12} und y_{13} zu setzen.

[2] Die kritischen Drehzahlen errechnen sich aus $\Delta = 0$, da in diesen die $F_i = \infty$ werden müssen.

wuchtebenen zweier sonst gleicher Läufer mit starrer und elastischer Welle zusammenfallen müssen.

Die Unwucht einer mit Scheiben besetzten, elastischen Welle kann also für jede Drehzahl auf die Unwucht einer starren Welle zurückgeführt werden, deren störende Impulse in dieser Drehzahl allein durch die Lage und Größe der R_i gegeben sind. Unmittelbar läßt sich veranschaulichen, daß der bei einer Drehzahl erzielte Ausgleich nur für diese allein gilt, wenn man den bei der Drehzahl n ausgeglichenen Läufer stillsetzt. Im Stillstande ist jetzt vorhanden: die ursprüngliche Exzentrizität der Masse m_1 und die an den Massen m_1 und z. B. m_3 angesetzten Aus-

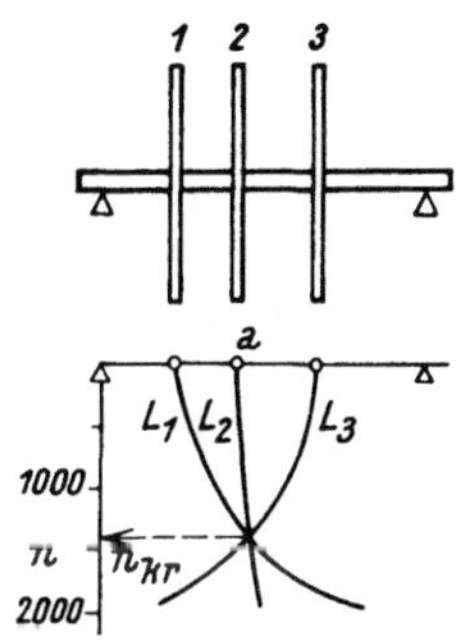

Abb. 116. Die Lagen der Unwuchtebenen der drei Massen für eine endseitig kugelig gelagerte Welle als Funktion der Drehzahl n.

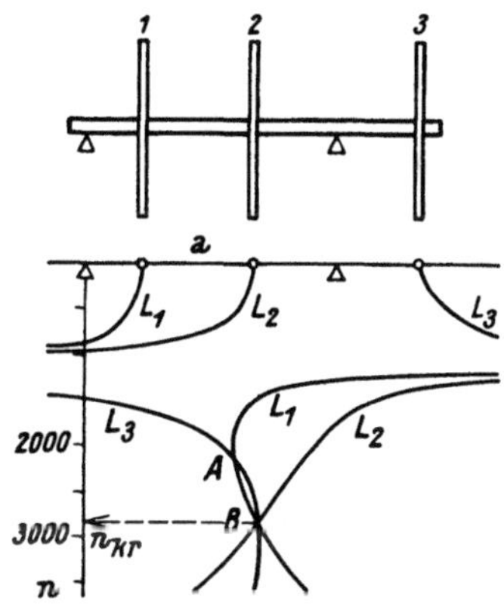

Abb. 117. Die Lagen der Unwuchtebenen der drei Massen für eine überhängende Welle als Funktion der Drehzahl n.

gleichsmassen. Jetzt ist leicht ersichtlich, daß die statischen Momente der Ausgleichsmassen das Gewichtsmoment des exzentrisch liegenden Schwerpunktes der Masse m_1 überwiegen, da sie in der Betriebsdrehzahl auch den Fliehkräften der ausgelenkten zentrischen Scheiben das Gleichgewicht halten müssen. Dadurch ist die ursprünglich zentrische Masse m_3 mit einer Schwerpunktsexzentrizität durch die angesetzte Ausgleichsmasse versehen.

Für die in den Abb. 116 und 117 wiedergegebenen Beispiele hat V. Blaess die Lage der Unwuchtebenen der einzelnen Scheiben als Funktion der Drehzahl ermittelt. Liegen die Scheiben, wie in der Abb. 116 gezeichnet, zwischen den Lagern, so nähern sich die Unwuchtebenen der Störungskräfte mit steigender Drehzahl bis zum gemeinsamen Schnittpunkte in der kritischen Drehzahl ($n_{kr} = 1380$ U/min). Darüber hinaus entfernen sie sich voneinander. Der Ausgleich kann wie beim starren Läufer für jede Drehzahl (ausgenommen den unmittelbaren Bereich um die kritische Drehzahl) an zwei beliebigen Scheiben vorgenommen werden.

Sind fliegend angeordnete Scheiben vorhanden, so ist es unter Umständen bei gewissen Drehzahlen unmöglich, einen Ausgleich zu erzielen, wie Abb. 117 zeigt. Die Unwuchtebenen der Scheiben 1 und 3 liegen vom Schnittpunkte A ($n = 2150$ U/min) bis zur kritischen Drehzahl ($n_{kr} = 2850$ U/min) sehr nahe aneinander, so daß es unmöglich ist, den Ausgleich an diesen Scheiben vorzunehmen. Er ist in diesen Bereichen nur an den Scheiben 1 und 2 möglich. Aus dem gleichen Grunde versagt wieder der Ausgleich an den Scheiben 1 und 2 bei Drehzahlen zwischen 800 und 1300 U/min. Aus den beiden Abbildungen ist noch ersichtlich, daß die Unwuchtebenen des elastischen Läufers schon bei $n = n_{kr}/2$ merklich von denen des starren Läufers abweichen, die sich bei diesem als Parallele zur n-Ordinate darstellen.[1]

Der werkstattmäßige Auswuchtvorgang von elastischen Läufern wird in zwei Schritte zerlegt. Zuerst wird der Massenausgleich bei geringer Drehzahl (also in einem Bereich, in dem der Läufer noch als starr vorausgesetzt werden kann) wie unter 1b vorgenommen. Der Läufer ist dann in dieser Drehzahl fliehkraftfrei. Wird er jetzt bei beiderseits blockierten Lagern auf seine Betriebsdrehzahl gebracht, so lenkt er sich infolge seiner Elastizität zusätzlich aus. Diese Auslenkung erfolgt aus dem Grunde, weil die Unwucht- und die Ausgleichsmassen in verschiedenen Ebenen relativ zu den Lagerebenen sitzen, so daß sie ein Biegungsmoment erzeugen. Zur Behebung der umlaufenden Auslenkung (Abb. 13) ist ihre Lage und Größe in der Betriebsdrehzahl zu markieren, und es sind solange Ausgleichsgewichte längs des Läufers anzusetzen, bis er auch in seiner Betriebsdrehzahl wie ein ausgeglichener starrer Läufer umläuft. Zur Kontrolle ist dann der Läufer nochmals bei geringer Drehzahl auf seinen Massenausgleich in den Pendellagern der dynamischen Auswuchtmaschine zu untersuchen.

3. Praktische Schwerpunktsabweichungen.

Die noch zulässige Schwerpunktsabweichung von der Drehachse hängt außer von der Lage der Betriebsdrehzahl zur kritischen Drehzahl von der Bauart der Maschine ab.

Werden wie bei Dampfturbinen die Radscheiben stramm auf die Welle aufgezogen und die Gehäuse horizontal geteilt, so kann nach dem Wuchten der Läufer als Ganzes eingebaut werden. In diesem Falle wird man die Genauigkeit der dynamischen Wuchtmaschine voll ausnutzen. Liegt die Betriebsdrehzahl des Läufers weit unter der kritischen Drehzahl, so genügt das Auswuchten bei einer Resonanzdrehzahl von 450 bis 500 U/min. Elastische Läufer müssen in ihrer Betriebsdrehzahl nachgewuchtet werden. Kommt man beim Auswuchten von elastischen Läufern in ein Gebiet, in dem ein einwandfreier Ausgleich durch die gegenseitige Lage der Unwuchtebenen erschwert ist, so läßt sich Abhilfe nur schaffen, indem man die Schwerpunktsexzentrizitäten der Scheiben so klein als möglich macht, d. h. daß man die einzelnen Scheiben vor dem Aufschieben auf den Läufer auf Schwerpunktswaagen peinlichst

[1] Nach der Definition ist bei einer ideal starren Welle die kritische Drehzahl $n_{kr} = \infty$.

genau vorwuchtet. Dieses Verfahren scheint in der Praxis an den Scheiben von Dampfturbinen sowie an den hochtourigen schmalen Laufrädern von Turbokompressoren und Kreiselpumpen ziemlich gebräuchlich zu sein, so daß im allgemeinen schon ein gut ausgeglichener Läufer in die Auswuchtmaschine kommt. In Fällen mit erschwertem Massenausgleich wird man konstruktiv auch nicht in die unmittelbare Nähe von n_{kr} gehen.

Die Rotoren von Turbodynamos oder großen Motoren sind nach dem Schleudern in einer Resonanzdrehzahl zu wuchten, welche der Betriebsdrehzahl gleich ist. Die gegenseitige Lage von Wicklung und Läufereisen ist Veränderungen je nach der Belastung und der Drehzahl ausgesetzt, so daß diese Läufer, gleiche Wicklungslage vorausgesetzt, nur in ihrer Betriebsdrehzahl fliehkraftfrei sind. Bei diesen Läufern wird man die Betriebsdrehzahl genügend weit von der kritischen Drehzahl legen, damit im Betriebe auftretende Verlagerungen der Schwerpunkte nicht stören. Unter Umständen wird auch ein Nachwuchten während des Betriebes erforderlich sein. Für kleine Elektromotoren wird eine Schwerpunktsexzentrizität von 0,01 mm als zulässig erachtet.

Läufer, deren Räder von Hand aus einzeln aufgeschoben werden, können beim Auswuchten infolge der Wellen- und Bohrungstoleranz keine größere Genauigkeit als 0,01 mm beanspruchen. Müssen diese Räder vor dem Zusammenbau der Maschine von der Welle abgezogen werden (z. B. bei Kreiselpumpen mit vertikal geteilten Gehäusen), so wird sich auch eine Veränderung der Schwerpunktslagen bemerkbar machen. Deshalb ist es auch hier empfehlenswert, die Betriebsdrehzahl weiter ab von der kritischen Drehzahl zu legen.

Der Massenausgleich wird vielfach durch Abschleifen des Materials an den Radseiten vorgenommen. Dies ist nicht empfehlenswert, weil dadurch beim Umlauf periodische Kräfte infolge der seitlichen Verdrängerwirkung der Scheiben entstehen können, die die Ruhe des Ganges ungünstig beeinflussen. Zweckmäßig wird die Überwuchtmasse durch Anbohren von Löchern an geeigneten Stellen (Spannungserhöhung!) abgenommen, oder es werden besondere Ausgleichsgewichte in hierfür vorgesehene Ringnuten eingesetzt.

XII. Die Festigkeitsberechnung der Welle.

Die großen Wellendurchmesser, welche für die relativ kleinen Durchbiegungen der unterkritisch laufenden Wellen notwendig sind, ergeben für die Übertragung des Drehmomentes nur geringe Beanspruchungen, so daß i. allg. mit Siemens-Martin-Stahl (St 60.11 — DIN 1611 und St C 45.61 — DIN 1661) das Auslangen gefunden wird.[1] Läuft die Welle jedoch überkritisch, so wird man bei Beachtung der betriebstechnisch gegebenen Grenzwerte n_{kr}/n nach Abschnitt X und XI die kritische Dreh-

[1] Legierter Stahl beeinflußt die Höhe der kritischen Drehzahl nicht, da die Elastizitätsziffern von legiertem und unlegiertem Stahl praktisch gleich hoch sind.

zahl so tief legen, als es praktisch mit der auftretenden maximalen Durchbiegung vereinbart werden kann. Dabei wird es unter Umständen notwendig sein, die Wellenabmessungen nach dem zu übertragenden Drehmoment zu überprüfen. Infolge des geringeren Querschnittsträgheitsmomentes ist auch die Biegungsbeanspruchung zu berücksichtigen.

Die Beanspruchung der Welle während des Umlaufes setzt sich zusammen aus einer wechselnden Biegebeanspruchung σ (Belastungsfall III) und einer nahezu konstanten Drehbeanspruchung τ (Beanspruchungsfall I oder zwischen I und II liegend).[1] Die der Wellenberechnung zugrunde zu legende Festigkeitshypothese hängt nun bei gleichartigem Werkstoff und gleichem Belastungsfall vom Verhältniswert: Zugstreckgrenze/Drehstreckgrenze oder Wechselbiegefestigkeit/Wechseldrehfestigkeit ab. Für Stahl haben Roš und Eichinger den Verhältniswert $\sigma_s/\tau_s = 1,73$ gefunden. Den gleichen Zahlenwert erhielt R. Scheu an polierten Stählen als Verhältnis Wechselbiegefestigkeit/Wechseldrehfestigkeit.[2] Dieser Verhältniszahl entspricht die Hypothese der größten Gleitarbeit von Huber-Hencky, bei welcher die resultierende Vergleichsspannung σ_v der Beziehung

$$\sigma_v = \sqrt{\sigma^2 + (1,73\,\tau)^2} \qquad \text{(a)}$$

folgt. Die Beziehung (a) gilt nur bei gleichem Belastungsfall für σ und τ (z. B. III allein, II allein oder I allein) ohne Einschränkung. Um auch die einzelnen, verschiedenen Belastungsfällen angehörenden Wellenbeanspruchungen durch eine gleichwertige resultierende Vergleichsspannung σ_v ersetzen zu können, ist nach C. Bach τ aus dem Belastungsfall I (oder II) durch Multiplikation mit dem Berichtigungsbeiwert α_0 auf den Belastungsfall III zu beziehen. Die Beziehung (a) ist daher ein Sonderfall des allgemeinen Ausdruckes

$$\sigma_v = \sqrt{\sigma^2 + (1,73\,\alpha_0\,\tau)^2}. \qquad \text{(b)}$$

Der Berichtigungsbeiwert α_0 hängt nur von dem Verhältnis der Werkstofffestigkeiten bei gleicher Spannungsart, jedoch bei verschiedenen Belastungsfällen ab. Um für die einzelnen Kombinationen die α_0-Werte zu erhalten, werden im Mittel nach den Dauerfestigkeitsschaubildern (herausgegeben vom V. D. I.) in den Belastungsfällen

	I	II	III
die Grenzbeanspruchungen	σ_s	σ_u	σ_w
und	τ_s	τ_u	τ_w
für Stahl im Mittel im Verhältnis	3/2 :	3/2 :	1

angesetzt, wobei von der Wechselfestigkeit ausgegangen wird. Für den Berichtigungsbeiwert α_0 ergibt sich dann nach M. Ensslin das Schema:

[1] Das Wort Belastungsfall ist in diesem Abschnitte in anderer Weise gebraucht als in den übrigen. Darunter wird hier die Belastung der Welle durch ruhende (I), schwellende (II) oder wechselnde Beanspruchung (III) verstanden, wie in der Festigkeitslehre gebräuchlich.

[2] Dieser Wert ist im Mittel auch den Dauerfestigkeitsschaubildern, herausgegeben vom Fachausschuß für Maschinenelemente beim V. D. I., zugrundegelegt.

Berichtigungsbeiwerte α_0.

Belastungsfall		Drehbeanspruchungsfall I	II	III
Biegebeanspruchungsfall	I	1	1	3/2
	II	1	1	3/2
	III	2/3	2/3	1

deren Zahlen nur unter den genannten Voraussetzungen Gültigkeit haben. Aus dem Schema ist ersichtlich, daß für gleichartige Belastungsfälle ($\sigma_s \ldots \tau_s$, $\sigma_u \ldots \tau_u$, $\sigma_w \ldots \tau_w$) infolge $\alpha_0 \equiv 1$ sich (a) ergibt. Im Belastungsfall $\sigma_w \ldots \tau_s$ wird τ_s durch $\alpha_0 = 2/3$ auf eine dem Fall III gleichwertige Drehbeanspruchung $\alpha_0 \tau$ reduziert.

In den Beziehungen (a) und (b) ist $\sigma = M_b/W_b$ bzw. $\tau = M_d/W_p = M_d/2\,W_b$ die nominelle Beanspruchung durch das Biegemoment und das Drehmoment, so daß (b)

$$\sigma_v \frac{d^3 \pi}{32} = \sqrt{M_b^2 + \left(\frac{M_d}{1{,}73}\right)^2} \tag{85}$$

wird. Erfahrungsgemäß ist für St 60.11 ein σ_v bis 450 kg/cm², für legierten Stahl VCN 25 *w* ein σ_v bis 650 kg/cm² zulässig.

Die Wellenbeanspruchung läßt sich auch auf Grund elastizitätstheoretischer Untersuchungen, also mit Berücksichtigung der Spannungserhöhungen an Unstetigkeitsstellen wie Wellenabsätzen, Gewinden, Keilbahnen usw., ermitteln. Sie hat nur dann Wert, wenn die Grenzfestigkeitszahlen des Werkstoffes bei den einzelnen Beanspruchungsarten bekannt sind. Dabei besteht jedoch im vorliegenden, zusammengesetzten Belastungsfall die Schwierigkeit, daß die Oberflächengüte des Werkstückes, unter Umständen auch Korrosion, die Grenzfestigkeit σ_w (III) stark vermindert, während für τ_s diese Einflüsse ausscheiden, also eine eindeutige Vergleichsspannung σ_v nicht angegeben werden kann. Hierüber fehlen noch einschlägige Versuche, so daß vorläufig die summarische Betrachtung nach Glg. (85) mit bewährten Werten von σ_v herangezogen werden muß.

Abhängigkeit der Elastizitätsziffer E [kg/mm²] von der Temperatur (R. Baumann, V. D. I.-Forschungsheft 295).

Temp. °C	20	100	200	300	400	500
St 60 . 11	2075	2035	1990	1910	1835	1550
VCN 25	2120	2060	2015	1900	1860	1300

Schrifttum.

I. Kritische Drehzahlen von glatten, masselosen Wellen mit Einzelmasse.

Blaess, V.: Die Einwirkung des Fundamentes auf das kritische Verhalten rasch umlaufender Wellen. Z. Masch.-Bau u. Betr., Bd. 5, H. 24/25, S. 1009. 1922/23.

Föppl, A.: Vorl. üb. techn. Mechanik, 8. Aufl. Bd. 4, Dynamik. Leipzig: B. G. Teubner. 1933. § 4: Die einfache harmonische Schwingung; § 32: Kreiselwirkung; § 33: Biegungsschwingungen von schnell umlaufenden, schwanken Wellen.

— Desgl., 4. Aufl. Bd. 5. Leipzig: B. G. Teubner. 1922. § 34: Ausknicken einer auf Verdrehen beanspruchten, langen Welle.

Föppl, O.: Kritische Schwingungen von schnell umlaufenden Rotoren. Z. ges. Turbinenwes., Bd. 15, H. 18. 1918.

— Grundzüge der Technischen Schwingungslehre, 2. Aufl. Berlin: J. Springer. 1931.

— Kritische Drehzahlen rasch umlaufender Wellen. Z. VDI, Bd. 63, H. 36, S. 866. 1919.

Geiger, J.: Untersuchung von Schwingungserscheinungen an Turbodynamos. Z. VDI, Bd. 66, H. 18, S. 437. 1922.

— Berechnung der Schwingungserscheinungen an Turbodynamos. Z. VDI, Bd. 66, H. 26, S. 667. 1922.

— Desgl. Bd. 67, H. 12, S. 287. 1923.

Grammel, R.: Ergebnisse der exakten Naturwissenschaften, Bd. 1, S. 92. Berlin: J. Springer. 1922. Neuere Untersuchungen über kritische Zustände rasch umlaufender Wellen.

— Der Kreisel, seine Theorie und seine Anwendungen. Braunschweig: F. Viehweg & Sohn. 1920. I. Teil: Die Theorie des Kreisels. II. Teil: Die Anwendungen des Kreisels; § 17: Schleudernde Scheiben.

— Festschrift Prof. Dr. A. Stodola zum 70. Geburtstag, S. 180. Zürich: O. Füssli. 1929. Der Einfluß der Wellentorsion auf die kritische Drehzahl.

— Kritische Drehzahl und Kreiselwirkung. Z. VDI, Bd. 64, H. 44, S. 911. 1920.

— Das kritische Torsionsmoment kreiszylindrischer Drähte (Wellen). Ing.-Arch., Bd. 1, H. 2, S. 243. 1930.

Hort, W.: Die Differentialgleichungen des Ingenieurs, 2. Aufl. Berlin: J. Springer. 1924.

Hummel, Ch.: Kritische Erscheinungen als Folge der Nachgiebigkeit des Schmiermittels im Lager. Forsch.-Arb. Ing.-Wes., H. 287. 1926. Auszug in der Z. VDI, Bd. 71, H. 12, S. 379. 1927. (Abb. 50 u. 51.)

Hütte: Des Ingenieurs Taschenbuch, 26. Aufl., Bd. I. Berlin: W. Ernst & Sohn. 1931. Abschn.: Determinanten, Dynamik des starren Körpers, Festigkeitslehre, Fundamentrahmen, Hyperbelfunktionen, Vektoranalysis.

Kayser, H.: Über Fundamentschwingungen. Z. VDI, Bd. 73, H. 37, S. 1305. 1929. Theoretische Betrachtungen und Versuche. (Abb. 47.)

LORENZ, H.: Kritische Drehzahlen rasch umlaufender Wellen. Z. VDI, Bd. 63, H. 11, S. 241. 1919. Nachtrag H. 37, S. 888: a) Kritische Drehzahlen infolge ungleichmäßigen Ganges. b) Das Wachstum der Ausschläge bei der normalen kritischen Drehzahl.

MELAN, H.: Kritische Drehzahlen von Wellen mit Längsbelastung. Z. öst. Ing.- u. Arch.-Ver., Bd. 69, H. 44 u. 45, S. 610 u. 619. 1917.

PRANDTL, L.: Dinglers polytechn. J., Bd. 333, S. 179. 1918.

ROUTH, E. J.: Die Dynamik der Systeme starrer Körper. Leipzig: B. G. Teubner. 1898. Deutsch von A. SCHEPP.

SCHMIDT, E.: Untersuchungen über Fundamentschwingungen. Z. VDI, Bd. 67, H. 2, S. 33. 1923. (Abb. 45 u. 46.)

SCHRÖDER, P.: Die kritischen Zustände zweiter Art rasch umlaufender Wellen. Berlin: J. Springer. 1924. Dissertation T. H. Stuttgart. 1924. (Abb. 48a bis e.)

SCHWERIN, E.: Die Stabilität rotierender, axial belasteter Wellen. Z. angew. Math. Mech., Bd. 5, H. 2, S. 101. 1925.

STODOLA, A.: Die Dampfturbinen, 6. Aufl. Berlin: J. Springer. 1924. Abschn. 88: Kritische Geschwindigkeiten für ein einzelnes Rad auf gewichtsloser Welle. Abschn. 89: Kreiselwirkung infolge Schiefstellung der Scheibe. Abschn. 190: Wellenschwingung unter dem Einfluß der Kreiselkräfte und der Schwere. Abschn. 191: Kritische Störungen zweiter Art, hervorgerufen durch Eigengewicht, ungleiche Elastizität, ungleichmäßigen Antrieb. Abschn. 193: Stabilität des Gleichgewichtes über der kritischen Geschwindigkeit.

— Dinglers polytechn. J., Bd. 333, S. 18 u. 119. 1918.

— Z. VDI, Bd. 63, H. 63, S. 867 u. 870. 1919.

— Schweiz. Bauztg., Bd. 68, S. 209. 1916.

— Z. ges. Turbinenwes., Bd. 15, S. 269. 1918.

THOMA, H.: Aufzeichnung schneller Schwingungen. Z. VDI, Bd. 73, H. 19, S. 639. 1929. (Abb. 15.)

II. Kritische Drehzahlen glatter Wellen.

FÖPPL, A.: Vorl. üb. techn. Mechanik, Bd. 4, a. a. O. § 39: Biegungsschwingungen von Stäben mit gleichmäßig verteilter Masse.

GRAMMEL, R.: Kritische Drehzahl und Kreiselwirkung. Z. VDI, Bd. 64, H. 44, S. 911. 1920. Ergänzung in der Z. VDI., Bd. 73, H. 32, S. 1114. 1929.

— Der Kreisel, a. a. O.

HÜTTE: A. a. O., 26. Aufl., Bd. I. Abschn.: Berechnung der Eigenschwingungen mechanischer Gebilde.

PRAGER, W.: Nomographische Bestimmung der Eigenschwingungszahlen einfacher Tragwerksformen. Ing.-Arch., Bd. 3, H. 3, S. 298. 1932.

STODOLA, A.: Die Dampfturbinen, a. a. O. Abschn. 91: Stetig belastete Welle.

WALTKING, F. W.: Zur Ermittlung der Eigenschwingungszahlen ebener Stabwerke. Ing.-Arch., Bd. 2, H. 3, S. 247. 1931.

III. Kritische Drehzahl erster Ordnung von mehrfach belasteten, zweifach gelagerten, abgesetzten Wellen.

BLAESS, V.: Zur graphischen Berechnung der kritischen Drehzahl rasch umlaufender Wellen. Z. VDI, Bd. 58, H. 5, S. 183. 1914.

v. BOROWICZ, W.: Beitrag zur Berechnung der kritischen Geschwindigkeiten von zwei- und mehrfach gelagerten Wellen. Dissertation T. H. München 1915.

FÖPPL, A.: Vorl. üb. techn. Mechanik, 10. Aufl., Bd. 3. Leipzig: B. G. Teubner. 1927. Festigkeitslehre.

GRAMMEL, R.: Ergebnisse der exakten Naturwissenschaften, a. a. O.
HAHN, E.: Note sur la vitesse critique des arbres et la formule de Dunkerley. Schweiz. Bauztg., Bd. 70, S. 191. 1918.
KRAUSE, M.: Zur Berechnung der kritischen Drehzahlen rasch umlaufender Wellen. Z. VDI, Bd. 58, H. 22, S. 878. 1914.
KULL, G.: Neue Beiträge zum Kapitel: Kritische Drehzahlen schnellumlaufender Wellen. Z. VDI, Bd. 62, H. 18, S. 249; H. 19, S. 270. 1918.
MELAN, H.: Kritische Drehzahlen von Wellen mit Längsbelastung, a. a. O.
STODOLA, A.: Die Dampfturbinen, a. a. O. Abschn. 92: Graphische Ermittlung der kritischen Drehzahl bei beliebigen Massen und beliebig veränderlicher Wellenstärke. Abschn. 93: Auf die Formänderungsarbeit gegründete Verfahren.
ZERKOWITZ, G.: Zur Berechnung kritischer Drehzahlen rasch laufender Maschinenaggregate. Z. Turb. u. Pump., Bd. 1, H. 3, S. 59. 1930. Auszug in der Z. angew. Math. Mech., Bd. 9, H. 6, S. 487. 1929.

IV. Kritische Drehzahlen zweiter Ordnung von zweifach gelagerten, abgesetzten, mehrfach belasteten Wellen und V. Die kritischen Drehzahlen von drei- und mehrfach gelagerten Wellen.

COURANT, R. u. D. HILBERT: Methoden der math. Physik, 2. Aufl. Berlin: J. Springer. 1932. Kap. III, V und VI.
HOHENEMSER, K.: Praktische Wege zur angenäherten Schwingungsberechnung. Ing.-Arch., Bd. 1, H. 3, S. 271. 1930.
— Methoden zur angenäherten Lösung von Eigenwertproblemen in der Elastokinetik. Berlin: J. Springer. 1932.
KARAS, K.: Die kritischen Drehzahlen der fliegenden Welle mit Längsbelastung und Kreiselwirkung. Ing.-Arch., Bd. 1, H. 1, S. 84. 1929.
— Kritische Drehzahl stetig mit Masse belegter Wellen mit Längsbelastung und Kreiselwirkung. Ing.-Arch., Bd. 1, H. 2, S. 158. 1930.
— HDI-Mitt., Bd. 17, H. 5 bis 7, S. 95, 119, 167. 1928. Näherungsrechnung für kritische Drehzahlen rasch umlaufender Wellen. Auszug in der Z. VDI, Bd. 72, H. 45, S. 1648. 1928.
KOCH, J. J.: Verhandlungen des zweiten internationalen Kongresses für techn. Mechanik, Zürich 1926, S. 213. Zürich: O. Füssli. 1927. Bestimmung höherer kritischer Drehzahlen schnell laufender Wellen.
LORENZ, H.: Näherungsrechnungen statisch unbestimmter Systeme. Z. VDI, Bd. 57, H. 14, S. 543. 1913.
MELAN, H.: Kritische Drehzahlen von Wellen mit Längsbelastung, a. a. O.
— Näherungsrechnung für kritische Drehzahlen. Z. VDI, Bd. 73, H. 6, S. 205. 1929.
— Über eine Näherungsrechnung für Schaufelschwingungen bei Grenzturbinen. Z. Forschg., Bd. 4, H. 4, S. 188. 1933.
RITZ, W.: Über eine neue Methode zur Lösung gewisser Variationsprobleme in der math. Physik. Crelles J., Bd. 135, S. 1. 1909.
TRAENKLE, A.: Berechnung kritischer Drehzahlen beliebiger Ordnung nach der Methode von RITZ. Ing.-Arch., Bd. 1, H. 5, S. 499. 1930.

VI. Das MOHRsche Verfahren zur Ermittlung der elastischen Linie beliebig belasteter, abgesetzter Wellen.

v. BOROWICZ, W.: A. a. O.
FÖPPL, A.: Vorl. üb. techn. Mechanik, 6. Aufl. Bd. 2, Graphische Statik. Leipzig: B. G. Teubner. 1922.

TIMOSHENKO, S. u. I. M. LESSELS: Festigkeitslehre. Berlin: J. Springer. 1928. Deutsch von I. MALKIN.

VII. Der Einfluß der Wellenversteifung durch Scheiben.

ECK, B.: Versteifender Einfluß der Turbinenscheiben auf die Durchbiegung des Läufers. Z. VDI, Bd. 72, H. 2, S. 51. 1928.

VIII. Die Bestimmung der Massenträgheitsmomente.

GRAMMEL, R.: Der Kreisel, a. a. O.

X. Die Wahl der kritischen Drehzahl.

ECK-KEARTON: Turbogebläse und Turbokompressoren, S. 143. Berlin: J. Springer. 1929. k) Praktische Erfahrungen über kritische Drehzahlen.

FLÜGEL, G.: Die Dampfturbinen, ihre Berechnung und Konstruktion. Leipzig: J. A. Barth. 1931.

STODOLA, A.: Die Dampfturbinen, a. a. O. Abschn. 95: Versuche über die kritische Geschwindigkeit glatter und belasteter Wellen.

XI. Der Massenausgleich von zylindrischen, scheiben- oder walzenförmigen Körpern.

BLAESS, V.: Über den Massenausgleich rasch umlaufender Körper. Z. angew. Math. Mech., Bd. 6, H. 6, S. 429. 1926. (Abb. 13, 114, 116 u. 117.)

HEIDEBROECK, F.: Das Auswuchten umlaufender Maschinenteile. Z. VDI, Bd. 60, H. 1, S. 11; H. 2, S. 32. 1916.

HORT, H.: Auswuchtfragen. Z. Maschinenbau—Betrieb Gestaltung, Bd. 2, H. 25/26, S. 995. 1923.

KIRCHBERG, G.: Auswuchten schwerer Läufer bei hoher Drehzahl. Z. Forschg., Bd. 6, H. 2, S. 72. 1935.

LEHR, E.: Die umlaufenden Massen als Schwingungserreger. Z. Masch.-Bau, H. 10, S. 206. 1922; H. 5/6, S. 62. 1923.

— Der heutige Stand der Auswuchttechnik. Z. Masch.-Bau, Bd. 9, H. 21, S. 697 u. H. 23, S. 777. 1930.

— Schwingungsmeßtechnik. Z. VDI, Bd. 76, S. 1065. 1932.

TIMOSHENKO, S.: Schwingungsprobleme der Technik. Berlin: J. Springer. 1932. Deutsch von I. MALKIN u. E. HELLY.

XII. Die Festigkeitsberechnung der Welle.

ENSSLIN, M.: Zur Frage: Anstrengungsverhältnis und Festigkeitshypothese. Ing.-Arch., Bd. 2, H. 3, S. 372. 1931.

— Die Grundlagen der Festigkeitslehre. Z. VDI, Bd. 72, H. 45, S. 1625. 1928.

LACHMANN, K.: Anstrengungsverhältnis und Festigkeitshypothese. Ing.-Arch., Bd. 1, H. 3, S. 293. 1930; Bd. 2, H. 3, S. 378. 1931.

LUDWIK, P.: Dauerversuche an Werkstoffen. Z. VDI, Bd. 73, H. 51, S. 1801. 1929.

— Schwingungsfestigkeit und Gleitwiderstand. Z. Metallkunde, Bd. 22, H. 11, S. 374. 1930.

TIMOSHENKO, S.: Festigkeitslehre, a. a. O.

Weiteres Schrifttum.

Arbeitsblätter: Beilagen zur Z. VDI, 1933/34.

ARMBRUSTER, E.: Einfluß der Oberflächenbeschaffenheit auf den Spannungsverlauf und die Schwingungsfestigkeit. Berlin: VDI-Verlag. 1931.

Graf, O.: Die Dauerfestigkeit der Werkstoffe. Berlin: J. Springer. 1929.
Hohenemser, K. u. W. Prager: Über das Gegenstück zum Rayleighschen Verfahren der Schwingungslehre. Ing.-Arch., Bd. 3, H. 3, S. 306. 1932.
Lehr, E.: Spannungsverteilung in Konstruktionselementen. Berlin: VDI-Verlag. 1934.
Thum, A. u. W. Buchmann: Dauerfestigkeit und Konstruktion. Berlin: VDI-Verlag. 1932.

Auf eine Wiedergabe von Zahlentafeln über Flächeninhalte, Trägheitsmomente, Gewichte usw. wurde verzichtet. Sie sind in den Handbüchern: Hütte, 26. Aufl., Bd. 1, Berlin: W. Ernst & Sohn, 1931, und Dubbel, Taschenbuch für den Maschinenbau, 6. Aufl., Bd. 1, Berlin: J. Springer, 1935, enthalten.

Manzsche Buchdruckerei, Wien IX

GPSR Compliance

The European Union's (EU) General Product Safety Regulation (GPSR) is a set of rules that requires consumer products to be safe and our obligations to ensure this.

If you have any concerns about our products, you can contact us on ProductSafety@springernature.com

In case Publisher is established outside the EU, the EU authorized representative is:

Springer Nature Customer Service Center GmbH
Europaplatz 3
69115 Heidelberg, Germany

Batch number: 10577876

Printed by Printforce, the Netherlands